高水平地方应用型大学建设系列教材

# 化工原理课程设计

（上册）

朱 晟 辛志玲 张 萍 编著

北 京
冶 金 工 业 出 版 社
2021

## 内 容 提 要

本书是高等学校化工原理课程设计的教学用书。本书旨在培养学生化工单元操作基本设计技能，树立工程设计理念，提升学生运用化工原理知识分析解决工程实际问题的能力，达到学以致用的目的。

本书分为上、下两册出版。上册共6章，包括绪论、化工原理课程设计计算基础、化工原理课程设计绘图基础、管壳式换热器的工艺设计、管壳式换热器的结构设计、利用 Aspen EDR 进行管壳式换热器设计。

本书内容体系完整，论述翔实，注重实践，并将理论知识、现代设计方法和工程实例三者有机结合，不仅可作为高等院校化工及相关专业的化工原理课程设计和化工设计课程设计教材，也可供化工及相关领域企事业部门从事科研、设计和生产的技术人员参考。

**图书在版编目(CIP)数据**

化工原理课程设计. 上册/朱晟，辛志玲，张萍编著. —北京：冶金工业出版社，2021.5

高水平地方应用型大学建设系列教材

ISBN 978-7-5024-8808-6

Ⅰ. ①化…　Ⅱ. ①朱…　②辛…　③张…　Ⅲ. ①化工原理—课程设计—高等学校—教材　Ⅳ. ①TQ02-41

中国版本图书馆 CIP 数据核字(2021)第 090000 号

出 版 人　苏长永
地　　址　北京市东城区嵩祝院北巷 39 号　邮编　100009　电话　(010)64027926
网　　址　www.cnmip.com.cn　电子信箱　yjcbs@cnmip.com.cn
责任编辑　程志宏　郭雅欣　美术编辑　吕欣童　版式设计　禹　蕊
责任校对　郑　娟　责任印制　李玉山
ISBN 978-7-5024-8808-6
冶金工业出版社出版发行；各地新华书店经销；北京虎彩文化传播有限公司印刷
2021 年 5 月第 1 版，2021 年 5 月第 1 次印刷
787mm×1092mm　1/16；12 印张；286 千字；177 页
**45.00** 元

**冶金工业出版社　投稿电话　(010)64027932　投稿信箱　tougao@cnmip.com.cn**
**冶金工业出版社营销中心　电话　(010)64044283　传真　(010)64027893**
**冶金工业出版社天猫旗舰店　yjgycbs.tmall.com**
(本书如有印装质量问题，本社营销中心负责退换)

# 《高水平地方应用型大学建设系列教材》序

应用型大学教育是高等教育结构中的重要组成部分。高水平地方应用型高校在培养复合型人才、服务地方经济发展以及为现代产业体系提供高素质应用型人才方面越来越显现出不可替代的作用。2019年，上海电力大学获批上海市首个高水平地方应用型高校建设试点单位，为学校以能源电力为特色，着力发展清洁安全发电、智能电网和智慧能源管理三大学科，打造专业品牌，增强科研层级，提升专业水平和服务能力提出了更高的要求和发展的动力。清洁安全发电学科汇聚化学工程与工艺、材料科学与工程、材料化学、环境工程、应用化学、新能源科学与工程、能源与动力工程等专业，力求培养出具有创新意识、创新性思维和创新能力的高水平应用型建设者，为煤清洁燃烧和高效利用、水质安全与控制、环境保护、设备安全、新能源开发、储能系统、分布式能源系统等产业，输出合格应用型优秀人才，支撑国家和地方先进电力事业的发展。

教材建设是搞好应用型特色高校建设非常重要的方面。以往应用型大学的本科教学主要使用普通高等教育教学用书，实践证明并不适应在应用型高校教学使用。由于密切结合行业特色及新的生产工艺以及与先进教学实验设备相适应且实践性强的教材稀缺，迫切需要教材改革和创新。编写应用性和实践性强及有行业特色教材，是提高应用型人才培养质量的重要保障。国外一些教育发达国家的基础课教材涉及内容广、应用性强，确实值得我国应用型高校教材编写出版借鉴和参考。

为此，上海电力大学和冶金工业出版社合作共同组织了高水平地方应用型大学建设系列教材的编写，包括课程设计、实践与实习指导、实验指导等各类型的教学用书，首批出版教材17种。教材的编写将遵循应用型高校教学特色、学以致用、实践教学的原则，既保证教学内容的完整性、基础性，又强调其应用性，突出产教融合，将教学和学生专业知识和素质能力提升相结合。

本系列教材的出版发行，对于我校高水平地方应用型大学的建设、高素质应用型人才培养具有十分重要的现实意义，也将为教育综合改革提供示范素材。

上海电力大学校长 李和兴

2020 年 4 月

# 前　　言

化工原理课程设计是化工及相关专业化工原理实践教学的重要环节。该课程既是对化工原理课程理论知识的巩固和应用，又是对先修课程知识的一次综合实训，构建起理论联系实际的桥梁，是使学生体察实际工程问题的复杂性、学习化工设计基本知识的初次尝试。通过课程设计，培养学生化工单元操作基本设计技能，树立工程设计理念，提升学生运用化工原理知识分析解决工程实际问题的能力，达到学以致用的目的。

作为教学用书，本教材根据化工原理课程教学体系的基本要求，结合作者多年教授《化工原理课程设计》的体会和参加全国大学生化工设计竞赛并指导参赛选手的经验，也参阅了最新同类教材的基础上编写而成。绪论部分阐述了课程设计的一般概念、内容、步骤和要求。基础知识部分由设计计算基础和绘图基本知识组成。典型化工单元操作部分详细介绍了管壳式换热器、板式塔、填料塔及其辅助设备的选型和设计，每种单元设备的设计均包含设计基础、结构设计和现代设计方法应用三方面内容。所有介绍的单元操作过程均有设计示例，以便于读者自学。本教材力求系统性、完整性和实用性，相关章节和附录均附有设计所需的大量公式、图表和数据，目的是使学生在非常有限的设计时间内抛开繁琐的参考资料查阅过程。在内容上对主体设备的结构设计进行了强化，将以往两个原本相互依存却彼此独立的化工原理课程设计和化工机械基础课程设计结合起来，使之形成一个有机的整体，并在相应章节中融入了化工制图的内容。此外，我们还参照全国大学生化工设计竞赛的标准和要求，在物性分析、单元设备的计算与优化、设计与校核中引入了 Aspen Plus 和 Aspen Exchanger Design & Rating（Aspen EDR）等计算机模拟软件进行计算与设计，充分体现了现代设计方法在化工原理课程设计中的应用，是对高校化工类专业化工原理课程设计教学改革的有益探索。

本书可作为高等院校化工及相关专业的化工原理课程设计和化工设计课程设计教材，也可供化工及相关专业部门从事科研、设计和生产的技术人员参考。

本书的编写得到了上海电力大学高水平地方应用型大学建设项目的资助以

及环境与化学工程学院领导和同事的大力支持，在此表示衷心感谢。同时还要对本书所列参考文献的作者表示诚挚的谢意。

由于编者水平有限，经验不足，书中疏漏和不妥之处，恳请读者批评指正。

编著者

2019 年 10 月

# 目　录

1　绪论 …… 1

1.1　化工原理课程设计的性质和目的 …… 1
1.2　化工原理课程设计的基本内容和步骤 …… 1
1.2.1　化工原理课程设计的基本内容 …… 1
1.2.2　化工原理课程设计的基本步骤 …… 2
1.3　工艺流程设计 …… 2
1.3.1　方框流程图 …… 3
1.3.2　工艺流程简（草）图 …… 3
1.3.3　工艺物料流程图 …… 3
1.3.4　带控制点的工艺流程图 …… 3
1.3.5　工艺流程设计的基本原则 …… 4
1.4　主体设备设计 …… 4
1.4.1　主体设备工艺条件图 …… 4
1.4.2　主体设备装配图 …… 5
1.4.3　主体设备设计的基本原则 …… 5
1.5　化工过程技术经济评价的基本概念 …… 5
1.5.1　技术评价指标 …… 5
1.5.2　经济评价指标 …… 6
1.5.3　工程项目投资估算 …… 6
1.5.4　化工产品的成本估算 …… 7
1.5.5　利润、利润率、投资的回收期或还本期 …… 7
1.6　计算机在化工原理课程设计中的应用 …… 7
1.6.1　利用 Excel 软件简化计算 …… 8
1.6.2　利用 Aspen 软件进行流程模拟和设备选型及设计 …… 8
1.6.3　利用 AutoCAD 软件绘制工程图纸 …… 8

2　化工原理课程设计计算基础 …… 9

2.1　物料衡算 …… 9
2.1.1　物料衡算的目的 …… 9
2.1.2　物料衡算的原理 …… 9
2.1.3　物料衡算的步骤 …… 10
2.2　能量衡算 …… 10

2.2.1 能量衡算的目的 …… 10
2.2.2 能量衡算的原理 …… 10
2.2.3 能量衡算的步骤 …… 11
2.3 物性数据的查取和估算 …… 11
2.3.1 混合物物性数据的混合规则 …… 11
2.3.2 利用 Aspen Plus 进行物性分析 …… 17

3 化工原理课程设计绘图基础 …… 30

3.1 工艺流程图的绘制 …… 30
3.1.1 图样内容 …… 30
3.1.2 图的绘制范围 …… 34
3.1.3 比例与图幅、图框 …… 34
3.1.4 字体 …… 36
3.1.5 图线与箭头 …… 37
3.1.6 设备的表示方法 …… 37
3.1.7 管道的表示方法 …… 41
3.1.8 阀门与管件的表示方法 …… 45
3.1.9 仪表控制点的表示方法 …… 46
3.1.10 化工典型设备的自控流程 …… 48
3.2 主体设备图的绘制 …… 52
3.2.1 图样内容 …… 52
3.2.2 图面安排 …… 55
3.2.3 化工设备的视图表达 …… 62
3.2.4 化工设备的尺寸标注 …… 68
3.2.5 零部件和管口编号 …… 71
3.2.6 明细栏和管口表 …… 73
3.2.7 技术特性表和技术要求 …… 74

4 管壳式换热器的工艺设计 …… 76

4.1 管壳式换热器的类型 …… 76
4.1.1 固定管板式换热器 …… 77
4.1.2 浮头式换热器 …… 77
4.1.3 U形管式换热器 …… 78
4.1.4 填料函式换热器 …… 78
4.1.5 釜式重沸器 …… 79
4.2 管壳式换热器标准简介 …… 79
4.3 设计方案的确定 …… 81
4.3.1 换热器结构类型的选择 …… 81
4.3.2 流程的选择 …… 82

4.3.3 加热剂或冷却剂的选择…………………………………………………… 82
4.3.4 流体出口温度的确定……………………………………………………… 83
4.3.5 流体流速的选择…………………………………………………………… 83
4.3.6 流体流动方式的选择……………………………………………………… 84
4.3.7 材质的选择………………………………………………………………… 84
4.4 管壳式换热器的工艺计算…………………………………………………… 84
4.4.1 工艺计算的基本步骤……………………………………………………… 85
4.4.2 管壳式换热器工艺尺寸的确定…………………………………………… 86
4.4.3 传热计算…………………………………………………………………… 92
4.4.4 流动阻力（压降）计算 ………………………………………………… 102
4.4.5 管壳式换热器工艺计算示例 …………………………………………… 104

**5 管壳式换热器的结构设计 ………………………………………………… 111**

5.1 设计参数简介 ……………………………………………………………… 111
5.1.1 压力参数 ………………………………………………………………… 111
5.1.2 设计温度 ………………………………………………………………… 111
5.1.3 公称直径和公称压力 …………………………………………………… 112
5.1.4 许用应力 ………………………………………………………………… 113
5.1.5 焊接接头系数 …………………………………………………………… 113
5.1.6 厚度参数 ………………………………………………………………… 113
5.2 壁厚的确定 ………………………………………………………………… 114
5.3 接管 ………………………………………………………………………… 115
5.3.1 接管的一般要求 ………………………………………………………… 115
5.3.2 接管直径的确定 ………………………………………………………… 115
5.3.3 接管高度的确定 ………………………………………………………… 116
5.3.4 接管位置最小尺寸的确定 ……………………………………………… 118
5.3.5 接管法兰的要求 ………………………………………………………… 119
5.3.6 排气、排液管 …………………………………………………………… 119
5.4 管板 ………………………………………………………………………… 120
5.4.1 管板结构尺寸 …………………………………………………………… 120
5.4.2 换热管与管板的连接 …………………………………………………… 121
5.4.3 管板与壳体、管箱的连接 ……………………………………………… 124
5.5 管箱 ………………………………………………………………………… 127
5.5.1 管箱结构 ………………………………………………………………… 127
5.5.2 管箱尺寸 ………………………………………………………………… 128
5.6 分程隔板 …………………………………………………………………… 133
5.6.1 管程分程隔板 …………………………………………………………… 133
5.6.2 纵向隔板 ………………………………………………………………… 134
5.6.3 分割流板 ………………………………………………………………… 136

5.7 折流板和支持板 …… 136
5.7.1 折流板尺寸 …… 137
5.7.2 折流板布置 …… 138
5.7.3 支持板 …… 139
5.8 拉杆和定距管 …… 140
5.8.1 拉杆的结构形式 …… 140
5.8.2 拉杆的直径、数量和布置 …… 140
5.8.3 拉杆的尺寸 …… 140
5.8.4 定距管的尺寸 …… 141
5.9 防冲板 …… 141
5.9.1 防冲板的用途和设置条件 …… 141
5.9.2 防冲板形式 …… 141
5.9.3 防冲板的位置和尺寸 …… 142
5.10 防短路结构 …… 142
5.10.1 旁路挡板 …… 142
5.10.2 挡管 …… 143
5.10.3 中间挡板 …… 143
5.11 膨胀节 …… 144
5.12 法兰和垫片 …… 145
5.12.1 法兰 …… 145
5.12.2 垫片 …… 146
5.13 支座 …… 147
5.13.1 卧式换热器支座 …… 147
5.13.2 立式换热器支座 …… 148

**6 利用 Aspen EDR 进行管壳式换热器设计** …… 149

**附录 常用钢管规格型号** …… 175

**参考文献** …… 177

# 1 绪　论

## 1.1 化工原理课程设计的性质和目的

化工原理课程设计是一个重要的实践教学环节，是培养学生综合运用化工原理及先修课程基本知识，完成以化工单元操作为主的一次设计实践。通过化工原理课程设计，对学生进行设计能力的基本训练，掌握化工设计的程序和方法，培养学生综合运用所学知识解决实际工程问题的能力，也为毕业设计打下良好的基础。因此，化工原理课程设计重在培养学生的技术经济观、过程优化观、生产实际观、工程全局观，是提高学生实际工作能力的重要途径。其基本目的在于培养学生以下几方面的能力和素质：

（1）查阅资料能力，即结合设计课题，查阅有关技术资料获取正确公式和数据的能力；

（2）决策能力，既考虑技术上的先进性与可行性，又考虑经济上的合理性，并注意到操作时的劳动条件和环境保护的正确设计思想，并在这种设计思想指导下去分析和解决实际问题的能力；

（3）计算能力，即运用相关数据和基础理论，正确进行化工工艺计算，掌握典型化工设备的设计计算方法，能运用计算机软件进行相关计算；

（4）结构设计能力，即根据计算结果和生产实际，设计合理的设备结构的能力；

（5）绘图和文字表达能力，即运用机械制图技能，绘制出符合工程要求的化工设备图纸，用精炼的文字、清晰的图表撰写设计说明书，表达自己的设计思想和设计结果。

## 1.2 化工原理课程设计的基本内容和步骤

### 1.2.1 化工原理课程设计的基本内容

化工原理课程设计以化工单元操作的典型设备为对象，课程设计的命题尽量从科研和生产实际中选取。其基本内容包括：

（1）设计方案简介，对给定或选定的工艺流程、主要的设备型式进行简要论述；

（2）主体设备的工艺计算，包括工艺参数的选定、物料衡算、能量衡算、设备特征尺寸计算（如换热器的传热面积、塔设备的塔高和塔径等）、流体力学计算（如流动阻力和操作范围计算等）；

（3）主体设备的结构设计，即在工艺计算的基础上，根据设备常用结构，参考有关资料和规范，详细设计设备各零部件的结构尺寸；

（4）典型辅助设备的计算和选型，包括典型辅助设备的主要工艺尺寸计算和设备型号规格的选定；

（5）工艺流程图和主体设备图的绘制，工艺流程图包括工艺物料流程图和带控制点的工艺流程图，主体设备图包括主体设备工艺条件图和主体设备装配图，根据课程设计的具体要求可选择其中的一种或几种；

（6）设计说明书的编写，设计说明书应包括所有论述、原始数据、计算、表格等，是设计过程的书面总结，也是后续工作的主要依据，其编排顺序如下：

1）封面（包括课程设计题目、班级、姓名、指导教师、设计时间等）；

2）设计任务书；

3）目录；

4）设计方案简介（附工艺流程简图）；

5）设计条件及主要物性参数表；

6）主体设备的计算和设计；

7）辅助设备的计算和选型；

8）设计结果概要或设计一览表；

9）设计小结（设计评述和设计者的心得体会）；

10）附图；

11）参考文献；

12）符号说明。

### 1.2.2 化工原理课程设计的基本步骤

化工原理课程设计的基本步骤如下：

（1）动员和布置任务；

（2）阅读、分析设计任务书和查阅资料；

（3）生产实际调研和确定设计方案；

（4）设计计算、绘图和编写设计说明书；

（5）考核和答辩。

整个设计过程主要由论述、计算和绘图 3 个方面组成。论述应该条理清晰，观点明确；方案选择应有合理依据；计算应该方法正确，误差小于设计要求，计算公式和所用数据必须注明出处；图表应能简要表达设计结果。

设计后期的答辩，是及时了解学生设计能力的补充过程，也是提高设计水平、交流心得和扩大收获的重要部分。答辩通常包括个别答辩和公开答辩两种形式。个别答辩不仅是针对学生进行全面考核，更重要的是促进学生进行思考，提高设计水平。公开答辩是在个别答辩的基础上，选出几个有代表性的学生以班级为单位公开进行答辩，实际上是以他们的发言来引导全班性的讨论，目的是交流心得，探讨问题和扩大收获。

## 1.3 工艺流程设计

化工设计按其不同设计阶段大致可分为初步设计和施工图设计。初步设计主要是根据设计任务书和行业标准，对设计对象进行全面研究，寻求在技术上可能、经济上合理的最符合要求的设计方案，其成品是初步设计说明书。施工图设计主要是根据初步设计结果和行业标准，结合建厂条件，在满足安全、进度及控制投资等前提下进一步开展具体设计，其成品是详细的施工图纸、必要的文字说明和工程预算书。

化工生产的工艺流程设计是化工设计中最先着手的工作，由浅入深，由定性到定量逐步分阶段进行，贯穿于设计的整个过程。工艺流程设计的目的是在确定生产方法之后，以流程图的形式表示由原料到成品的整个生产过程中物料被加工的顺序以及各股物料的流向，同时表示出生产中所采用的化学反应、化工单元操作及设备之间的联系，据此可进一步制定化工管道流程和计量－控制流程，它是化工过程技术经济评价的依据。

工艺流程设计的设计成果都是用各种工艺流程图和表格进行表达的。按设计阶段的不同，先后有方框流程图（block flowsheet diagram)、工艺流程简（草）图（simplified flowsheet diagram)、工艺物料流程图（PFD，Process Flowsheet Diagram)、带控制点的工艺流程图（PID，Piping and control Instrument Diagram）等种类。方框流程图和工艺流程简（草）图都不列入设计文件，工艺物料流程图和带控制点的工艺流程图作为正式设计成果列入初步设计阶段的设计文件中。

### 1.3.1 方框流程图

方框流程图是进行概念性设计时完成的一种流程图，采用方框及文字表示主要的工艺过程和设备，用箭头表示物料流向，把从原料到最终产品所经过的生产步骤以图示的方式定性表达出来，一个方框可以是一个设备、一个工序或工段、也可以是一个车间或系统。方框流程图是工艺方案论证和初步设计的基本依据，对多种方案制取的化工产品，可以通过方框流程图进行比较，选择较优的生产方案。

### 1.3.2 工艺流程简（草）图

工艺流程简（草）图是方框流程图的一种变体或深入，是在工艺路线选定后从左至右把设备和流程展开在图纸上，用图例表示出主要工艺设备的位号和名称，用箭头表示物料流向。它是一个半图解式的工艺流程图，只带有示意性质，主要用于进行一些初步的化工计算。

### 1.3.3 工艺物料流程图

工艺物料流程图是在工艺流程简（草）图的基础上，完成详细的物料衡算和能量衡算后绘制，它以图形和表格相结合的形式，反应物料衡算和能量衡算的结果，使设计流程定量化。工艺物料流程图为审查提供资料，又是进一步设计的依据，同时它还可以为实际生产操作提供参考。

### 1.3.4 带控制点的工艺流程图

带控制点的工艺流程图又称管道及仪表流程图，是在工艺物料流程图的基础上，用过程检测和控制系统中规定的符号，描述化工生产过程自动化内容的图纸，它是自动化水平和自动化方案的全面体现。带控制点的工艺流程图是设计、绘制设备布置图和管道布置图的基础，又是施工安装和生产操作时的主要参考依据。

带控制点的工艺流程图一般由工艺专业和自控专业人员共同合作绘制。作为课程设计，只要求能标绘出过程的主要控制点即可。

### 1.3.5 工艺流程设计的基本原则

工艺流程设计本身存在一个多目标优化的问题，同时又是政策性很强的工作，设计人员必须有优化意识，必须严格遵守国家和地方的有关政策、法律规定和行业规范，特别是工业经济法规、环境保护法规和安全法规等。一般设计者应遵守如下一些基本原则。

（1）技术的先进性和可靠性。掌握先进的设计工具和方法，尽量采用当前的先进技术，实现工艺流程的优化集成，使其具有较强的市场竞争力。同时，对所采用的新技术要进行充分的论证，以保证设计的科学性和可靠性。

（2）过程系统的经济性。在各种可采用方案的比较中，技术经济评价指标往往是关键要素之一，以求得用最小的投资获得最大的经济效益。

（3）可持续及清洁生产。树立可持续发展和清洁生产意识，在选定的方案中，应尽可能使物料循环和回收利用，减少三废的排放，甚至实现“零排放”，实现“绿色生产工艺”。

（4）过程的安全性。在设计中要充分考虑各个生产环节可能出现的危险事故，采取有效的安全措施，确保生产过程的稳定运行、人员健康和人身安全。

（5）过程的可操作性和可控性。整个工艺流程应便于可靠操作，当生产负荷或一些操作参数在一定范围内波动时，能有效快速地进行调节控制。

（6）国家标准和行业法规。化工设计中常见的国家或行业标准有：《化工厂初步设计文件内容深度规定》（HG/T 20688—2000）、《化工工艺设计施工图内容和深度统一规定》（HG/T 20519—2009）、《压力容器》（GB 150—2011）、《热交换器》（GB/T 151—2014）、《固定式压力容器安全技术监察规程》（TSG 21—2016）、《塔器设计技术规定》（HG 20652—1998）、《塔式容器》（NB/T 47041—2014）等。如果进行药物生产工艺的设计，还要符合“药品生产质量管理规范（GMP）”等。

## 1.4 主体设备设计

主体设备是指在各单元操作中处于核心地位的关键设备，如传热中的换热器，蒸发中的蒸发器，精馏和吸收中的塔设备，干燥中的干燥器等。

一般不同单元操作中的主体设备是不同的，即使同一设备在不同单元操作中其作用也不相同，某一设备在某一单元操作中为主体设备，而在另一单元操作中就可能变为辅助设备。例如，换热器在传热中为主体设备，而在精馏或干燥操作中就变为辅助设备。泵、压缩机等也有类似的情况。

按设计阶段的不同，主体设备的设计成果主要有主体设备工艺条件图和主体设备装配图。主体设备工艺条件图列入初步设计阶段的设计文件中；主体设备装配图列入施工图设计阶段的设计文件中。

### 1.4.1 主体设备工艺条件图

主体设备工艺条件图是将设备工艺尺寸计算和结构设计的结果用一张总图表示出来，通常由负责工艺的人员完成，它是进行设备装配图设计的依据。

### 1.4.2 主体设备装配图

设备装配图是在工艺条件图的基础上再进行机械强度设计，最后提供的可加工制造的施工图。这一环节严格来说属于化工机械专业的课程内容，在设计部门则属于机械设计组的设计职责。作为化工原理课程设计，可适当放宽要求，不进行机械强度校核。

### 1.4.3 主体设备设计的基本原则

（1）满足工艺过程对设备的要求，如传热设备要达到要求的温度，精馏、吸收等分离设备要达到规定的分离精度和回收率等。

（2）技术上先进可靠，如换热器要有较高的传热系数，较少的金属用量；精馏塔有较高的传质效率和液泛速率等。

（3）经济效益好，如投资少、消耗小、生产费用低。

（4）结构简单，节省材料，易于制造，安装、操作和维修方便。

（5）操作范围宽，易于调节，便于控制。

（6）安全，三废少，符合环保要求。

（7）国家标准和行业法规。

由于化工原理课程设计的涉及深度和时间有限，一般是针对某一特定的单元操作进行工艺流程和主体设备设计的，可能涉及的图纸主要是工艺物料流程图、带控制点的工艺流程图、主体设备工艺条件图和主体设备装配图。

## 1.5 化工过程技术经济评价的基本概念

在化工、轻工、制药等工业生产中，为达到同一工程目的，可以采取多种不同的方案和手段。不同的技术方案往往各具独特的技术、经济或其他特性。为了从众多可供选择的工艺方案中选取技术上先进合理、经济上有充分的市场条件、具有较强竞争力的方案，就需要把这些方案进行技术上和经济上的综合研究、分析、比较，即进行技术经济评价。

技术经济评价是化工规划、设计、施工和生产管理中的重要手段和方法，经过反复修改和多次重新评价，最终可确定最佳工艺方案，达到化工过程最优化的目的。

### 1.5.1 技术评价指标

评价一个化工过程技术的可行性、先进性和可靠性，主要根据以下几项指标：

（1）产品的质量和销路；

（2）原料的质量、价格、加工难易、运输性能及供应的可靠性；

（3）原料的消耗定额（产品的回收率）；

（4）能量消耗定额和品位；

（5）过程设备的总数量和总质量，工艺过程在技术上的复杂性，操作控制的难易程度等；

（6）劳动生产率；

（7）环境保护和生产的安全性。

### 1.5.2 经济评价指标

所谓经济评价，是指在开发投资项目的技术方案中，用经济的观点和方法来评价技术方案的优劣，它是技术评价的继续和确认。一般经济评价包括以下项目：

(1) 基本建设投资；

(2) 化工产品的成本；

(3) 经济效益，包括利润和利润率；

(4) 投资的回收期或还本期；

(5) 其他经济学指标。

基本建设投资和化工产品成本是进行设计方案经济分析、评价和优化的重点和基础。化工过程的优化方案在经济方面的目标函数就是基本建设投资、化工产品成本或由这两者共同确定的利润额。投资和成本估算也是设计工作的一个重要组成部分。

### 1.5.3 工程项目投资估算

投资是指建设一套生产装置、使之投入生产并能持续正常运行所需的总资金额。项目建设总投资通常有基本建设投资、生产经营所需流动资金以及建设期贷款利息 3 部分组成。

#### 1.5.3.1 基本建设投资估算

投资估算的方法有很多种，目前国内外最常用的有化工投资因子法和化工范围内的设计概算法（逐项估算法）等。

(1) 化工投资因子法。该法是以工艺流程中所有设备的购置费总额为基础，根据化工厂的加工类型，选取适当的乘数因子，快速估算出固定投资或企业的总投资。

(2) 设计概算法（逐项估算法）。基本建设投资涵盖了拟建项目从筹建起到建筑、安装工程完成及试车投产的全过程。它是由单项工程综合估算、工程建设其他费用和预备费 3 部分组成。单项工程综合估算是指把工程分解为若干个单项工程进行估算，汇总所有单项工程估算所得到的结果，包括主要生产项目、辅助生产项目、公用工程项目、服务性工程项目、生活福利设施和厂外工程项目等；工程建设其他费用是指未包括在单项工程项目估算内，但与整个建设项目有关，并且按国家规定可在建设项目投资支出的费用，包括土地购置及租赁费、迁移及赔偿费、建设单位管理费、交通工具购置费、临时工程设施费等；预备费是指一切不能预见的有关工程费用。这种投资估算法不仅过程十分清晰，而且便于分析整个基本建设的主要开支项目，从而在新建化工企业的投资方面建立起一个完整的概念和轮廓。

不管采用哪种估算方法，都是以生产设备的购置费为基础，这就需要根据生产流程准确无漏地列出所有设备清单，并求出每台设备的购置费。单台设备的购置费最好从设备价目图表查得，在缺乏可靠价目时，也可用有关公式（如装置或设备指数法）作近似估算。

#### 1.5.3.2 流动资金估算

企业的流动资金一般分为储备资金（原料库存、备品备件等）、生产资金（工艺过程所需的催化剂、在制品和半成品）、成品资金（库存成品、待售半成品）3 部分。另外尚有非定额流动资金，包括结算资金和货币资金。在缺乏足够数据时，可采用扩大指标估算，即流动资金额约为固定资金额的10% ~20%，或者为企业年销售收入的25%。

汇总基本建设投资、流动资金和建设期贷款利息即为工程建设项目总投资。

### 1.5.4 化工产品的成本估算

#### 1.5.4.1 成本的构成

化工产品的成本是产品生产过程中各项费用的总和。在经济可行性研究中，生产成本是决策过程中的重要依据之一。按估算范围不同，产品成本可分为车间成本、工厂成本、经营成本和销售成本。

（1）车间成本。由原料和辅助材料费、劳动力费用（工人的各类工资和奖金）、公用工程费用、车间费用以及税金和保险费等各项加和得到。

（2）工厂成本。由车间成本、企业管理费、折旧费和流动资金加和得到。

（3）经营成本。由车间成本、企业管理费、销售费和流动资金加和得到。

（4）销售成本。由车间成本、企业管理费、折旧费、销售费和流动资金加和得到。

#### 1.5.4.2 成本的估算

在化工生产中，生产某一产品的同时，往往还生产一定数量的副产品，这部分副产品应按规定的价格计算其产值，并从工厂成本中扣除。有时还有营业外的损益，即非生产性的费用支出或收入，如停工损失、三废污染超标赔偿、科技服务收入、产品价格补贴等，都应计入成本或从成本中扣除。

#### 1.5.4.3 固定成本和可变成本

产品的总成本可分为固定成本和可变成本两部分。可变成本是指随产量而变化的那部分费用，如原料费、计件工资制的工人工资、动力费、运输费等。产量增加，可变成本相应增加，但单位产品的可变成本保持不变。固定成本是指在产品总成本中不随产量而变化的那部分费用，如在一定生产能力范围内，设备的折旧费、车间经费、计时工资制的工人工资等，但单位产品的固定成本却随产量的增加而减少。

### 1.5.5 利润、利润率、投资的回收期或还本期

年销售收入扣除销售成本即为企业的年利润。年利润与基本建设投资之比为资金利润率。单位产品的利润与销售成本之比为成本利润率。基本建设投资总额与年利润之比为投资的回收期或还本期。

## 1.6 计算机在化工原理课程设计中的应用

由于化工原理课程设计涉及的公式多且复杂，计算工作量大，学生采用手工计算费时费力。随着计算机技术的发展，在掌握设计过程基本计算步骤和方法的前提下，合理使用计算机软件进行辅助设计，可以给学生注入现代设计理念，使学生的计算量和计算强度大幅降低，设计水平得到较大提高，以适应化工行业的发展需要。

### 1.6.1 利用 Excel 软件简化计算

Excel 是微软公司办公软件 Office 的重要组成部分，具有强大的数据分析和处理能力，在分析、计算和优化复杂工程问题时应用较广，如回归分析或统计数据、多变量求解、非线性方程组、定量预测、经济可行性等。Excel 具有单变量求解、简单函数和自动填充功能，可以将复杂的编程或迭代计算转化成方便的菜单和工具栏操作。例如，精馏塔设计过程中运用 Excel 软件这些自带的功能，可以迅速计算出二元理想物系的泡露点、平衡组成、漏液点孔速、回流比、理论板数和各板的气液相组成等多项参数。此方法简便、快速，计算结果也较准确，有一定计算机基础的学生都较容易掌握，但化工专业性稍差。

### 1.6.2 利用 Aspen 软件进行流程模拟和设备选型及设计

化工过程流程模拟就是将一个由许多过程组成的化工流程用数学模型表现，用计算机求解描述整个化工生产过程的数学模型，得到有关该化工过程性能的信息。Aspen Plus 是目前用途最为广泛的大型通用过程模拟软件，具有符合工业实际的、庞大的物性数据库，完备的热力学计算系统，全面的化工单元操作模块，友好的用户界面和丰富的帮助系统。在化工原理课程设计中，受数据可得性和手算可行性的限制，设计题目往往较为简单或理想化，难以真正反映实际的化工生产过程，课程设计效果势必受到影响。引入 Aspen Plus 后可有效克服这一缺陷，实现实际物系和非理想物系的模拟计算。通过 Aspen Plus 可以完成化工原理课程设计中的全部工艺计算和优化，显著提高设计效率，而且设计结果更可靠、更贴近工程实际。另外，Aspen Exchanger Design & Rating（Aspen EDR）可在工艺计算的基础上进行换热器的设计和校核，Aspen Plus 9.0 及以上版本还可进行塔设备的流体力学校核。

### 1.6.3 利用 AutoCAD 软件绘制工程图纸

随着大学生计算机水平的提高，化工原理课程设计中采用 AutoCAD 进行工程制图已经被广泛采用。化工原理课程设计中的各种流程图、设备工艺条件图和装配图均可用 AutoCAD 绘制，相比手工绘图更简单、更精确和美观，可以提高学生将计算机应用于化工过程的能力，同时进一步培养学生的工程意识。

# 2 化工原理课程设计计算基础

## 2.1 物料衡算

### 2.1.1 物料衡算的目的

工艺设计中的物料衡算是在工艺流程确定后进行的，目的是通过计算，确定原料的消耗量、主副产品的产量、三废的排放量以及各物流的流量及组成和状态，进而为能量衡算、其他工艺计算和设备计算打下基础。对于已有装置，物料衡算可以弄清原料的来龙去脉，找出生产中的薄弱环节，为改进生产、完善管理提供可靠的依据和明确方向，并可作为检查原料利用率及三废处理完善程度的一种手段。

### 2.1.2 物料衡算的原理

物料衡算总是围绕一个特定的范围进行，此范围称为衡算系统。衡算系统应根据实际需要人为选定，可以是一个总厂、一个分厂、一个车间、一套装置、一个设备，甚至一个节点等。物料衡算以质量守恒定律为依据，其表达式为

$$\sum G_{输入} = \sum G_{输出} + \sum G_{累积} \tag{2-1}$$

式中 $\sum G_{输入}$——输入系统的物料量；

$\sum G_{输出}$——输出系统的物料量；

$\sum G_{累积}$——系统中累积的物料量。

对稳态过程，系统内累积的物料量为零，此时

$$\sum G_{输入} = \sum G_{输出} \tag{2-2}$$

物料衡算包括总物料衡算、组分衡算和元素衡算。根据系统中有无化学反应，各种衡算方法的适用情况如表 2-1 所示。

**表 2-1 各衡算方法适用情况**

| 类　别 | 物料衡算形式 | 无化学反应 | 有化学反应 |
|---|---|---|---|
| 总物料衡算式 | 总质量的衡算式 | 适用 | 适用 |
| | 总物质的量的衡算式 | 适用 | 不适用 |
| 组分衡算式 | 组分质量的衡算式 | 适用 | 不适用 |
| | 组分物质的量的衡算式 | 适用 | 不适用 |
| 元素原子衡算式 | 元素原子质量的衡算式 | 适用 | 适用 |
| | 元素原子物质的量的衡算式 | 适用 | 适用 |

### 2.1.3 物料衡算的步骤

物料衡算的一般步骤如下：

（1）画出流程示意图，用箭头指明进、出物流，把有关已知量和未知量标在图上；

（2）写出化学反应方程式（如有化学反应）；

（3）用虚线框标明物料衡算的范围；

（4）确定衡算对象（总物料、组分或元素原子）；

（5）选择衡算基准，即间歇过程一般以每批次作为基准，而连续过程则采用单位时间作为基准，衡算时注意各物理量的单位要统一；

（6）建立衡算方程并求解。

## 2.2 能量衡算

### 2.2.1 能量衡算的目的

工艺设计中，能量衡算的目的在于定量的表示出工艺过程各部分的能量变化，确定需要加入或可供利用的能量，确定过程及设备的工艺条件和热负荷。能量衡算主要包括热能、动能、电能和化学能等。能量衡算的主要任务如下：

（1）确定工艺单元中物料输送机械（如泵）所需要的功率，以便于进行设备的设计和选型；

（2）确定精馏等单元操作中所需要的热量或冷量以及传递速率，计算换热设备的尺寸，确定加热剂和冷却剂的消耗量，为后续的供汽、供冷、供水等设计提供设备条件；

（3）确定为保持一定反应温度所需移除或者加入的热传递速率，指导反应器的设计和选型；

（4）提高热量内部集成度，充分利用余热，提高能量利用率，降低能耗；

（5）最终计算出总需求能量和能量的费用，并由此确定工艺过程在经济上的可行性。

### 2.2.2 能量衡算的原理

能量衡算的依据是热力学第一定律，其表达式为

$$\sum E_{输入} = \sum E_{输出} + \sum E_{累积} \tag{2-3}$$

式中 $\sum E_{输入}$——输入系统的能量；

$\sum E_{输出}$——输出系统的能量；

$\sum E_{累积}$——系统中累计的能量。

对稳态过程，系统内累积的能量为零，此时

$$\sum E_{输入} = \sum E_{输出} \tag{2-4}$$

在热力学上，用“焓”表示物流所处的热状态，式（2-4）可改写为

$$\sum H_{输出} - \sum H_{输入} = Q + W \tag{2-5}$$

式中 $\sum H_{输入}$——输入系统的各物流的焓之和；

$\sum H_{输出}$——输出系统的各物流的焓之和；

$Q$——系统与外界交换的热量，当不计热损失时为系统的热负荷；

$W$——系统与外界交换的功，如机械功或电功。

### 2.2.3 能量衡算的步骤

能量衡算的步骤与物料衡算类似，也需要画出流程图、标明衡算的范围、选定衡算基准、列出能量衡算表等。另外，由于物流焓值的大小与温度有关，因此能量衡算时还要指明基准温度。物流的焓值通常从0℃算起，若以0℃为基准亦可不必再指明。有时为方便计算，以进料温度或环境温度为基准，此时则一定要指明。

## 2.3 物性数据的查取和估算

设计计算中的物性数据应尽可能使用实验测定值或从有关手册和文献中查取。有时手册上也以图表的形式提供某些物性的推算结果。常用的物性数据可由《化工原理》或《物理化学》教材的附录、《化学工程手册》《石油化工手册》《化工工艺手册》《化工工艺算图》等工具书中获取。从物性手册中收集到的物性数据常常是纯组分的物性，而设计中所涉及的物系一般都是混合物。通常采用一些经验混合规则作近似处理，从而获取混合物的物性参数。此外，也可通过 Aspen Plus 软件中自带的物性数据库进行分析得到。下面分别就部分常规物系的经验混合规则和 Aspen Plus 中的物性分析方法进行介绍。

### 2.3.1 混合物物性数据的混合规则

#### 2.3.1.1 混合物的密度

（1）气体混合物的密度 $\rho_{gm}$。对压力不太高的气体混合物，密度可由以下两式求得：

$$\rho_{gm} = \sum_i \rho_{gi} y_i \tag{2-6}$$

或

$$\rho_{gm} = \frac{pM_m}{RT},\ M_m = \sum_i M_i y_i \tag{2-7}$$

式中 $\rho_{gi}$，$y_i$，$M_i$——气体混合物中组分 $i$ 的密度、摩尔分数和摩尔质量；

$M_m$——气体混合物的平均摩尔质量，对压力较高的气体混合物应引入压缩因子 $Z_i$ 进行校正；

$p$——系统压力，Pa；

$T$——系统热力学温度，K。

（2）液体混合物的密度 $\rho_{Lm}$。

$$\frac{1}{\rho_{Lm}} = \sum_i \frac{w_i}{\rho_{Li}} \tag{2-8}$$

式中 $\rho_{Li}$，$w_i$——液体混合物中组分 $i$ 的密度和质量分数。

#### 2.3.1.2 混合物的黏度

（1）气体混合物的黏度 $\mu_{gm}$。对压力不太高的气体混合物，黏度可由下式求得：

$$\mu_{gm} = \frac{\sum_i \mu_{gi} M_i^{1/2} y_i}{\sum_i M_i^{1/2} y_i} \tag{2-9}$$

式中 $\mu_{gi}$，$y_i$，$M_i$——气体混合物中组分 $i$ 的黏度、摩尔分数和摩尔质量。

式（2-9）不适用于 $H_2$ 含量较高的气体混合物，误差高达10%。

（2）液体混合物的黏度 $\mu_{Lm}$。互溶液体混合物的黏度可由 Kendall-Mouroe 混合规则求得：

$$\mu_{Lm}^{1/3} = \sum_i \mu_{Li}^{1/3} x_i \tag{2-10}$$

式中 $\mu_{Li}$，$x_i$——液体混合物中组分 $i$ 的黏度和摩尔分数。

式（2-10）适用于非电解质、非缔合性液体，且两组分的摩尔质量差及黏度差不大（$\Delta\mu_{Li} < 15\text{mPa}\cdot\text{s}$）的液体。对油类的计算误差为2%~3%。

对非缔合互溶液体混合物，其黏度也可用式（2-11）求得：

$$\mu_{Lm} = \sum_i \lg\mu_{Li} x_i \tag{2-11}$$

简单估算也可用式（2-12）：

$$\mu_{Lm} = \sum_i \mu_{Li} x_i \tag{2-12}$$

#### 2.3.1.3 混合物的热导率

（1）气体混合物的热导率 $\lambda_{gm}$。

1）非极性气体混合物。可由 Broraw 法则估算：

$$\lambda_{gm} = 0.5(\lambda_{sm} + \lambda_{rm}) \tag{2-13}$$

$$\lambda_{sm} = \sum_i \lambda_{gi} y_i \tag{2-14}$$

$$\lambda_{rm} = \frac{1}{\sum_i \frac{y_i}{\lambda_{gi}}} \tag{2-15}$$

式中 $\lambda_{gi}$，$y_i$——气体混合物中组分 $i$ 的热导率和摩尔分数。

2）一般气体混合物。对压力不太高的一般气体混合物的热导率可由下式求得：

$$\lambda_{gm} = \frac{\sum_i \lambda_{gi} M_i^{1/3} y_i}{\sum_i M_i^{1/3} y_i} \tag{2-16}$$

式中 $\lambda_{gi}$，$y_i$，$M_i$——气体混合物中组分 $i$ 的热导率、摩尔分数和摩尔质量。

（2）液体混合物的热导率 $\lambda_{Lm}$。

1）有机液体混合物的热导率

$$\lambda_{Lm} = \sum_i \lambda_{Li} w_i \tag{2-17}$$

式中 $\lambda_{Li}$，$w_i$——液体混合物中组分 $i$ 的热导率和质量分数。

2）有机物－水的液体混合物热导率

$$\lambda_{Lm} = 0.9\sum_i \lambda_{Li} w_i \tag{2-18}$$

式中 $\lambda_{Li}$，$w_i$——液体混合物中组分 $i$ 的热导率和质量分数。

3）胶体分散液和乳液热导率

$$\lambda_{Lm}=0.9\lambda_{C} \tag{2-19}$$

式中 $\lambda_C$——连续相组分的热导率。

4）电解质水溶液热导率

$$\lambda_{Lm}=\lambda_{w}\frac{C_p}{C_{pw}}\left(\frac{\rho}{\rho_w}\right)^{4/3}\left(\frac{M_w}{M}\right)^{1/3} \tag{2-20}$$

式中 $C_p,\rho,M$——电解质水溶液的摩尔热容、密度和摩尔质量；

$\lambda_w,C_{pw},\rho_w,M_w$——纯水的热导率、摩尔热容、密度和摩尔质量。

2.3.1.4 混合物的热容

气体或液体混合物的热容由式（2-21）估算：

$$C_{pm}=\sum_i C_{pi}x_i \tag{2-21}$$

$$c_{pm}=\sum_i c_{pi}w_i \tag{2-22}$$

式中 $C_{pm}$，$C_{pi}$——混合物和组分 $i$ 的摩尔热容，kJ/(kmol·K)；

$c_{pm}$，$c_{pi}$——混合物和组分 $i$ 的比热容，kJ/(kg·K)；

$x_i$，$w_i$——混合物中组分 $i$ 的摩尔分数和质量分数。

式（2-21）适用于压力不太高的气体混合物或非理想性不强的液体混合物。

2.3.1.5 混合物的表面张力

（1）非水溶液混合物的表面张力

$$\sigma_m=\sum_i \sigma_i x_i \tag{2-23}$$

式中 $\sigma_i$，$x_i$——混合物中组分 $i$ 的表面张力和摩尔分数。

式（2-23）只适用于系统压力小于或等于大气压的条件，大于大气压条件时则参考有关数值手册。

（2）含水溶液混合物的表面张力。有机分子中的烃基具有较强的疏水性，倾向于在水溶液表面富集，因而当少量的有机物溶于水时，足以影响水的表面张力。若有机物在水溶液中的摩尔分数不超过1%时，溶液的表面张力可用如下 Szyszkowski 公式计算：

$$\frac{\sigma}{\sigma_w}=1-0.411\lg\left(1+\frac{x}{a}\right) \tag{2-24}$$

式中 $\sigma$——含水溶液混合物的表面张力；

$\sigma_w$——纯水的表面张力；

$x$——有机物在水溶液中的摩尔分数；

$a$——特性常数，参见表2-2。

**表2-2 特性常数 $a$ 值**

| 有机物 | 丙酸 | 正丙醇 | 异丙醇 | 乙酸甲酯 | 正丙胺 |
|---|---|---|---|---|---|
| $a\times10^4$ | 26 | 26 | 26 | 26 | 19 |
| 有机物 | 甲乙酮 | 正丁酸 | 异丁酸 | 正丁醇 | 异丁醇 |
| $a\times10^4$ | 19 | 7 | 7 | 7 | 7 |

续表 2-2

| 有机物 | 甲酸丙酯 | 乙酸乙酯 | 丙酸甲酯 | 二乙酮 | 丙酸乙酯 |
|---|---|---|---|---|---|
| $a\times10^4$ | 8.5 | 8.5 | 8.5 | 8.5 | 3.1 |
| 有机物 | 乙酸丙酯 | 正戊酸 | 异戊酸 | 正戊醇 | 异戊醇 |
| $a\times10^4$ | 3.1 | 1.7 | 1.7 | 1.7 | 1.7 |
| 有机物 | 丙酸丙酯 | 正己酸 | 正庚酸 | 正辛酸 | 正葵酸 |
| $a\times10^4$ | 1.0 | 0.75 | 0.17 | 0.034 | 0.0025 |

二元有机物－水溶液的表面张力在宽浓度范围内可用式（2－25）求取：

$$\sigma^{1/4}=\varphi_{sw}\sigma_{w}^{1/4}+\varphi_{so}\sigma_{o}^{1/4} \tag{2-25}$$

式中 $\varphi_{sw}=\dfrac{x_{sw}V_{w}}{x_{sw}V_{w}+x_{so}V_{o}}$；

$\varphi_{so}=\dfrac{x_{so}V_{o}}{x_{sw}V_{w}+x_{so}V_{o}}$；

$\sigma_w$，$\sigma_o$——纯水和纯有机物的表面张力；

$x_{sw}$，$x_{so}$——水和有机物在溶液表面的摩尔分数；

$V_w$，$V_o$——纯水和纯有机物的摩尔体积。

由于水和有机物在溶液表面的摩尔分数 $x_{sw}$ 和 $x_{so}$ 不易获取，故 $\varphi_{sw}$ 和 $\varphi_{so}$ 可用以下关联式求出：

$$\varphi_{sw}+\varphi_{so}=1 \tag{2-26}$$

$$\lg\frac{\varphi_{sw}^{q}}{\varphi_{so}}=\lg\frac{\varphi_{w}^{q}}{\varphi_{o}}+0.441\frac{q}{T}(\sigma_{o}V_{o}^{2/3}q-\sigma_{w}V_{w}^{2/3}) \tag{2-27}$$

$$\varphi_{w}=\frac{x_{w}V_{w}}{x_{w}V_{w}+x_{o}V_{o}} \tag{2-28}$$

$$\varphi_{o}=\frac{x_{o}V_{o}}{x_{w}V_{w}+x_{o}V_{o}} \tag{2-29}$$

式中 $x_w$，$x_o$——水和有机物在溶液中的摩尔分数；

$T$——热力学温度，K；

$q$——与分子结构有关，决定于有机物的类型和分子大小，见表 2-3。

**表 2-3 $q$ 值的确定**

| 物 质 | $q$ 值 | 示 例 |
|---|---|---|
| 脂肪酸、醇类 | 碳原子数 | 乙酸，$q=2$ |
| 酮类 | 碳原子数－1 | 丙酮，$q=2$ |
| 脂肪酸的卤代衍生物 | 碳原子数 $\times\dfrac{\text{卤代衍生物摩尔体积}}{\text{原脂肪酸摩尔体积}}$ | 氯代乙酸，$q=2\times\dfrac{V_o\text{（氯代乙酸）}}{V_o\text{（乙酸）}}$ |

若用于非水溶液，$q$ 值为溶质摩尔体积和溶剂摩尔体积之比。本方法对 14 个水系统、2 个醇－醇系统，在 $q$ 值小于 5 时，误差小于 10%；当 $q$ 值大于 5 时，误差小于 20%。

2.3.1.6 混合物的汽化潜热

混合物的汽化潜热可由式（2-30）和式（2-31）估算：

$$r_m = \sum_i r_i x_i \tag{2-30}$$

$$r'_m = \sum_i r'_i w_i \tag{2-31}$$

式中 $r_m$，$r_i$——混合物和组分 $i$ 的摩尔汽化潜热，kJ/kmol；

$r'_m$，$r'_i$——混合物和组分 $i$ 的质量汽化潜热，kJ/kg；

$x_i$，$w_i$——混合物中组分 $i$ 的摩尔分数和质量分数。

2.3.1.7 二元组分的汽液平衡组成

（1）乙醇－水（101.3kPa，见表2-4）。

**表2-4 乙醇－水的汽液平衡组成**

| 乙醇摩尔分数 | | 温度/℃ | 乙醇摩尔分数 | | 温度/℃ |
|---|---|---|---|---|---|
| 液相 | 汽相 | | 液相 | 汽相 | |
| 0.00 | 0.00 | 100 | 0.3273 | 0.5826 | 81.5 |
| 0.0190 | 0.1700 | 95.5 | 0.3965 | 0.6122 | 80.7 |
| 0.0721 | 0.3891 | 89.0 | 0.5079 | 0.6564 | 79.8 |
| 0.0966 | 0.4375 | 86.7 | 0.5198 | 0.6599 | 79.7 |
| 0.1238 | 0.4704 | 85.3 | 0.5732 | 0.6841 | 79.3 |
| 0.1661 | 0.5089 | 84.1 | 0.6763 | 0.7385 | 78.74 |
| 0.2337 | 0.5445 | 82.7 | 0.7472 | 0.7815 | 78.41 |
| 0.2608 | 0.5580 | 82.3 | 0.8943 | 0.8943 | 78.15 |

（2）苯－甲苯（101.3kPa，见表2-5）。

**表2-5 苯－甲苯的汽液平衡组成**

| 苯摩尔分数 | | 温度/℃ | 苯摩尔分数 | | 温度/℃ |
|---|---|---|---|---|---|
| 液相 | 汽相 | | 液相 | 汽相 | |
| 0.00 | 0.00 | 110.6 | 0.592 | 0.789 | 89.4 |
| 0.088 | 0.212 | 106.1 | 0.700 | 0.853 | 86.8 |
| 0.200 | 0.370 | 102.2 | 0.803 | 0.914 | 84.4 |
| 0.300 | 0.500 | 98.6 | 0.903 | 0.957 | 82.3 |
| 0.397 | 0.618 | 95.2 | 0.950 | 0.979 | 81.2 |
| 0.489 | 0.710 | 92.1 | 1.00 | 1.00 | 80.2 |

（3）氯仿－苯（101.3kPa，见表2-6）。

**表2-6 氯仿－苯的汽液平衡组成**

| 氯仿质量分数 | | 温度/℃ | 氯仿质量分数 | | 温度/℃ |
|---|---|---|---|---|---|
| 液相 | 汽相 | | 液相 | 汽相 | |
| 0.10 | 0.136 | 79.9 | 0.40 | 0.530 | 77.2 |
| 0.20 | 0.272 | 79.0 | 0.50 | 0.650 | 76.0 |
| 0.30 | 0.406 | 78.1 | 0.60 | 0.750 | 74.6 |

续表 2-6

| 氯仿质量分数 | | 温度/℃ | 氯仿质量分数 | | 温度/℃ |
|---|---|---|---|---|---|
| 液相 | 汽相 | | 液相 | 汽相 | |
| 0.70 | 0.830 | 72.8 | 0.90 | 0.961 | 67.0 |
| 0.80 | 0.900 | 70.5 | | | |

(4) 二硫化碳－四氯化碳（101.3kPa，见表 2-7）。

**表 2-7　二硫化碳－四氯化碳的汽液平衡组成**

| 二硫化碳摩尔分数 | | 温度/℃ | 二硫化碳摩尔分数 | | 温度/℃ |
|---|---|---|---|---|---|
| 液相 | 汽相 | | 液相 | 汽相 | |
| 0.00 | 0.00 | 76.7 | 0.3908 | 0.6340 | 59.3 |
| 0.0296 | 0.0823 | 74.9 | 0.5318 | 0.7470 | 55.3 |
| 0.0615 | 0.1555 | 73.1 | 0.6630 | 0.8290 | 52.3 |
| 0.1106 | 0.2660 | 70.3 | 0.7574 | 0.8780 | 51.4 |
| 0.1435 | 0.3325 | 68.6 | 0.8604 | 0.9320 | 48.5 |
| 0.2585 | 0.4950 | 63.8 | 1.00 | 1.00 | 46.3 |

(5) 丙酮－水（101.3kPa，见表 2-8）。

**表 2-8　丙酮－水的汽液平衡组成**

| 丙酮摩尔分数 | | 温度/℃ | 丙酮摩尔分数 | | 温度/℃ |
|---|---|---|---|---|---|
| 液相 | 汽相 | | 液相 | 汽相 | |
| 0.00 | 0.00 | 100.0 | 0.40 | 0.839 | 60.4 |
| 0.01 | 0.253 | 92.7 | 0.50 | 0.849 | 60.0 |
| 0.02 | 0.425 | 86.5 | 0.60 | 0.859 | 59.7 |
| 0.05 | 0.624 | 75.8 | 0.70 | 0.874 | 59.0 |
| 0.10 | 0.755 | 66.5 | 0.80 | 0.898 | 58.2 |
| 0.15 | 0.798 | 63.4 | 0.90 | 0.935 | 57.5 |
| 0.20 | 0.815 | 62.1 | 0.95 | 0.963 | 57.0 |
| 0.30 | 0.830 | 61.0 | 1.00 | 1.00 | 56.13 |

(6) 水－醋酸（101.3kPa，见表 2-9）。

**表 2-9　水－醋酸的汽液平衡组成**

| 水摩尔分数 | | 温度/℃ | 水摩尔分数 | | 温度/℃ |
|---|---|---|---|---|---|
| 液相 | 汽相 | | 液相 | 汽相 | |
| 0.00 | 0.00 | 118.2 | 0.690 | 0.790 | 102.8 |
| 0.270 | 0.394 | 108.2 | 0.769 | 0.845 | 101.9 |
| 0.455 | 0.565 | 105.3 | 0.833 | 0.886 | 101.3 |
| 0.588 | 0.707 | 103.8 | 0.886 | 0.919 | 100.9 |

续表 2-9

| 水摩尔分数 |  | 温度/℃ | 水摩尔分数 |  | 温度/℃ |
| --- | --- | --- | --- | --- | --- |
| 液相 | 汽相 |  | 液相 | 汽相 |  |
| 0.930 | 0.950 | 100.5 | 1.00 | 1.00 | 100.0 |
| 0.968 | 0.977 | 100.2 |  |  |  |

（7）甲醇－水（101.3kPa，见表 2-10）。

**表 2-10　甲醇－水的汽液平衡组成**

| 甲醇摩尔分数 |  | 温度/℃ | 甲醇摩尔分数 |  | 温度/℃ |
| --- | --- | --- | --- | --- | --- |
| 液相 | 汽相 |  | 液相 | 汽相 |  |
| 0.0531 | 0.2834 | 92.9 | 0.2909 | 0.6801 | 77.8 |
| 0.0767 | 0.4001 | 90.3 | 0.3333 | 0.6918 | 76.7 |
| 0.0926 | 0.4353 | 88.9 | 0.3513 | 0.7347 | 76.2 |
| 0.1257 | 0.4831 | 86.6 | 0.4620 | 0.7756 | 73.8 |
| 0.1315 | 0.5455 | 85.0 | 0.5292 | 0.7971 | 72.7 |
| 0.1674 | 0.5585 | 83.2 | 0.5937 | 0.8183 | 71.3 |
| 0.1818 | 0.5775 | 82.3 | 0.6849 | 0.8492 | 70.0 |
| 0.2083 | 0.6273 | 81.6 | 0.7701 | 0.8962 | 68.0 |
| 0.2319 | 0.6485 | 80.2 | 0.8741 | 0.9194 | 66.9 |
| 0.2818 | 0.6775 | 78.0 |  |  |  |

### 2.3.2　利用 Aspen Plus 进行物性分析

Aspen Plus 为用户提供了物性分析功能（property analysis），主要是用来生成物性数据和物性图表，验证物性模型和数据的准确性。

物性分析中提供的数据或图表主要分为以下两种：

（1）纯组分或混合物的物性参数，例如露点、热容、平均分子量等；

（2）二元或三元体系的相平衡数据或相图，例如恒沸点数据、$T-x-y$ 图及 $p-x-y$ 图等。

在进行物性分析和流程模拟时必须选择合适的物性方法。物性方法是指模拟计算中所需的物性方法和模型的集合。物性方法的选择是决定模拟结果准确性的关键步骤，物性方法和模型的选取不同，模拟结果也会大相径庭。Aspen Plus 提供了多种可供选择的物性方法和模型，主要可分为理想模型（如 IDEAL 和 SYSOP0）、状态方程模型（如 BWR-LS、PENG-ROB、RK-SOAVE 等）、活度系数模型（如 NRTL、UNIFAC、WILSON 等）和特殊模型（如 AMINES、BK-10、STEAM-TA 等）。

物性方法的选择取决于物系的非理想程度和操作条件，在进行模型的选择时，可以采用以下两种方法：一是根据经验或文献选取，即根据物系特点和操作温度、压力进行选择；二是根据 Aspen Plus 的帮助系统进行选择。具体选择步骤本书不再展开，读者可参阅相关论著。

常见化工体系的推荐物性方法如表2-11所示。

**表2-11 常见化工体系的推荐物性方法**

| 化工体系 | 推荐物性方法 |
|---|---|
| 空分 | PR，SRK |
| 气体加工 | PR，SRK |
| 气体净化 | Kent-Eisnberg，ELECNRTL |
| 石油炼制 | BK-10，Chao-Seader，Grayson-Streed，PR，SRK |
| 石油化工中VLE体系 | PR，SRK，PSRK |
| 石油化工中LLE体系 | NRTL，UNIQUAC |
| 化工过程 | NRTL，UNIQUAC，PSRK |
| 电解质体系 | ELECNRTL，Zemaitis |
| 低聚物 | PolymerNRTL |
| 高聚物 | PolymerNRTL，PC-SAFT |
| 环境 | UNIFAC + Henry's Law |

**例2-1** 现有CO、$H_2$、$N_2$和$CH_4$的混合气体，各组分摩尔分数分别为0.35、0.35、0.2和0.1，运用物性分析功能求取常压下、温度为0～100℃范围内混合物的密度、黏度、热导率、热容、露点温度和平均分子量。

**解：**启动Aspen Plus V10.0，点击New新建模板，选择General with Metric Units，如图2-1所示。

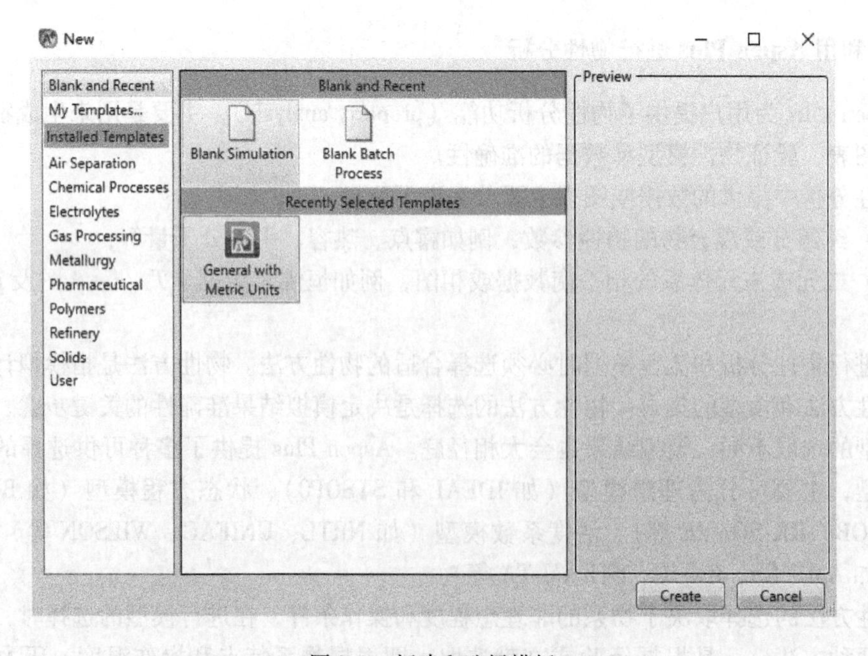


图2-1 新建和选择模板

点击Create，然后对文件进行保存。点击菜单栏中的File | Save，选择保存路径，将

文件保存为 Example 2-1. bkp。

在 Properties | Components-Specifications 页面输入组分 CO、$H_2$、$N_2$ 和 $CH_4$，如图 2-2 所示。

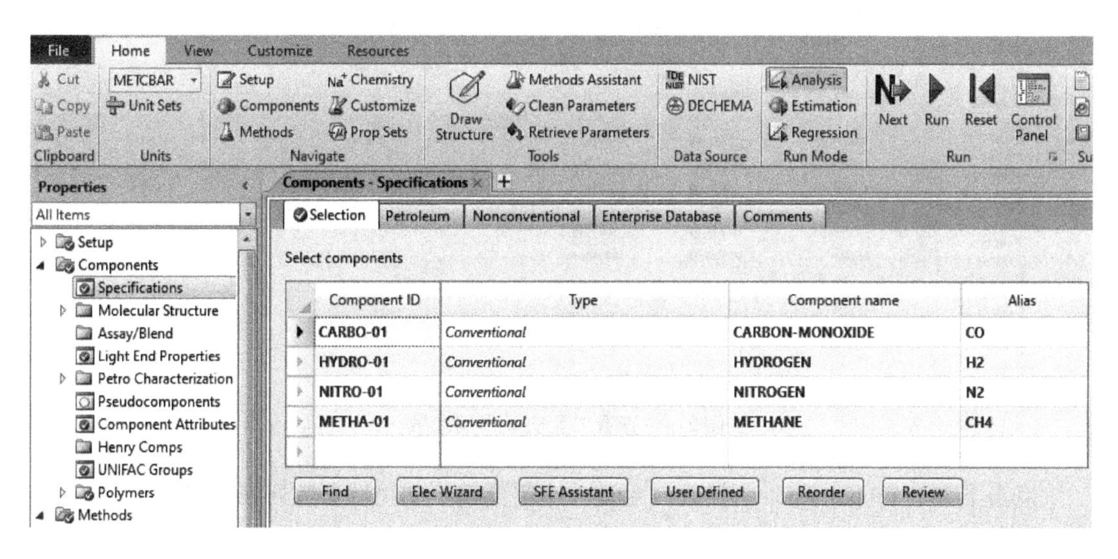


图 2-2　输入组分

点击 Next，进入 Properties | Methods-Specifications页面，选择物性方法 PENG-ROB，如图 2-3 所示。

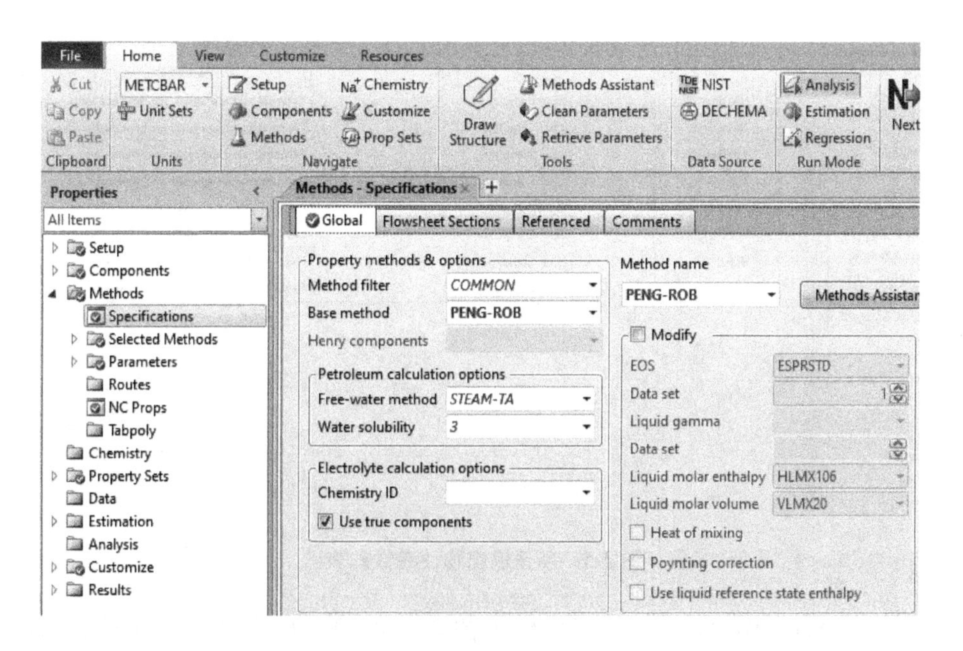


图 2-3　选择物性方法

点击 Next，进入 Properties | Methods | Binary Interaction-PRKBV-1 页面，查看方程的二元交互作用参数，如图 2-4 所示。

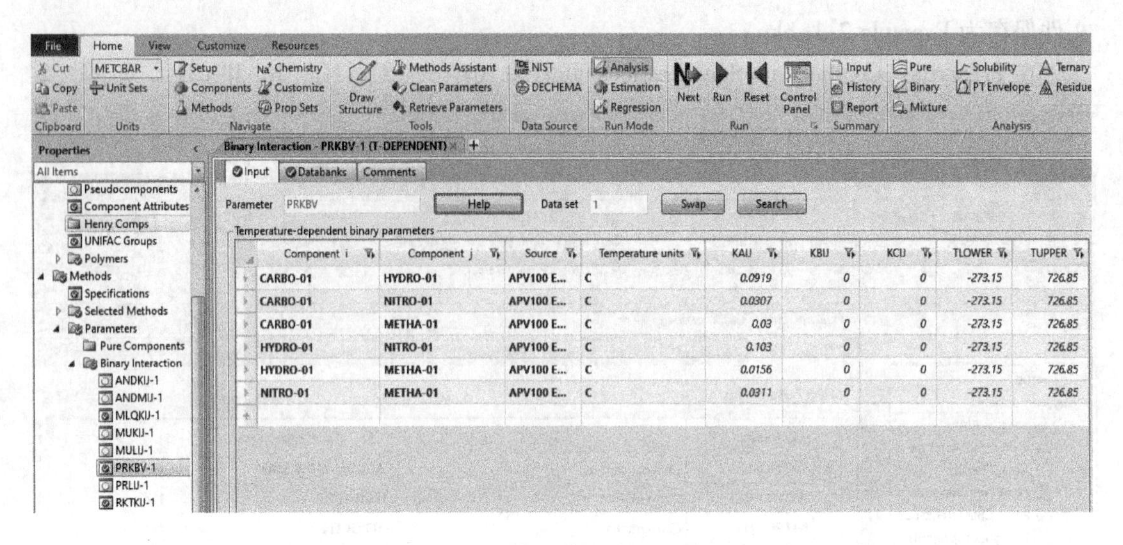


图 2-4　查看二元交互作用参数

点击下方的 Property Sets，按 New 新建一个需要输出的物性参数列表，如图 2-5 所示。

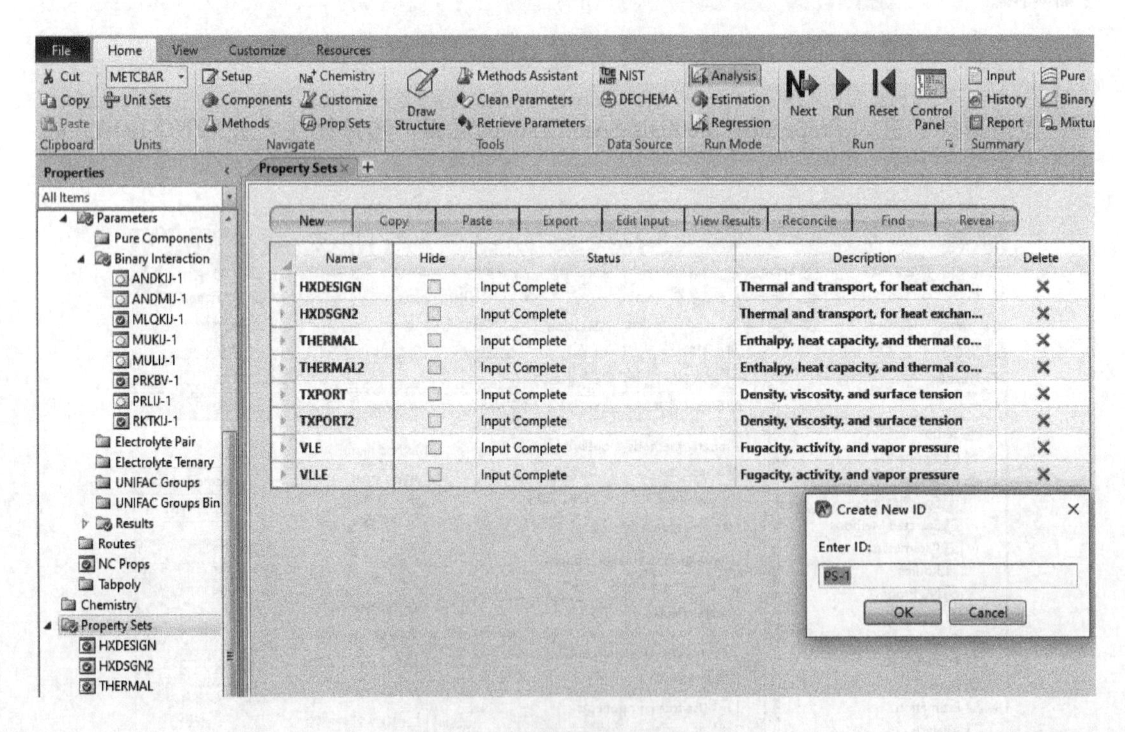


图 2-5　新建输出物性参数列表

在 Property Sets-PS-1 | Properties 页面输入需要分析的物性参数及其单位，如图 2-6 所示。

点击 Next，进入 Property Sets-PS-1 | Qualifiers 页面，选择相态为气相，如图 2-7 所示。

点击下方的 Analysis，按 New 新建一个物性分析任务，选择分析类型为 GENERIC，如图 2-8 所示。

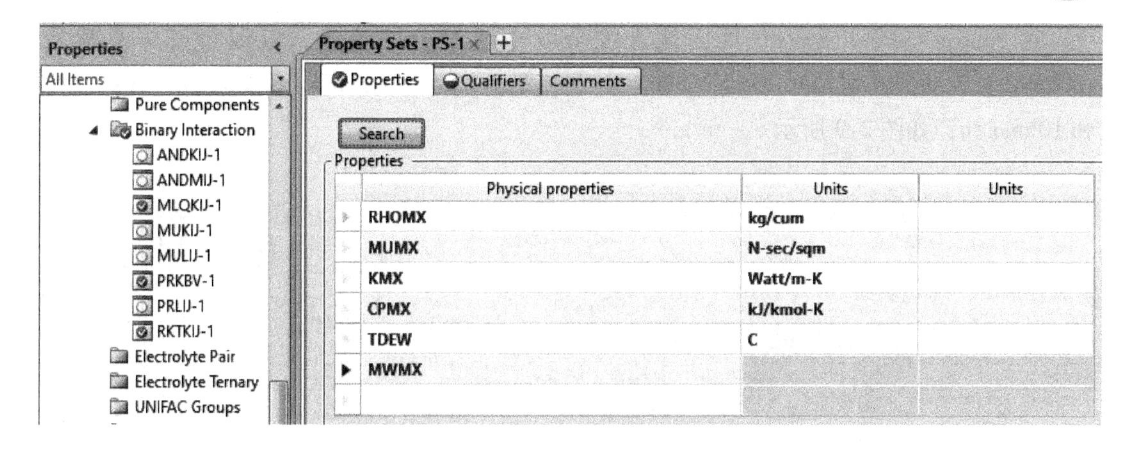


图 2-6　输入物性参数和单位

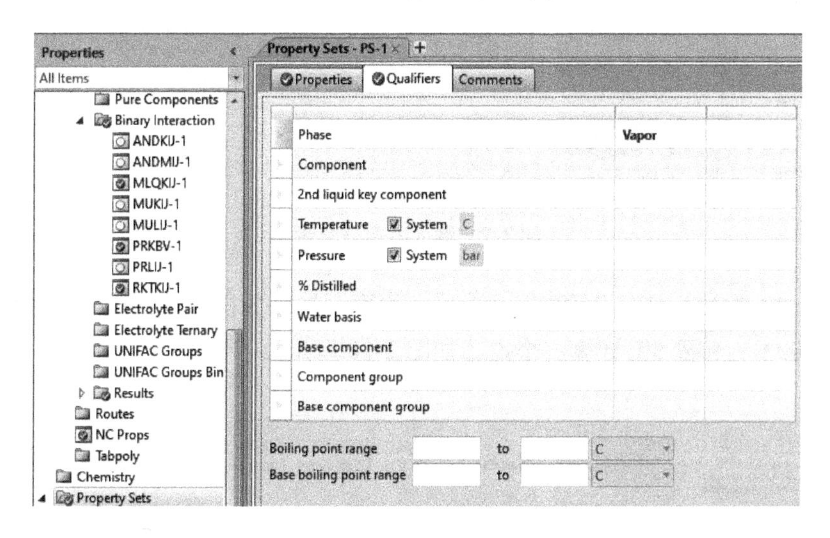


图 2-7　混合物相态的选择

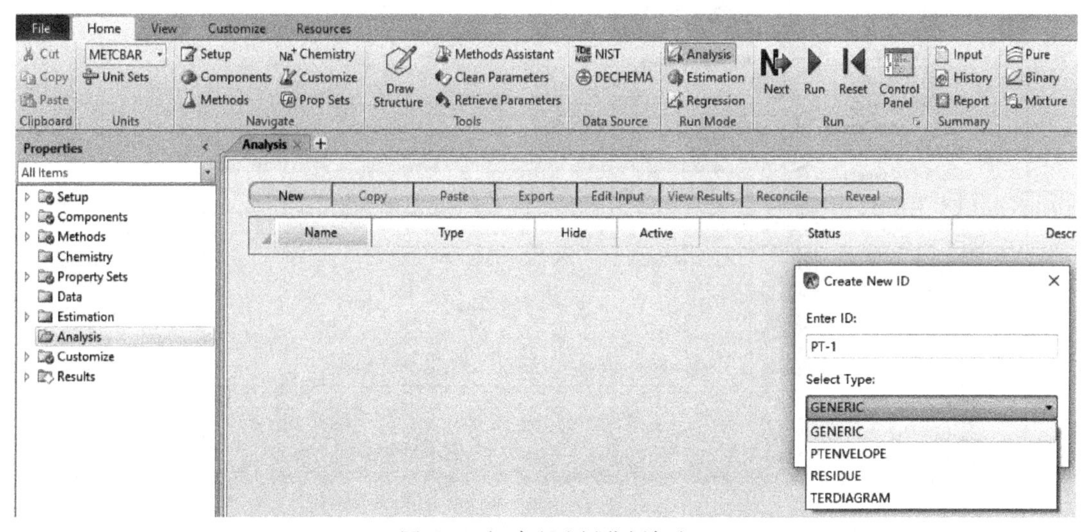


图 2-8　新建和选择分析任务

在 Analysis|PT-1|System 页面输入混合物中各组分的流量。以混合气体总流量 100kmol/h 为基准，则 CO、$H_2$、$N_2$ 和 $CH_4$ 的流量分别为 35kmol/h、35kmol/h、20kmol/h 和 10kmol/h，如图 2-9 所示。

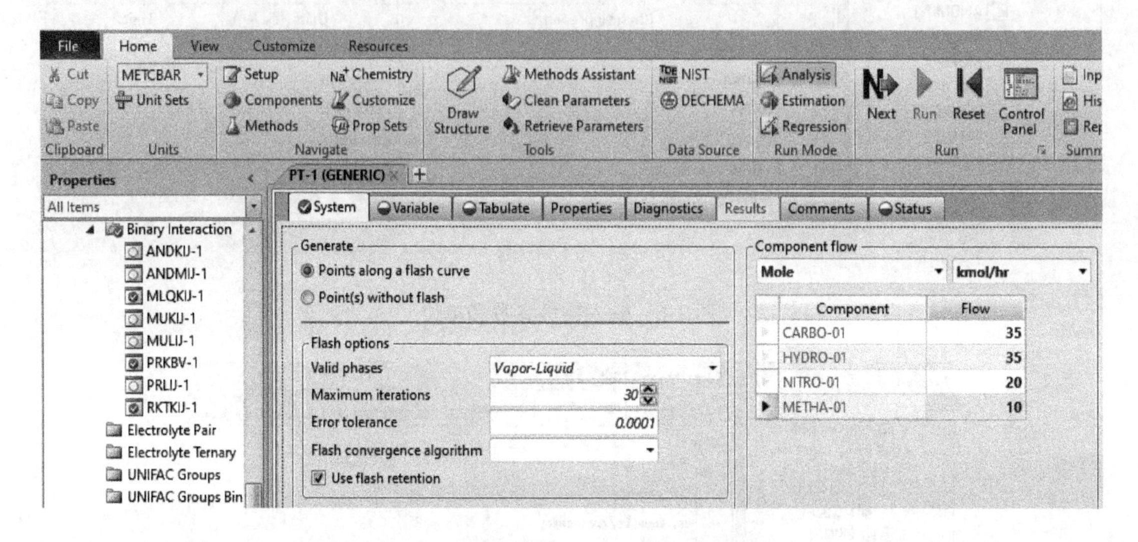

图 2-9 输入各组分流量

点击 Next，进入 Analysis | PT-1 | Variable 页面，输入分析条件：压力为常压（1bar），温度为 0～100℃，每隔 5℃计算一个点，如图 2-10 所示。

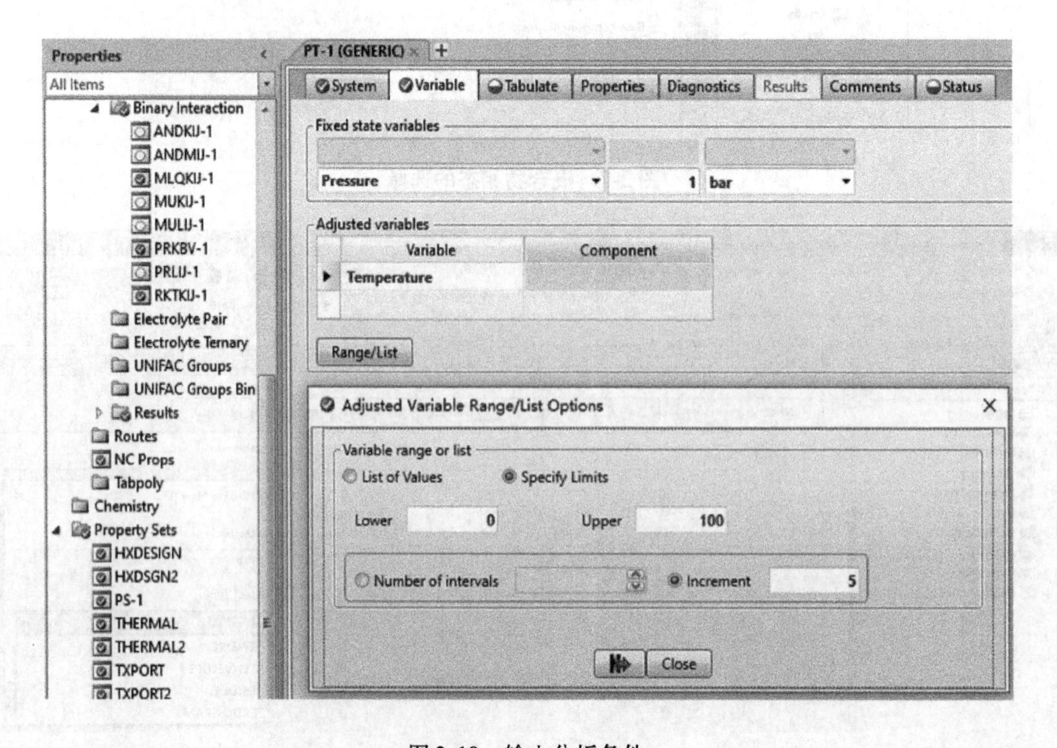

图 2-10 输入分析条件

点击 Next，进入 Analysis | PT-1 | Tabulate 页面，将之前新建的输出列表 PS-1 添加到右侧，如图 2-11 所示。

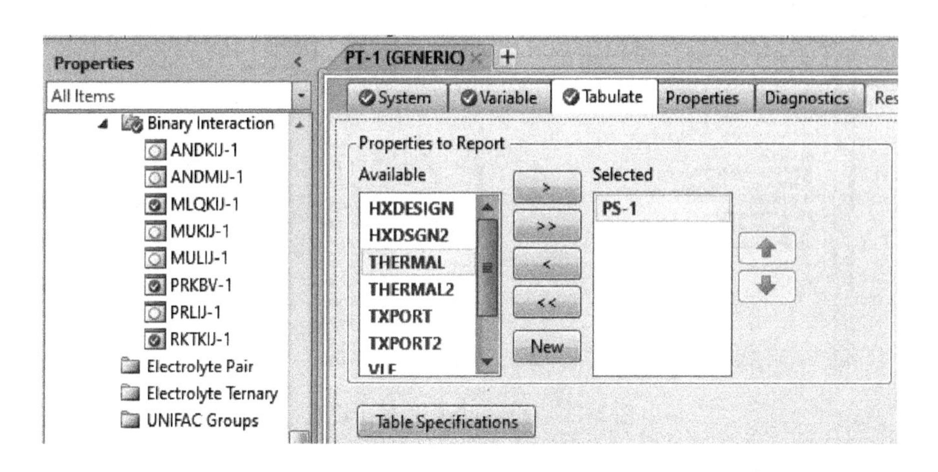

图 2-11 添加输出列表

点击 Run，在 Analysis | PT-1 | Results 页面查看结果，如图 2-12 所示。

| TEMP | VAPOR RHOMX | VAPOR MUMX | VAPOR KMX | VAPOR CPMX | VAPOR TDEW | VAPOR MWMX |
|---|---|---|---|---|---|---|
| C | kg/cum | N-sec/sqm | Watt/m-K | kJ/kmol-K | C | |
| 0 | 0.780221 | 1.50723e-05 | 0.0572174 | 29.5553 | -183.167 | 17.7162 |
| 5 | 0.766164 | 1.52862e-05 | 0.0581237 | 29.5826 | -183.167 | 17.7162 |
| 10 | 0.752607 | 1.54985e-05 | 0.0590262 | 29.6106 | -183.167 | 17.7162 |
| 15 | 0.739522 | 1.57093e-05 | 0.059925 | 29.6394 | -183.167 | 17.7162 |
| 20 | 0.726885 | 1.59185e-05 | 0.0608203 | 29.6688 | -183.167 | 17.7162 |
| 25 | 0.714673 | 1.61263e-05 | 0.0617119 | 29.6989 | -183.167 | 17.7162 |
| 30 | 0.702866 | 1.63326e-05 | 0.0626002 | 29.7296 | -183.167 | 17.7162 |
| 35 | 0.691444 | 1.65375e-05 | 0.063485 | 29.761 | -183.167 | 17.7162 |
| 40 | 0.680387 | 1.6741e-05 | 0.0643665 | 29.7929 | -183.167 | 17.7162 |
| 45 | 0.66968 | 1.69432e-05 | 0.0652448 | 29.8253 | -183.167 | 17.7162 |
| 50 | 0.659304 | 1.7144e-05 | 0.0661199 | 29.8583 | -183.167 | 17.7162 |
| 55 | 0.649246 | 1.73434e-05 | 0.0669919 | 29.8919 | -183.167 | 17.7162 |
| 60 | 0.639491 | 1.75416e-05 | 0.0678608 | 29.9259 | -183.167 | 17.7162 |
| 65 | 0.630025 | 1.77385e-05 | 0.0687267 | 29.9604 | -183.167 | 17.7162 |
| 70 | 0.620835 | 1.79342e-05 | 0.0695897 | 29.9954 | -183.167 | 17.7162 |
| 75 | 0.61191 | 1.81287e-05 | 0.0704499 | 30.0309 | -183.167 | 17.7162 |
| 80 | 0.603239 | 1.8322e-05 | 0.0713072 | 30.0668 | -183.167 | 17.7162 |
| 85 | 0.59481 | 1.85141e-05 | 0.0721617 | 30.1031 | -183.167 | 17.7162 |
| 90 | 0.586613 | 1.8705e-05 | 0.0730135 | 30.1398 | -183.167 | 17.7162 |
| 95 | 0.57864 | 1.88948e-05 | 0.0738627 | 30.1769 | -183.167 | 17.7162 |
| 100 | 0.570881 | 1.90835e-05 | 0.0747092 | 30.2144 | -183.167 | 17.7162 |

图 2-12 物性分析输出结果

点击右上方 Plot 方框中的 Custom，可以选择将某一个或多个物性参数随温度的变化作图输出，如图 2-13 和图 2-14 所示。

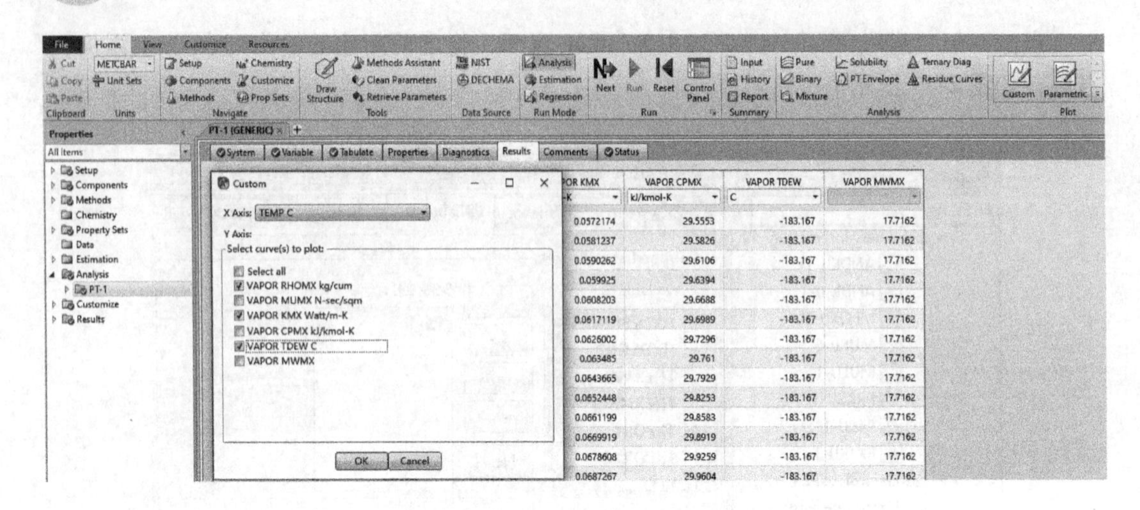


图 2-13　物性分析图形输出设置

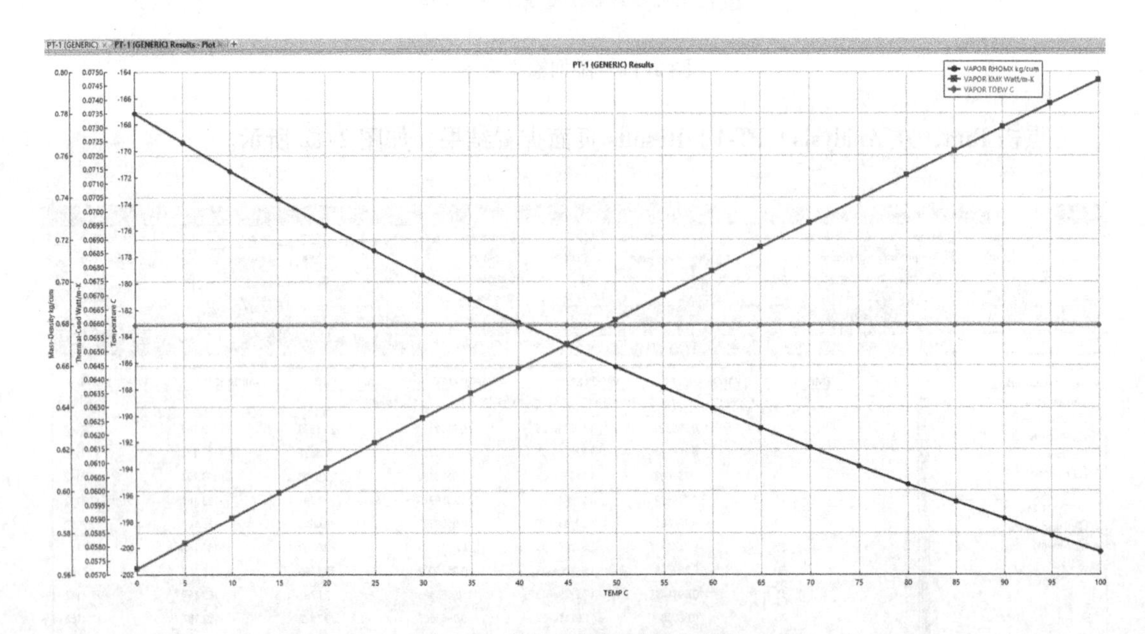


图 2-14　物性分析图形输出结果

**例 2-2**　运用物性分析功能做出甲醇－水体系在 0.1MPa 下的 $T-x-y$ 和 $y-x$ 相图。

**解**：启动 Aspen Plus V10.0，点击 New 新建模板，选择 General with Metric Units。点击 Create，然后对文件进行保存。点击菜单栏中的 File | Save，选择保存路径，将文件保存为 Example 2-2. bkp。

在 Properties | Components-Specifications 页面输入组分甲醇（METHANOL）和水（WATER），如图 2-15 所示。

点击 Next，进入 Properties | Methods-Specifications 页面，选择物性方法 NRTL，如图 2-16 所示。

点击 Next，进入 Properties | Methods | Binary Interaction-NRTL-1 页面，查看方程的二元交互作用参数，如图 2-17 所示。

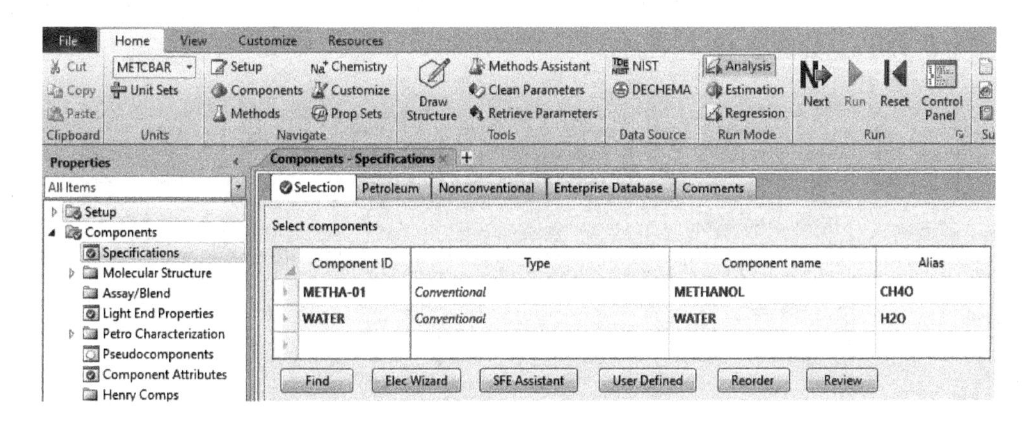


图 2-15　输入组分

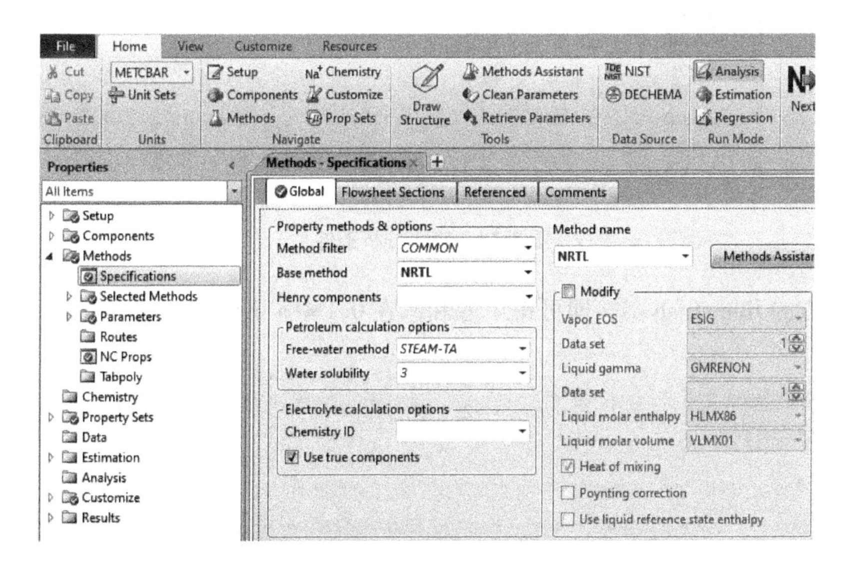


图 2-16　选择物性方法

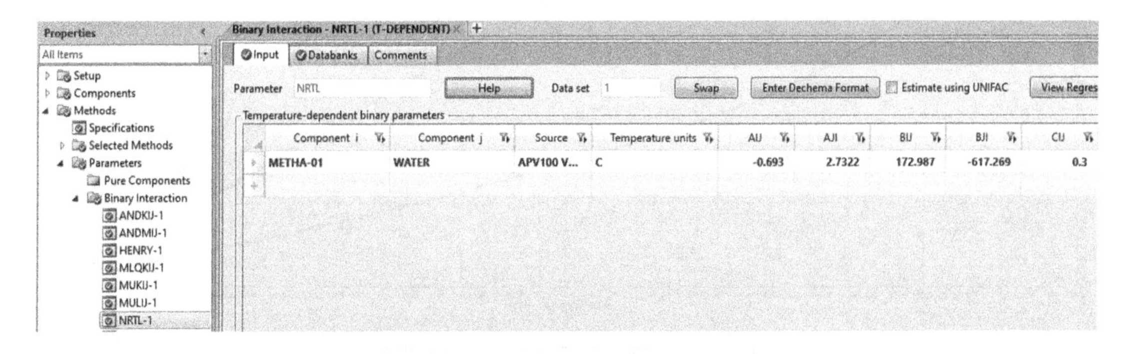


图 2-17　查看二元交互作用参数

点击上方 Analysis 方框中的 Binary，进入 Analysis | BINRY-1-Input 页面，选择相图类

型为 Txy，设定可调变量为甲醇的摩尔分数，输入其范围和布点数量（或增量），同时输入压力为 0.1MPa，如图 2-18 所示。

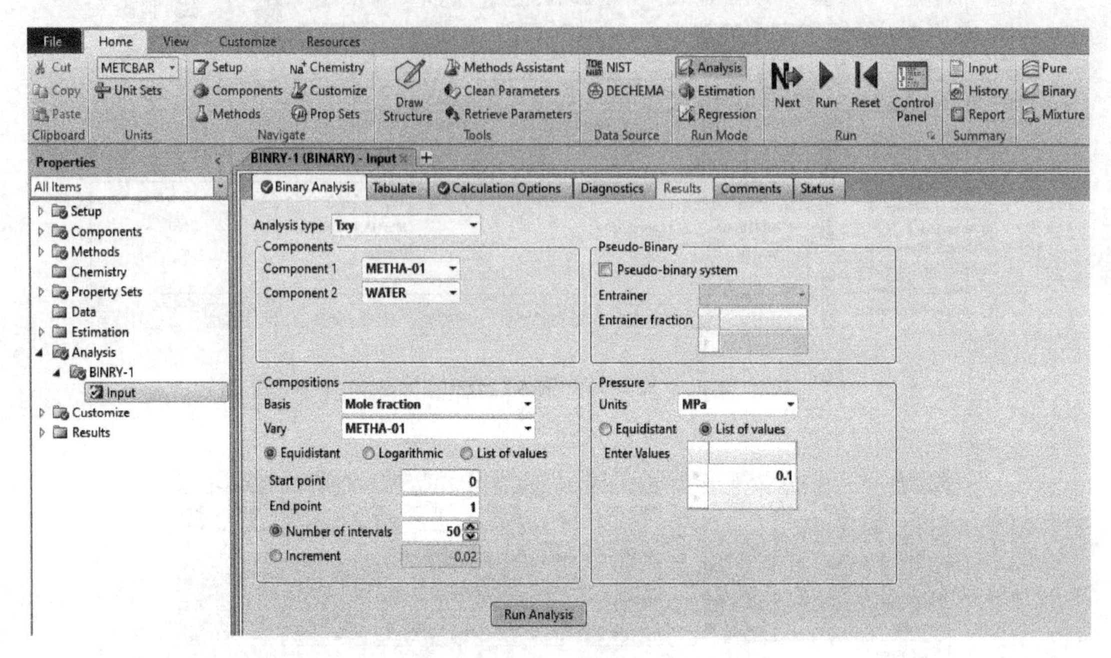


图 2-18　输入分析条件

点击下方的 Run Analysis，即可得甲醇和水在 0.1MPa 下的 $T-x-y$ 相图，如图 2-19 所示。

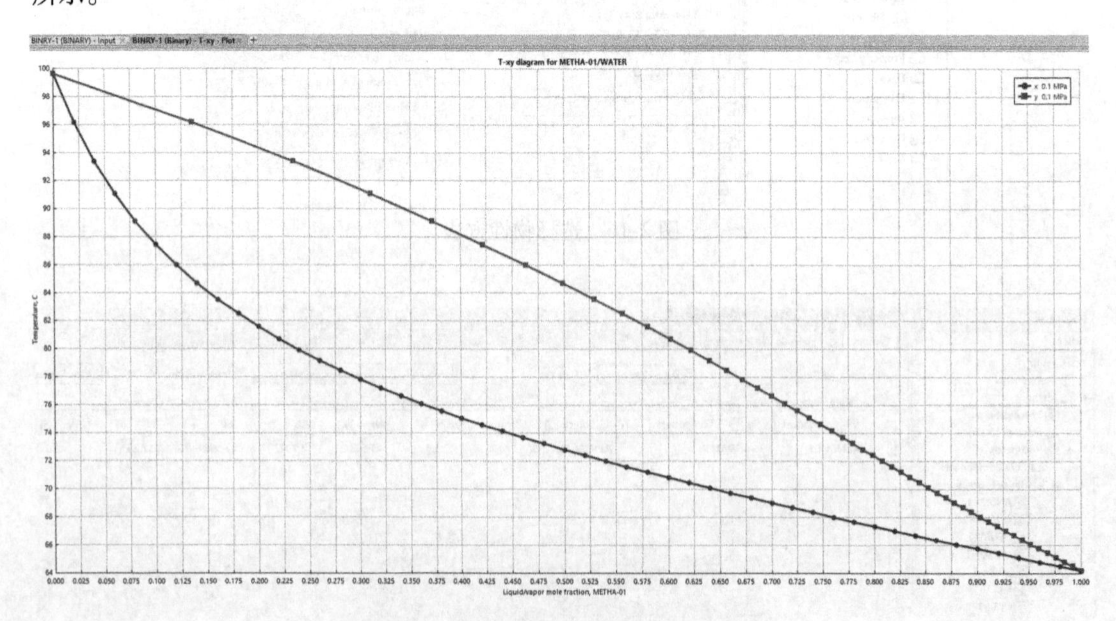


图 2-19　甲醇 - 水体系的 $T-x-y$ 相图

回到 Analysis | BINRY-1-Input 页面，切换到其中的 Results 页面即可查看甲醇和水在 0.1MPa 下的相平衡数据，如图 2-20 所示。

BINRY-1 (BINARY) - Input × | BINRY-1 (Binary) - T-xy - Plot × | +

Binary Analysis | Tabulate | Calculation Options | Diagnostics | Results | Comments | Status

| PRES | MOLEFRAC METHA-01 | TOTAL TEMP | TOTAL KVL METHA-01 | TOTAL KVL WATER | LIQUID1 GAMMA METHA-01 | LIQUID1 GAMMA WATER | LIQUID2 GAMMA METHA-01 | LIQUID2 GAMMA WATER | TOTAL KVL2 METHA-01 | TOTAL KVL2 WATER | TOTAL BETA | VAPOR MOLEFRAC METHA-01 | VAPOR MOLEFRAC WATER | LIQUID1 MOLEFRAC METHA-01 | LIQUID1 MOLEFRAC WATER |
|---|---|---|---|---|---|---|---|---|---|---|---|---|---|---|---|
| MPa | | C | | | | | | | | | | | | | |
| 0.1 | 0 | 99.6491 | 8.00275 | 1 | 2.29601 | 1 | | | | | 1 | 0 | 1 | 0 | 1 |
| 0.1 | 0.02 | 96.1716 | 6.76413 | 0.882365 | 2.16761 | 1.00047 | | | | | 1 | 0.135283 | 0.864717 | 0.02 | 0.98 |
| 0.1 | 0.04 | 93.3814 | 5.86555 | 0.797269 | 2.05757 | 1.00183 | | | | | 1 | 0.234622 | 0.765378 | 0.04 | 0.96 |
| 0.1 | 0.06 | 91.0766 | 5.18347 | 0.73297 | 1.96163 | 1.004 | | | | | 1 | 0.311008 | 0.688992 | 0.06 | 0.94 |
| 0.1 | 0.08 | 89.1299 | 4.64791 | 0.682791 | 1.87695 | 1.00693 | | | | | 1 | 0.371832 | 0.628168 | 0.08 | 0.92 |
| 0.1 | 0.1 | 87.4561 | 4.21619 | 0.642646 | 1.8015 | 1.01058 | | | | | 1 | 0.421619 | 0.578381 | 0.1 | 0.9 |
| 0.1 | 0.12 | 85.9958 | 3.86079 | 0.609892 | 1.73377 | 1.0149 | | | | | 1 | 0.463295 | 0.536705 | 0.12 | 0.88 |
| 0.1 | 0.14 | 84.7059 | 3.56315 | 0.582743 | 1.67262 | 1.01987 | | | | | 1 | 0.498841 | 0.501159 | 0.14 | 0.86 |
| 0.1 | 0.16 | 83.5541 | 3.3103 | 0.559944 | 1.61713 | 1.02546 | | | | | 1 | 0.529648 | 0.470353 | 0.16 | 0.84 |
| 0.1 | 0.18 | 82.5161 | 3.09287 | 0.54059 | 1.5666 | 1.03164 | | | | | 1 | 0.556716 | 0.443284 | 0.18 | 0.82 |
| 0.1 | 0.2 | 81.5725 | 2.90396 | 0.524011 | 1.52041 | 1.03839 | | | | | 1 | 0.580791 | 0.419209 | 0.2 | 0.8 |
| 0.1 | 0.22 | 80.7084 | 2.73834 | 0.5097 | 1.47808 | 1.0457 | | | | | 1 | 0.602434 | 0.397566 | 0.22 | 0.78 |
| 0.1 | 0.24 | 79.9116 | 2.592 | 0.497264 | 1.4392 | 1.05354 | | | | | 1 | 0.62208 | 0.377921 | 0.24 | 0.76 |
| 0.1 | 0.26 | 79.1723 | 2.46179 | 0.486397 | 1.4034 | 1.0619 | | | | | 1 | 0.640066 | 0.359934 | 0.26 | 0.74 |
| 0.1 | 0.28 | 78.4823 | 2.34523 | 0.476856 | 1.3704 | 1.07077 | | | | | 1 | 0.656664 | 0.343336 | 0.28 | 0.72 |
| 0.1 | 0.3 | 77.835 | 2.2403 | 0.468442 | 1.33992 | 1.08014 | | | | | 1 | 0.672091 | 0.32791 | 0.3 | 0.7 |
| 0.1 | 0.32 | 77.2247 | 2.14538 | 0.460997 | 1.31174 | 1.08998 | | | | | 1 | 0.686522 | 0.313478 | 0.32 | 0.68 |
| 0.1 | 0.34 | 76.6468 | 2.05913 | 0.454389 | 1.28565 | 1.10029 | | | | | 1 | 0.700103 | 0.299897 | 0.34 | 0.66 |
| 0.1 | 0.36 | 76.0972 | 1.98043 | 0.448509 | 1.26149 | 1.11106 | | | | | 1 | 0.712955 | 0.287046 | 0.36 | 0.64 |
| 0.1 | 0.38 | 75.5725 | 1.90836 | 0.443263 | 1.2391 | 1.12229 | | | | | 1 | 0.725177 | 0.274823 | 0.38 | 0.62 |
| 0.1 | 0.4 | 75.0698 | 1.84214 | 0.438577 | 1.21833 | 1.13395 | | | | | 1 | 0.736854 | 0.263146 | 0.4 | 0.6 |
| 0.1 | 0.42 | 74.5865 | 1.78109 | 0.434382 | 1.19906 | 1.14605 | | | | | 1 | 0.748058 | 0.251942 | 0.42 | 0.58 |
| 0.1 | 0.44 | 74.1207 | 1.72466 | 0.430624 | 1.18118 | 1.15858 | | | | | 1 | 0.758851 | 0.24115 | 0.44 | 0.56 |
| 0.1 | 0.46 | 73.6702 | 1.67235 | 0.427254 | 1.16459 | 1.17152 | | | | | 1 | 0.769283 | 0.230717 | 0.46 | 0.54 |
| 0.1 | 0.48 | 73.2336 | 1.62375 | 0.42423 | 1.1492 | 1.18488 | | | | | 1 | 0.779401 | 0.2206 | 0.48 | 0.52 |
| 0.1 | 0.5 | 72.8093 | 1.57849 | 0.421515 | 1.13493 | 1.19864 | | | | | 1 | 0.789242 | 0.210758 | 0.5 | 0.5 |
| 0.1 | 0.52 | 72.3962 | 1.53624 | 0.419078 | 1.1217 | 1.21281 | | | | | 1 | 0.798842 | 0.201158 | 0.52 | 0.48 |
| 0.1 | 0.54 | 71.9932 | 1.49672 | 0.416891 | 1.10944 | 1.22736 | | | | | 1 | 0.80823 | 0.19177 | 0.54 | 0.46 |

图 2-20　甲醇－水体系的相平衡数据

右上方的 Plot 方框中可以选择或自定义绘图的类型，点击其中的 $y-x$ 即可得甲醇和水在 0.1MPa 下的 $y-x$ 相图，如图 2-21 所示。

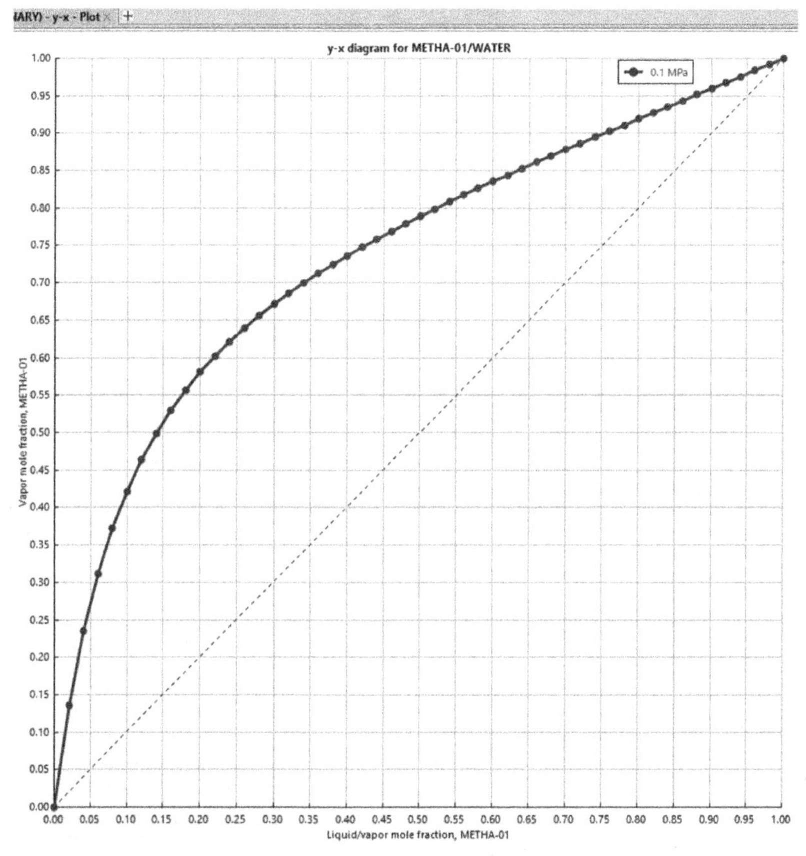


图 2-21　甲醇－水体系的 $y-x$ 相图

**例 2-3**　运用物性分析功能确定氯仿、丙酮和水三元系统在 101325Pa 下的恒沸组成。

**解：** 启动 Aspen Plus V10.0，点击 New 新建模板，选择 General with Metric Units。

点击 Create，然后对文件进行保存。点击菜单栏中的 File | Save，选择保存路径，将文件保存为 Example 2-3. bkp。

在 Properties | Components-Specifications 页面输入组分氯仿（CHLOROFORM）、丙酮（ACETONE）和水（WATER），如图 2-22 所示。

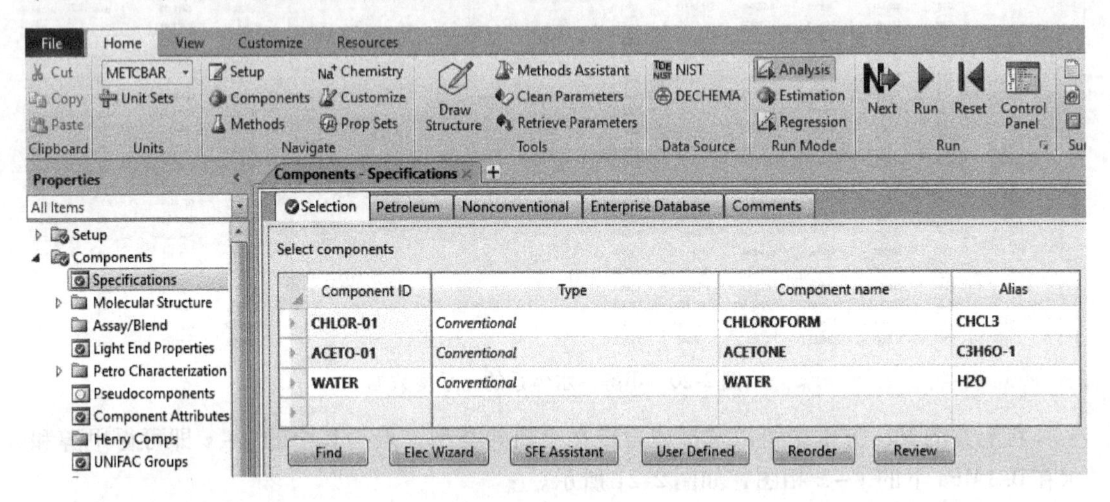


图 2-22　输入组分

点击 Next，进入 Properties | Methods-Specifications 页面，选择物性方法 NRTL。

点击 Next，进入 Properties | Methods | Binary Interaction-NRTL-1 页面，查看方程的二元交互作用参数。

点击上方 Analysis 方框中的 Ternary Diag，跳出 Distillation Synthesis 对话框，点击其中的 Find Azeotropes，如图 2-23 所示。

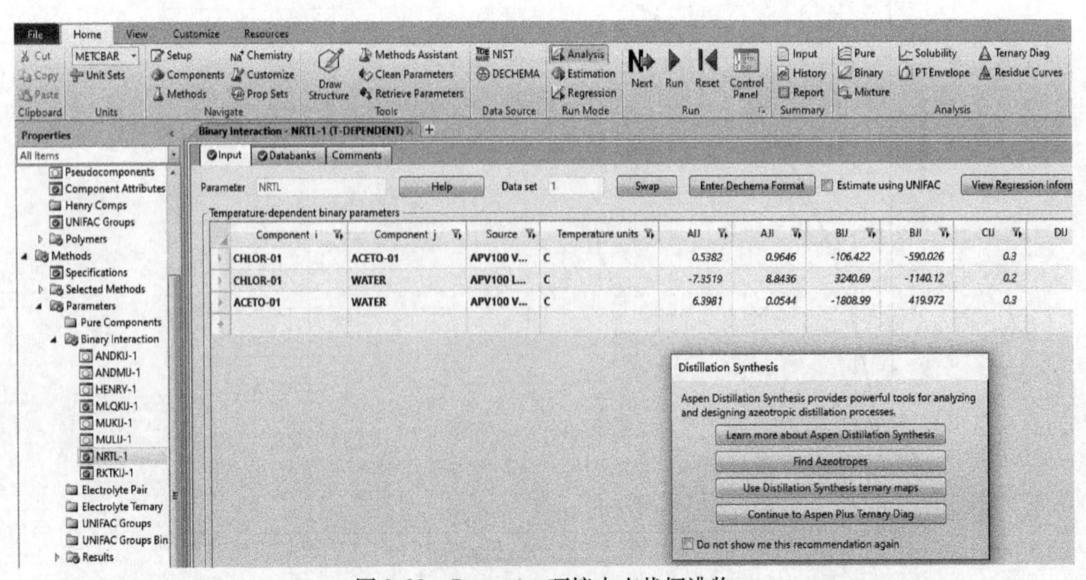


图 2-23　Properties 环境中查找恒沸物

也可在左下方切换至 Simulation 环境后直接点击上方 Analysis 方框中的 Azeotrope Search，如图 2-24 所示。

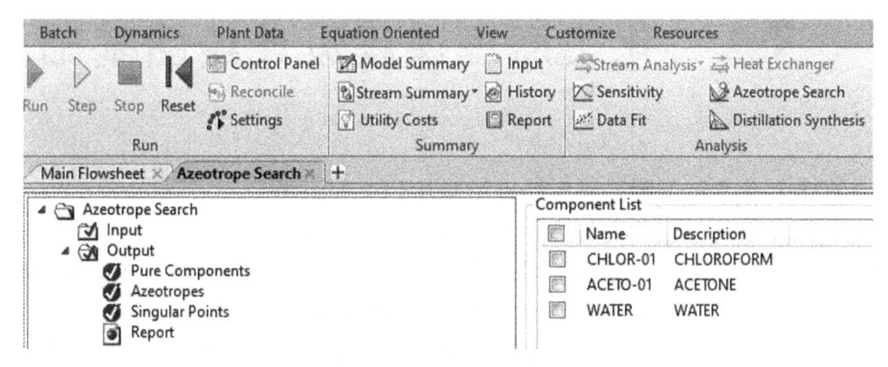


图 2-24　Simulation 环境中查找恒沸物

在 Azeotrope Search 页面选中 3 个组分，输入压力为 101325Pa，由于氯仿、丙酮和水三元系统形成的是非均相恒沸物，故输入的相态为气－液－液三相，即 VAP-LIQ-LIQ，如图 2-25 所示。

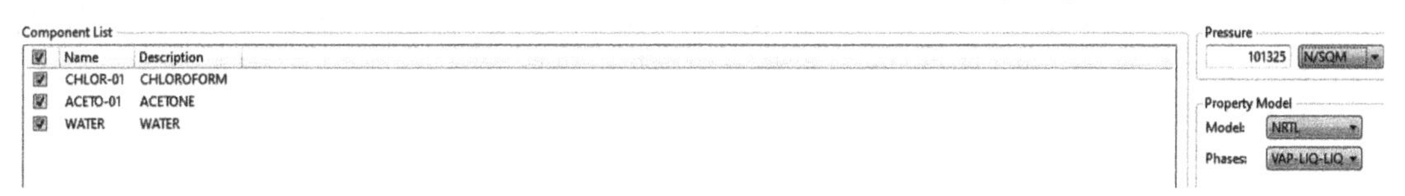


图 2-25　输入分析条件

点击 Azeotrope Search 页面中最下方的 Report，即可得 3 个恒沸物的恒沸温度和组成汇总，如图 2-26 所示。

**AZEOTROPE SEARCH REPORT**

**Physical Property Model:** NRTL　**Valid Phase:** VAP-LIQ-LIQ

***Mixture Investigated For Azeotropes At A Pressure Of 101325 N/SQM***

| Comp ID | Component Name | Classification | Temperature |
|---|---|---|---|
| CHLOR-01 | CHLOROFORM | Saddle | 61.10 C |
| ACETO-01 | ACETONE | Unstable node | 56.14 C |
| WATER | WATER | Stable node | 100.02 C |

***3 Azeotropes found***

**01**　Number Of Components: 2　Homogeneous　Temperature 64.15 C　Classification: Stable node

| | MOLE BASIS | MASS BASIS |
|---|---|---|
| CHLOR-01 | 0.6551 | 0.7961 |
| ACETO-01 | 0.3449 | 0.2039 |

**02**　Number Of Components: 3　Heterogeneous　Temperature 59.69 C　Classification: Saddle

| | MOLE BASIS | MASS BASIS |
|---|---|---|
| CHLOR-01 | 0.4137 | 0.6490 |
| ACETO-01 | 0.4031 | 0.3076 |
| WATER | 0.1832 | 0.0434 |

**03**　Number Of Components: 2　Heterogeneous　Temperature 56.14 C　Classification: Unstable node

| | MOLE BASIS | MASS BASIS |
|---|---|---|
| CHLOR-01 | 0.8360 | 0.9712 |
| WATER | 0.1640 | 0.0288 |

图 2-26　氯仿－丙酮－水体系的恒沸点数据

# 3 化工原理课程设计绘图基础

化工工艺图和化工设备图是化工行业中常用的工程图样。

化工工艺图是以化工工艺人员为主导，根据所生产的化工产品及其有关技术数据和资料，设计并绘制的反映工艺流程的图样，化工工艺图的设计绘制是化工工艺人员进行工艺设计的主要内容，也是进行工艺安装和指导生产的重要技术文件。化工工艺人员以此为依据，向化工设备、土建采暖通风、给排水、电气、自动控制及仪表等专业人员提出要求，以达到协调一致，密切配合，共同完成化工厂设计。化工工艺图主要包括工艺流程图、设备布置图和管道布置图。

化工设备图是表达化工设备的结构、形状、大小、性能以及制造、安装等技术要求的工程图样。为了能完整、正确、清晰地表达化工设备，常用的图样有工艺条件图、装配图、部件图、零件图、管口方位图、表格图和预焊接件图等。

在化工原理课程设计中主要绘制工艺流程图和主体设备图。

## 3.1 工艺流程图的绘制

### 3.1.1 图样内容

3.1.1.1 工艺物料流程图（PFD）

工艺物料流程图的图样内容包括：

（1）图形，包括设备示意图形、各种仪表示意图形及各种管线示意图形；

（2）标注，主要标注设备的位号、名称及特性数据，流程中物料的组分、流量等；

（3）设备一览表，包括名称、图号、设计阶段等；

（4）物料性质表，这是工艺物料流程图中最重要的部分，也是人们读图时最为关心的内容，在流程下方用物料表的形式分别列出物料的名称、质量流量、质量分数以及摩尔流量、摩尔分数等。

能量衡算的结果一般可在设备附近列出，例如在换热器旁标注其热负荷。图 3-1 是苄基甲苯（M/DBT）工艺物料流程图。

3.1.1.2 带控制点的工艺流程图（PID）

带控制点的工艺流程图的图样内容包括：

（1）图形，将各设备的简单形式按工艺流程次序展示在同一平面上，再配以连接的主辅管线及管件、阀门、仪表控制点符号等；

（2）标注，标注内容包括设备位号及名称、管道标号、控制点代号、必要的尺寸和数据等；

（3）图例，图例包括代号、符号及其他标注的说明，有时还有设备位号的索引等；

（4）标题栏，注写图名、图号、设计阶段等。

图 3-2 和图 3-3 分别是空压站和 C8 分离工段带控制点的工艺流程图。

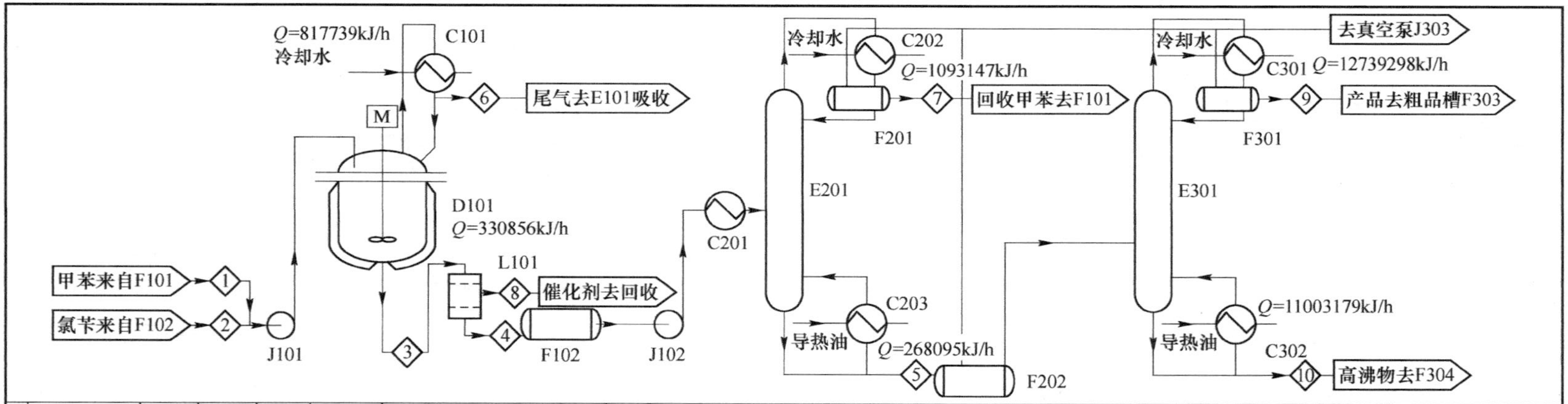

甲苯来自F101 ① 
氯苄来自F102 ②
J101
$Q$=817739kJ/h
冷却水
C101
M
⑥ 尾气去E101吸收
D101
$Q$=330856kJ/h
③
L101
⑧ 催化剂去回收
④ F102
J102
C201
E201
冷却水
C202
$Q$=1093147kJ/h
F201
⑦ 回收甲苯去F101
C203
导热油
$Q$=268095kJ/h
⑤ F202
E301
冷却水
C301 $Q$=12739298kJ/h
去真空泵J303
F301
⑨ 产品去粗品槽F303
$Q$=11003179kJ/h
导热油
C302
⑩ 高沸物去F304

| 序号 | 组分 | 分子式 | 分子量 | 沸点 | 密度 | ① | | | | ② | | | | ③ | | | | ④ | | | | ⑤ | | | |
|---|---|---|---|---|---|---|---|---|---|---|---|---|---|---|---|---|---|---|---|---|---|---|---|---|---|
| | | | | ℃ | $kg/m^3$ | 摩尔流量/kmol·$h^{-1}$ | 摩尔分数/% | 质量流量/kg·$h^{-1}$ | 质量分数/% | 摩尔流量/kmol·$h^{-1}$ | 摩尔分数/% | 质量流量/kg·$h^{-1}$ | 质量分数/% | 摩尔流量/kmol·$h^{-1}$ | 摩尔分数/% | 质量流量/kg·$h^{-1}$ | 质量分数/% | 摩尔流量/kmol·$h^{-1}$ | 摩尔分数/% | 质量流量/kg·$h^{-1}$ | 质量分数/% | 摩尔流量/kmol·$h^{-1}$ | 摩尔分数/% | 质量流量/kg·$h^{-1}$ | 质量分数/% |
| 1 | 苯 | $C_6H_6$ | 78 | 80.1 | 879.00 | 5.102 | 0.80 | 9.50 | 0.7 | | | | | | | | | | | | | | | | |
| 2 | 甲苯 | $C_7H_8$ | 92 | 110.7 | 866.00 | 5.102 | 98.50 | 1380 | 98.50 | 0.102 | 2.00 | 9.39 | 1.46 | 11.122 | 73.49 | 1023.2 | 655.46 | 11.090 | 73.49 | 1020.27 | 55.64 | — | — | — | — |
| 3 | 二甲苯 | $C_8H_{10}$ | 106 | 140 | 860.00 | 0.107 | 0.70 | 11.30 | 0.80 | — | — | — | — | 0.107 | 0.70 | 11.27 | 0.61 | 0.106 | 0.70 | 11.77 | 0.61 | 0.020 | 0.5 | 1.77 | 0.22 |
| 4 | 氯苄 | $C_7H_7Cl$ | 126.5 | 179.4 | 1100.00 | — | — | — | — | 15.000 | 98.00 | 632.50 | 98.54 | 0.500 | 0.33 | 6.33 | 0.34 | 0.050 | 0.33 | 6.31 | 0.34 | — | — | — | — |
| 5 | MBT（一苄基甲苯） | $C_{14}H_{14}$ | 182 | 280 | 994.00 | — | — | — | — | — | — | — | — | 2.846 | 18.81 | 518.02 | 28.17 | 2.838 | 18.81 | 516.51 | 28.17 | 2.826 | 73.36 | 514.24 | 64.6 |
| 6 | DBT（二苄基甲苯） | $C_{21}H_{20}$ | 272 | 391 | 1042.00 | — | — | — | — | — | — | — | — | 0.946 | 6.25 | 257.43 | 14.00 | 0.941 | 6.25 | 256.68 | 14.00 | 0.914 | 21.51 | 256.69 | 32.27 |
| 7 | TBT（三苄基甲苯） | $C_{28}H_{26}$ | 362 | 479.5 | 1053.40 | | | | | | | | | 0.063 | 0.42 | 22.85 | 1.24 | 0.063 | 0.42 | 22.78 | 1.24 | 0.063 | 1.63 | 22.791 | 2.87 |
| 8 | 合计 | | | | | 15.228 | 100.00 | 1400.80 | 100.00 | 5.102 | 100.00 | 641.89 | 100.00 | 15.135 | 100.00 | 1839.18 | 100.00 | 15.091 | 100.00 | 1833.82 | 100.00 | 3.851 | 100.00 | 795.49 | 100.00 |
| 物性数据 | | 温度/℃ 压力/MPa | | 状态 | | 25 常压 | | L | | 25 常压 | | L | | 110 常压 | | L | | 60 常压 | | L | | 180 0.085 | | L | |

图 3-1　苄基甲苯（M/DBT）工艺物料流程图

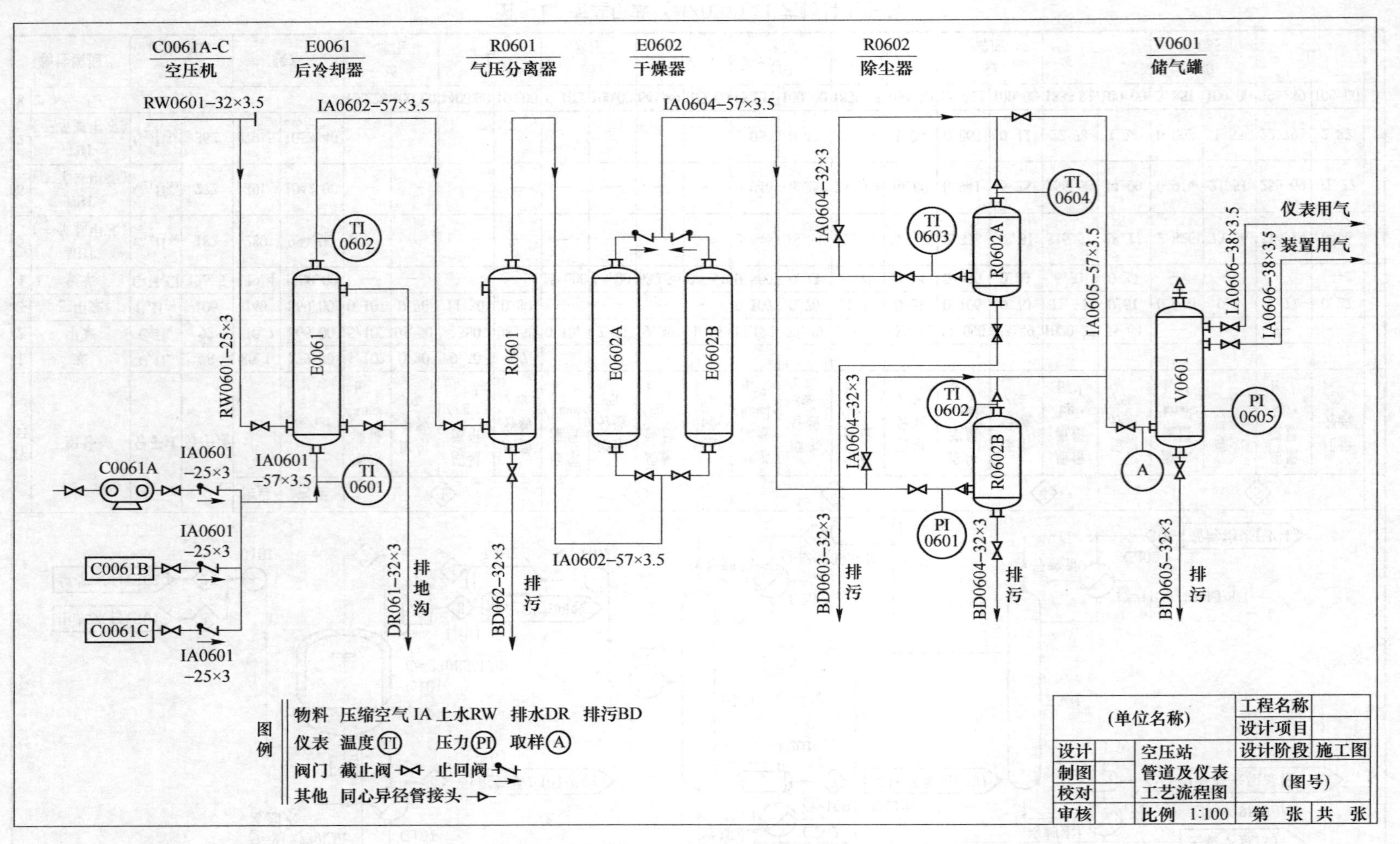


图 3-2 空压站带控制点的工艺流程图

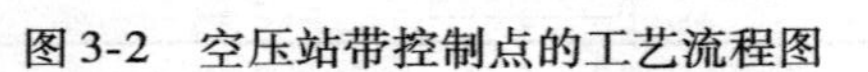

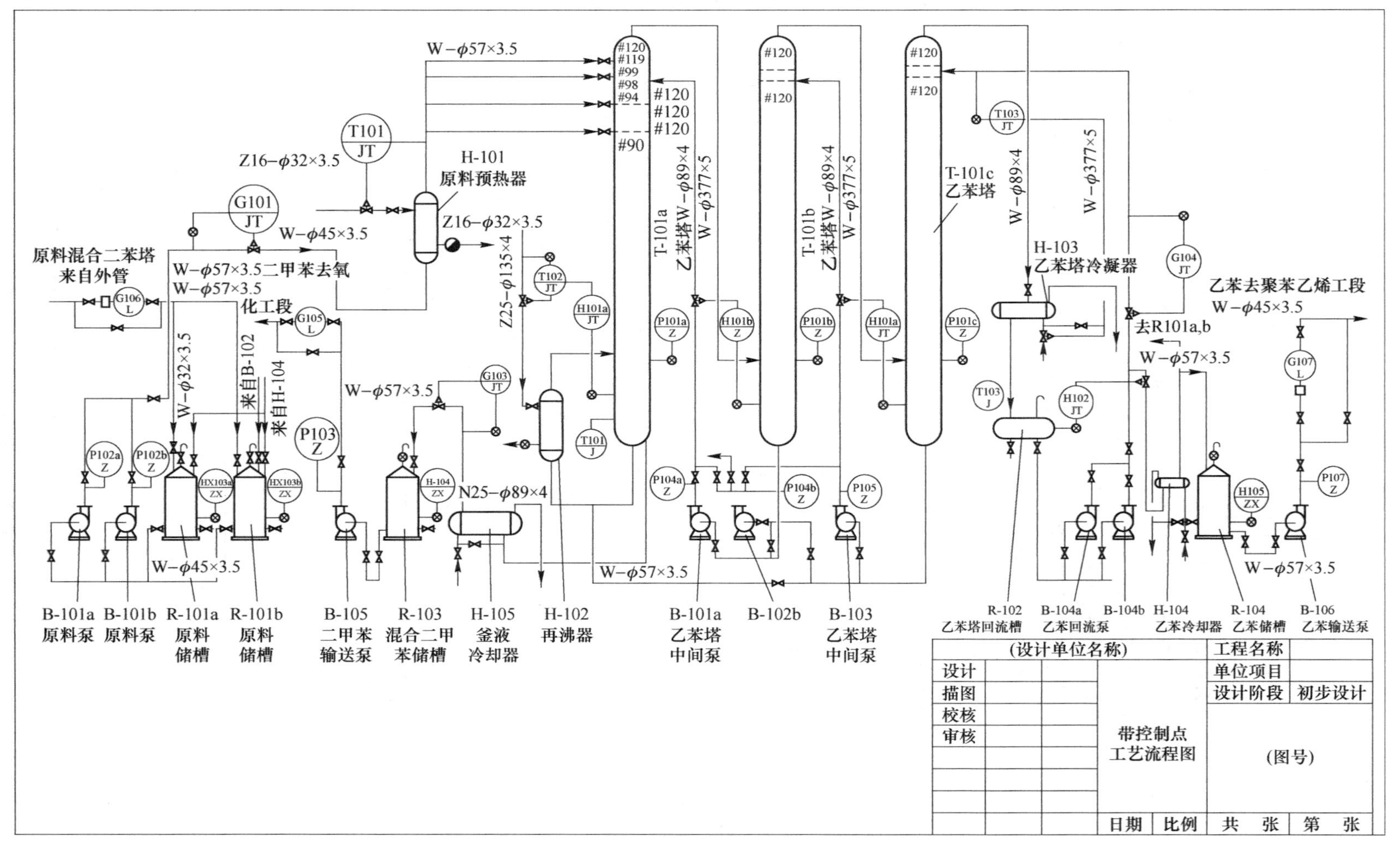


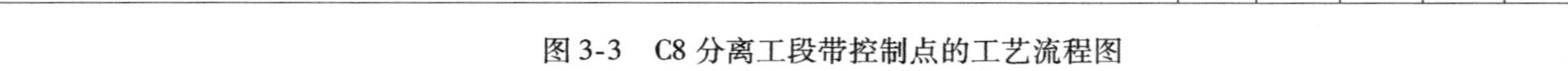
图 3-3 C8 分离工段带控制点的工艺流程图

### 3.1.2 图的绘制范围

工艺流程图必须反映全部工艺物料和产品所经过的设备。

(1) 应全部反映出主要物料管路，并表达出进、出装置界区的流向。

(2) 冷却水、冷冻盐水、工艺用的压缩空气、蒸汽（不包括副产品蒸汽）及蒸汽冷凝系统等的整套设备和管线不在图内表示，仅示意工艺设备使用点的进、出位置。

(3) 标注有助于用户确认及上级或有关领导审批用的一些工艺数据（例如温度、压力、物流的质量流量或体积流量、密度、换热量等）。

(4) 图上必要的说明和标注，并按图签规定签署。

(5) 带控制点的工艺流程图（PID）还必须标注工艺设备、工艺物流线上的主要控制点及调节阀等，这里指的控制点包括被测变量的仪表功能（如调节、记录、指示、积算、连锁、报警、分析、检测等）。

### 3.1.3 比例与图幅、图框

3.1.3.1 比例

绘制流程图不按比例绘制，一般设备（机器）图例可取不同比例。允许实际尺寸过大的设备（机器）比例适当缩小，实际尺寸过小的设备（机器）比例可以适当放大。因此，在标题栏中的“比例”一栏，不予注明。流程图中可以相对示意出各设备位置的高低。整个图面要协调、美观。

3.1.3.2 图幅大小与格式

图纸幅面尺寸根据《技术制图：图纸幅面尺寸》(GB/T 14689—2008）的规定，绘制技术图样时优先采用表3-1所规定的基本幅面（如图3-4所示)，必要时也允许选用符合

**表3-1 图纸基本幅面及图框尺寸** (mm)

| 幅面代号 | A0 | A1 | A2 | A3 | A4 |
|---|---|---|---|---|---|
| B×L | 841×1189 | 594×841 | 420×594 | 297×420 | 210×297 |
| *a* | 25 | | | | |
| *c* | 10 | | | 5 | |
| *e* | 20 | | 10 | | |

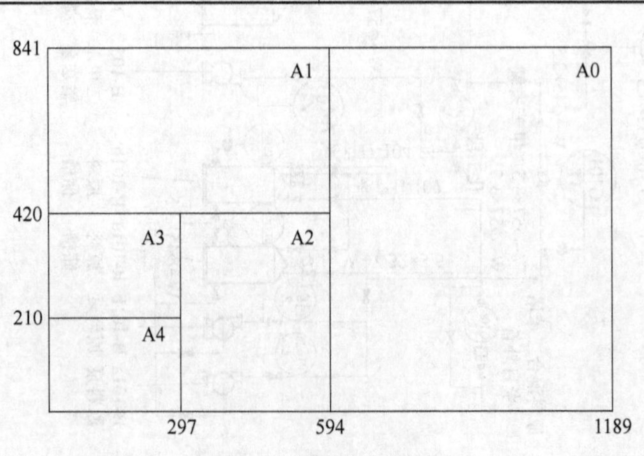


图3-4 图纸基本幅面

规定的加长幅面。

#### 3.1.3.3 图框格式及标题栏位置

图框采用粗实线绘制，给整个图（包括文字说明和标题栏在内）以框界。图框格式分为留有装订边和不留装订边两种，同一产品只能采用一种格式。留有装订边的图框格式如图 3-5 所示，不留装订边的图框格式如图 3-6 所示。

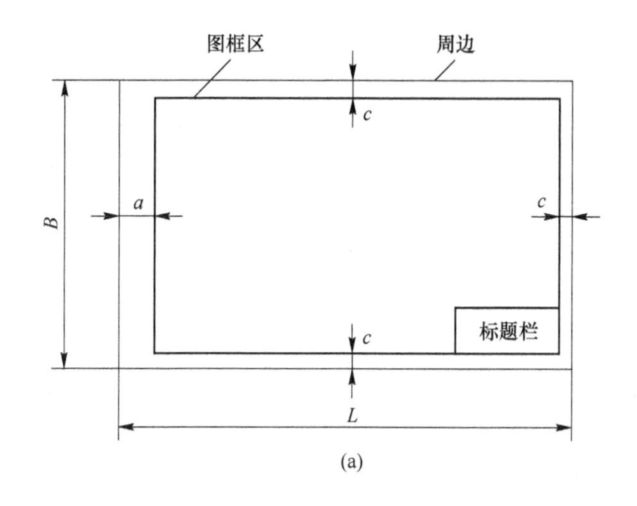


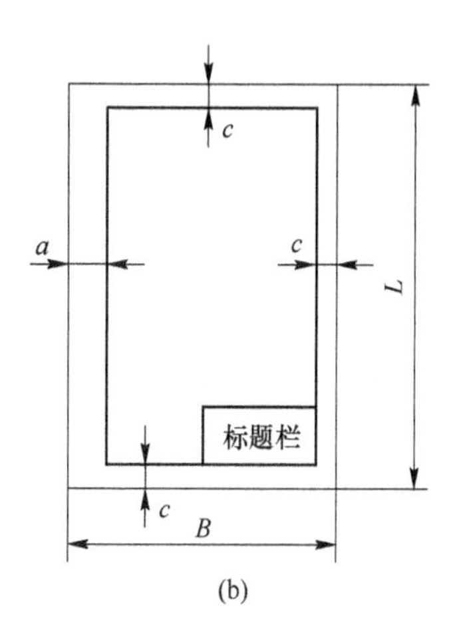


图 3-5 留有装订边的图框格式
（a）横放；（b）竖放

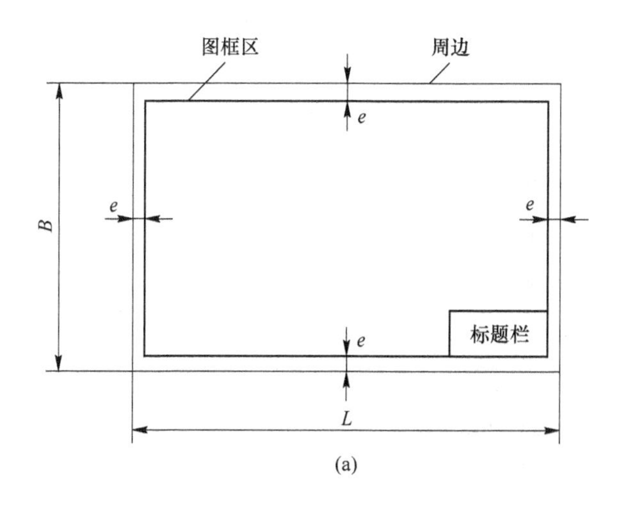


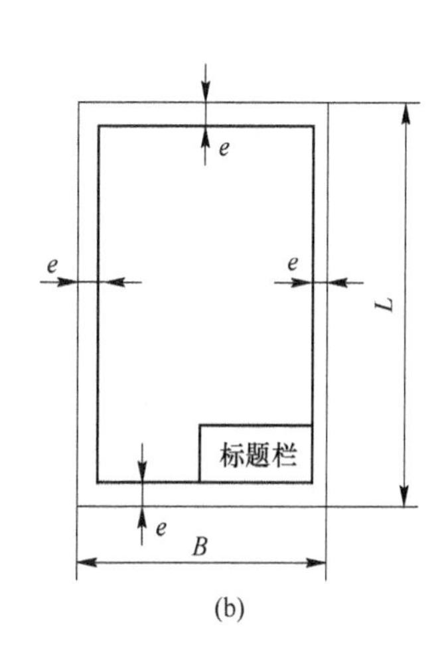


图 3-6 不留装订边的图框格式
（a）横放；（b）竖放

两种图框格式尺寸按表 3-1 的规定。

标题栏位于图纸的右下角，看图的方向与标题栏的方向一致。

#### 3.1.3.4 标题栏

国家标准《技术制图：图纸幅面尺寸》(GB/T 14689—2008）规定了标题栏的组成、

尺寸及格式等内容。

标题栏一般由更改区、签字区、其他区、名称及代号区组成。标题栏的作用是表明图名、设计单位、设计人、制图人、审核人等的姓名（签名），绘图比例和图号等，如图3-7所示。标题栏也可按实际需要增加或减少。学习阶段做练习可采用如图3-8所示的标题栏的简化格式。

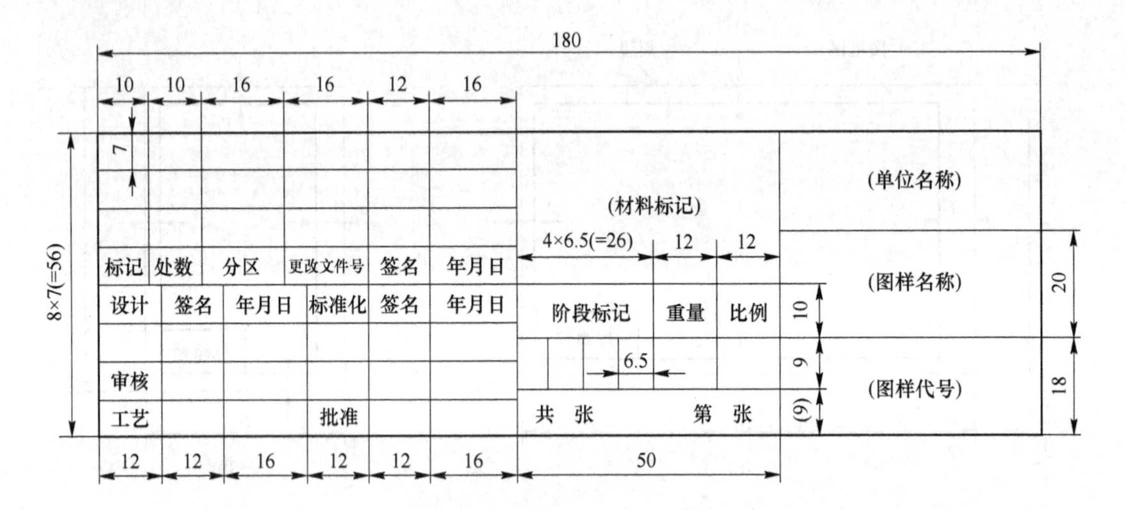


图3-7 标题栏格式

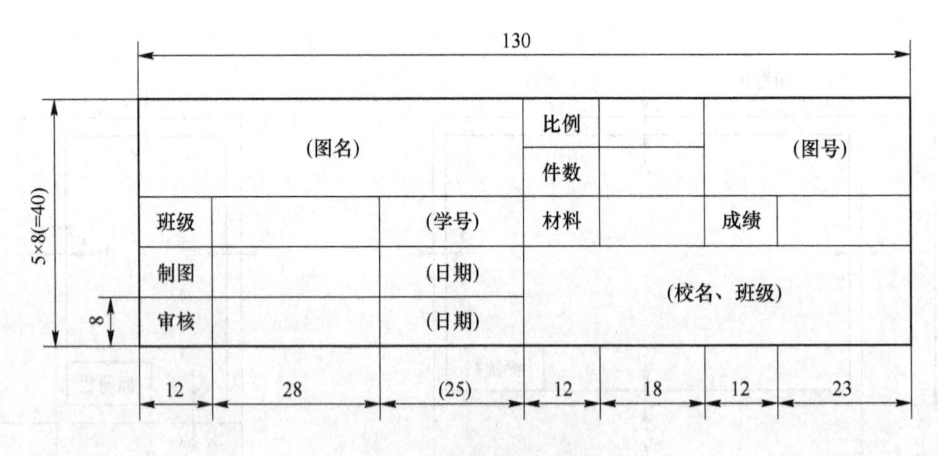


图3-8 标题栏的简化格式

### 3.1.4 字体

（1）对于手画图，图纸和表格中文字（包括数字）的书写必须字体端正、笔画清楚、排列整齐、间距一致、粗细均匀。

（2）汉字要尽可能写成长仿宋体或者（至少）写成正楷字（除签名外），并要以国家正式公布的简化字为标准，不准任意简化、杜撰。

（3）字号（即字体高度）参照表3-2选用。

（4）标外文字母的大小同表3-2，外文字母必须全部大写，不得书写草体。

**表3-2 常用字号**

| 书写内容 | 推荐字号/mm | 书写内容 | 推荐字号/mm |
|---|---|---|---|
| 图标中的图名及视图符号 | 7 | 表格中的文字 | 5 |
| 工程名称 | 5 | 图纸中的数字及字母 | 3，3.5 |
| 图纸中的文字说明及轴线号 | 5 | 表格中的文字（格子小于6mm） | 3.5 |
| 图名 | 7 | | |

## 3.1.5 图线与箭头

### 3.1.5.1 图线

按图线宽度，图线分为粗、细两种。粗线的宽度 $b$ 应按图的大小和复杂程度，在0.9～1.2mm之间选择，细线的宽度约为 $b/3$。按线条型式，图线有多种，如表3-3所示。

**表3-3 图线的名称、型式、代号和宽度**

| 图线名称 | 图线型式及代号 | 图线宽度 | 图线名称 | 图线型式及代号 | 图线宽度 |
|---|---|---|---|---|---|
| 粗实线 | | $b$ | 虚线 | | 约 $b/3$ |
| 细实线 | | 约 $b/3$ | 细点划线 | | 约 $b/3$ |
| 波浪线 | | 约 $b/3$ | 粗点划线 | | $b$ |
| 双折线 | | 约 $b/3$ | 双点划线 | | 约 $b/3$ |

### 3.1.5.2 箭头

箭头的型式如图3-9所示，适用于各类的图样。

图3-9 箭头的型式

## 3.1.6 设备的表示方法

### 3.1.6.1 设备的画法

（1）图形。用细实线（0.3mm）画出设备的简单外形，设备一般按1∶100或1∶50的比例绘制，如果某种设备过高（如精馏塔），过大或过小，则可适当缩小或放大。常用设备外形可参考表3-4。

表 3-4　工艺流程图中装置、设备图例（HG/T 20519.2—2009）(摘录)

| 类　型 | 代　号 | 图　例 |
| --- | --- | --- |
| 塔 | T | 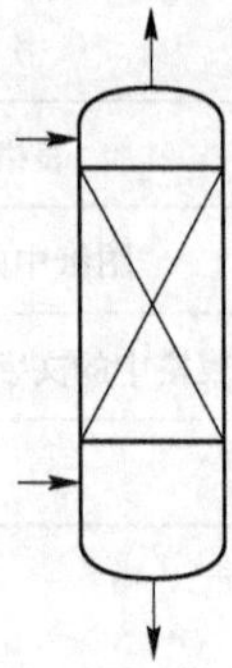 填料塔 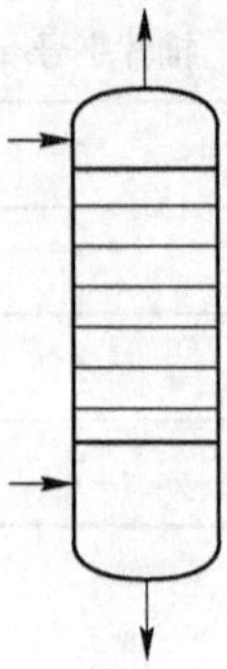　板式塔 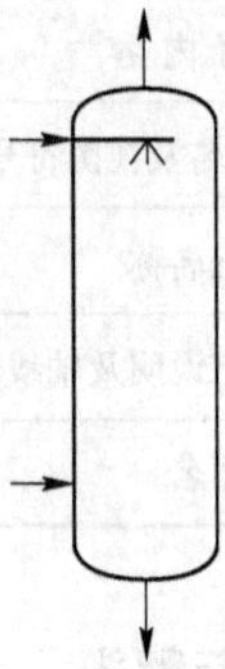　喷洒塔 |
| 反应器 | R | 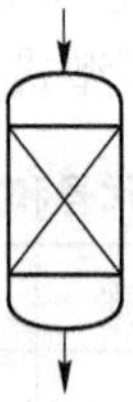 固定床反应器 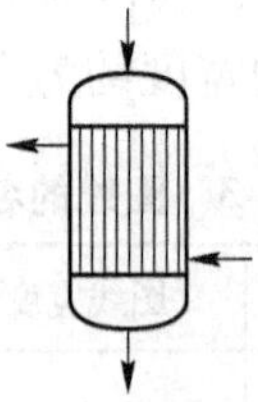　列管式反应器 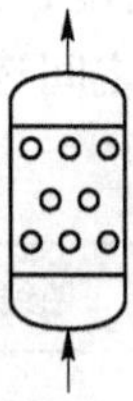　流化床反应器 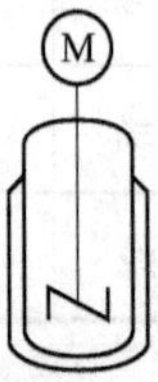<br>反应釜(闭式、带搅拌、夹套) 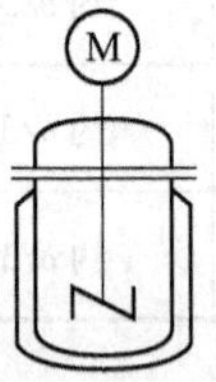　反应釜(开式、带搅拌、夹套) 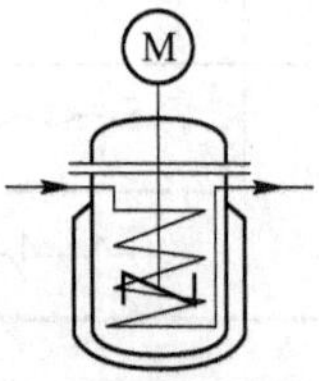　反应釜(开式、带搅拌、夹套、内盘管) |
| 换热器 | E | 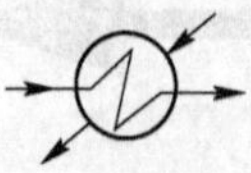 换热器(简图) 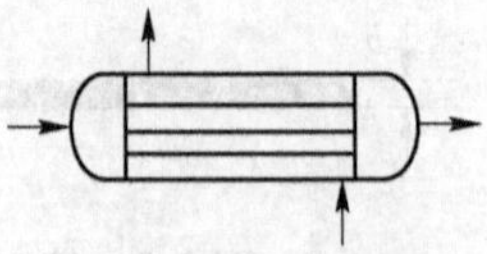　固定管板式列管换热器 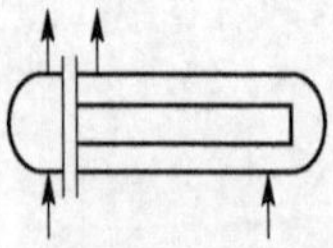　U形管式换热器 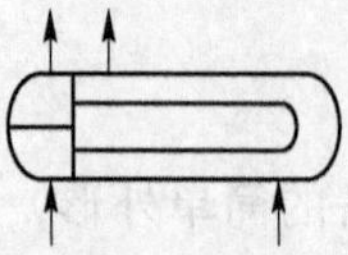<br>浮头式列管换热器 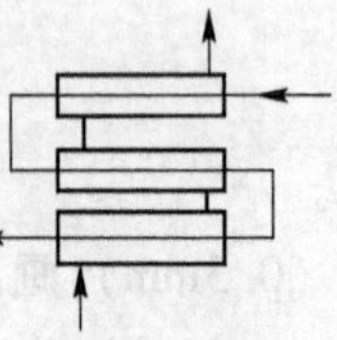　套管式换热器 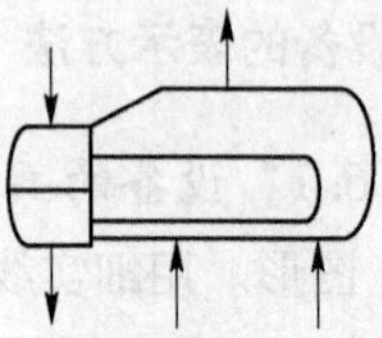　釜式换热器 |

续表 3-4

| 类 型 | 代 号 | 图 例 |
| --- | --- | --- |
| 容器 | V | 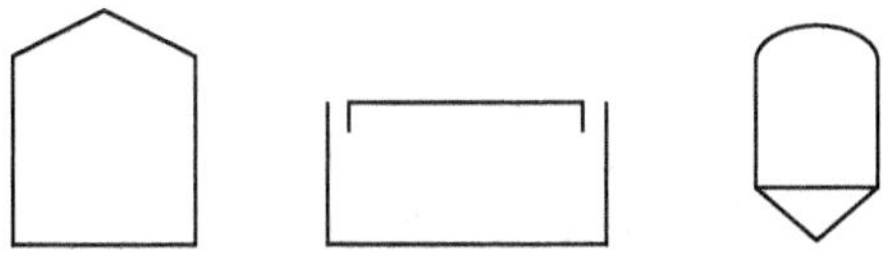 锥顶罐 浮顶罐 圆顶锥底容器 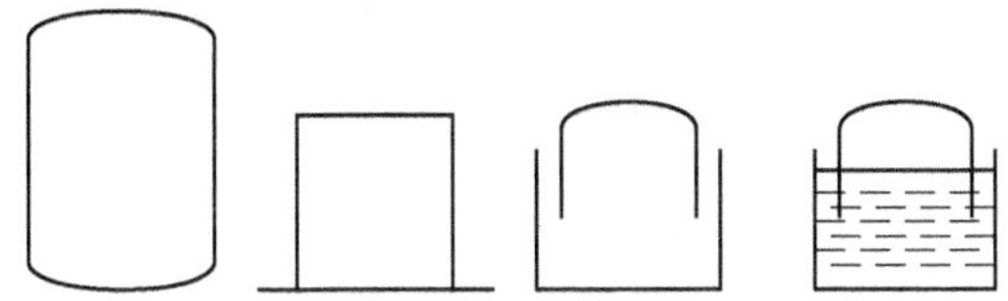 蝶形封头容器 平顶容器 干式气柜 湿式气柜 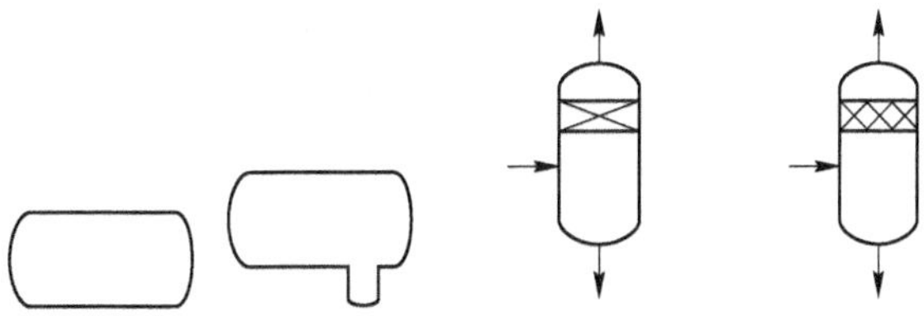 卧式容器 卧式容器 填料除沫分离器 丝网除沫分离器 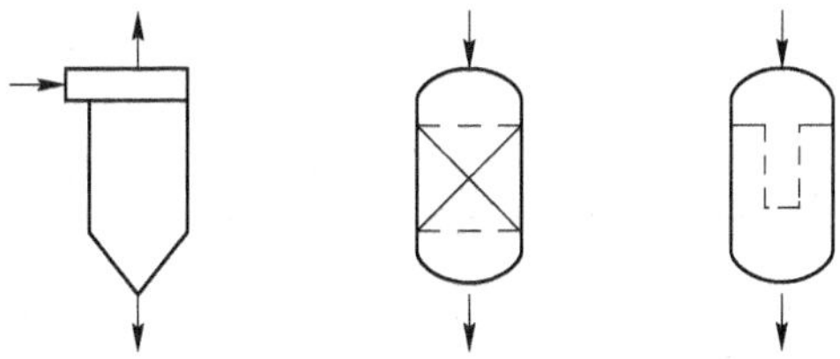 旋风分离器 固定床过滤器 带滤筒的过滤器 |
| 工业炉 | F | 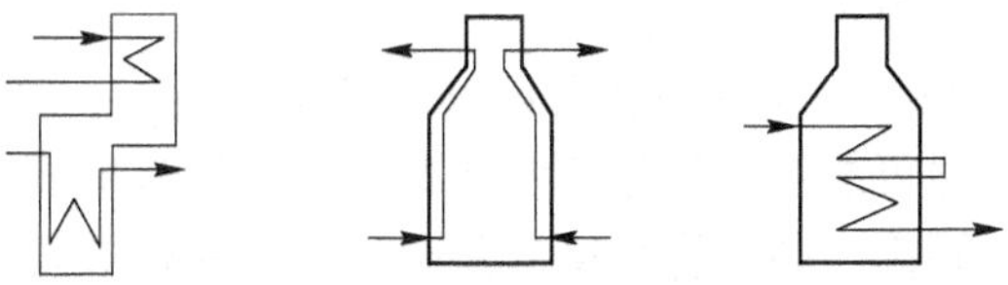 箱式炉 圆筒炉 圆筒炉 |
| 压缩机 | C | 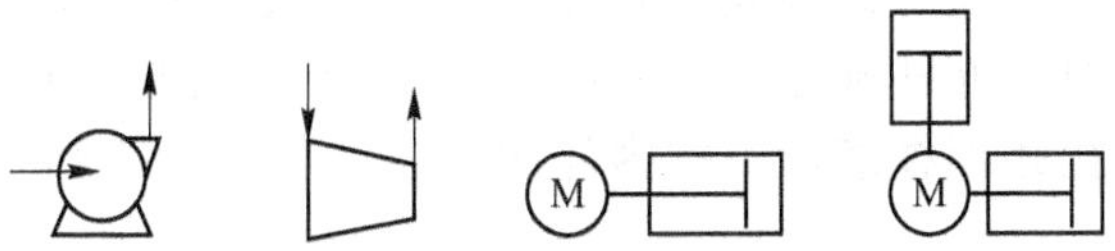 鼓风机 离心式压缩机 往复式压缩机 二段往复式压缩机(L型) |

续表 3-4

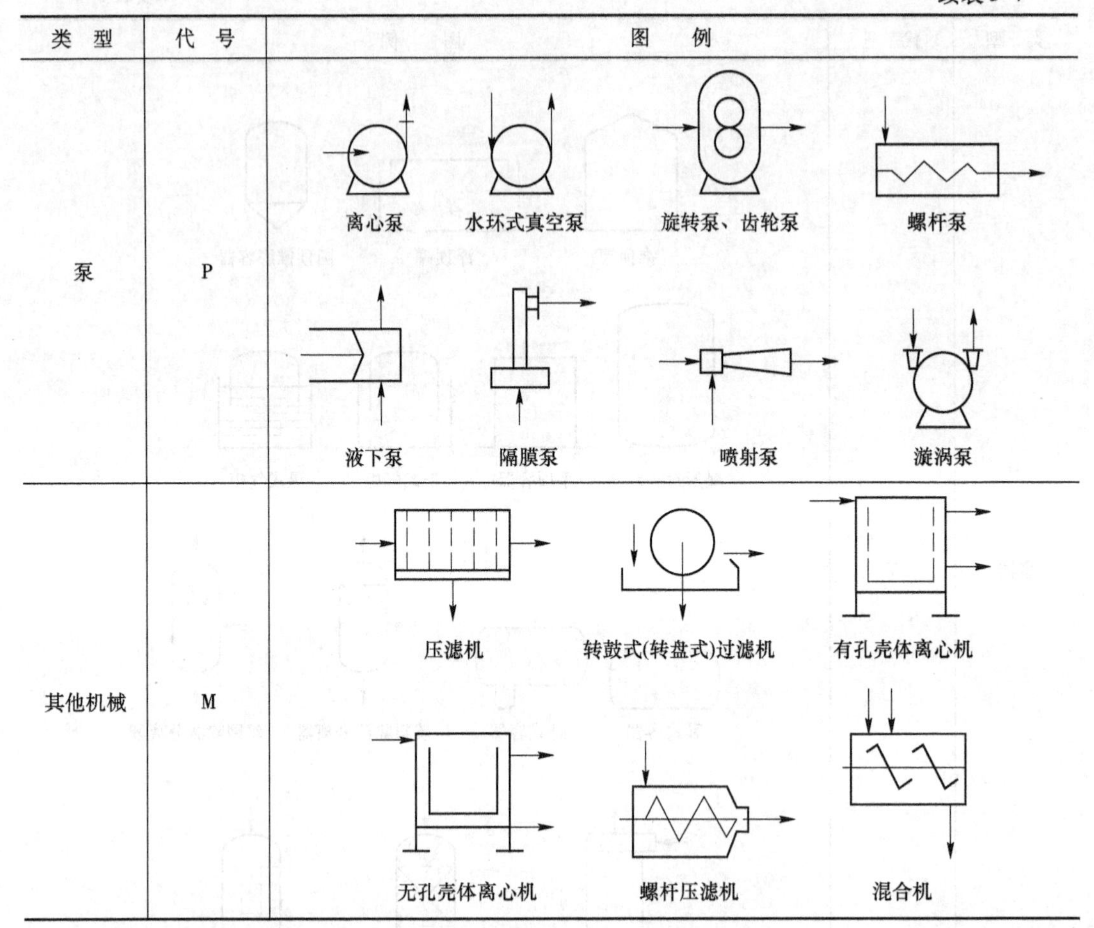

| 类型 | 代号 | 图例 |
| --- | --- | --- |
| 泵 | P | 离心泵、水环式真空泵、旋转泵、齿轮泵、螺杆泵、液下泵、隔膜泵、喷射泵、漩涡泵 |
| 其他机械 | M | 压滤机、转鼓式(转盘式)过滤机、有孔壳体离心机、无孔壳体离心机、螺杆压滤机、混合机 |

对无示例的设备可绘出其象征性的简单外形，表明设备的特征即可。有时也可画出具有工艺特征的内部结构示意图，如板式塔的塔板、填料塔的填料、反应搅拌釜的搅拌器、加热管、夹套、冷却管、插入管等，这些内部结构可以用细虚线绘制，也可以将设备画成剖视图形式表示。设备上的管口一般不用画出，若需画出时可采用单线表示法兰，设备上的转动装置应简单示意画出。

(2) 相对位置。设备间和楼面间的相对位置，一般也按比例绘制。低于地面的需要在地平线以下尽可能符合实际安装情况。对于有位差要求的设备，还要注明其限定尺寸。设备间的横向距离，则视管线绘制及图面清晰的要求而定，应避免管线过长或设备图形过于密集而导致标注不便，图面不清晰。设备的横向顺序应与主物料线一致，勿使管线形成过多的往返。除有位差要求者外，设备可不按高低相对位置绘制。

(3) 相同系统（或设备）的处理。两个或两个以上的系统（或设备），一般应全部画出，但有时也可只画出其中一套。当只画出一套时，被省略的系统（或设备）需用细双点划线绘出矩形框表示。框内注明设备的位号、名称，并绘制引至该系统（或设备）的一段支管。

#### 3.1.6.2 设备的标注

(1) 标注的内容。设备在图中应标注位号和名称，设备位号在整个系统内不得重复，且在所有工艺图上设备位号须一致。

（2）标注的方式。设备位号应在两个地方进行标注：1）在图的上方或下方，标注的位号排列要整齐，尽可能排在相应设备的正上方或正下方、并在设备位号线下方标注设备的名称；2）在设备内或其近旁，此处仅注位号，不注名称。但对于流程简单、设备较少的流程，也可直接从设备上用细实线引出，标注设备位号。

（3）位号的组成。每台设备只编一个位号，由4个单元组成，如图3-10所示。

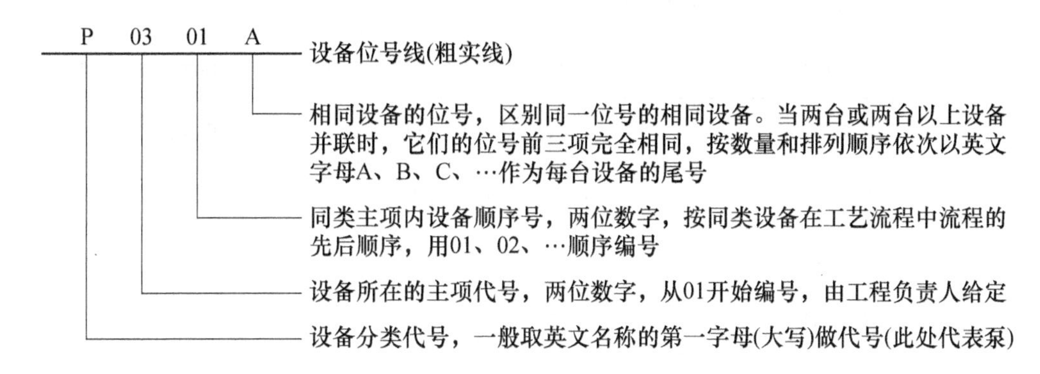


图3-10 设备位号标注

（4）设备分类代号。设备分类代号见表3-5。

**表3-5 常用设备分类代号**

| 设备类别 | 代号 | 设备类别 | 代号 |
|---|---|---|---|
| 塔 | T | 火炬、烟囱 | S |
| 泵 | P | 容器（槽、罐） | V |
| 压缩机、风机 | C | 起重运输设备 | L |
| 换热器 | E | 计量设备 | W |
| 反应器 | R | 其他机械 | M |
| 工业炉 | F | 其他设备 | X |

### 3.1.7 管道的表示方法

流程图中一般应画出所有工艺物料管道和辅助管道（如蒸汽、冷却水、冷冻盐水等）及仪表控制线。当辅助管道系统比较简单时，可将其总管道绘制在流程图的上方或下方，其支管道则下引至有关设备，物料流向一般在管道上画出箭头表示。对各流程间的衔接管道，应在始（末）端注明连续图的图号（写在30mm×6mm的矩形框内）及所来自（或去）的设备位号或管道号（写在矩形框的上方）。

#### 3.1.7.1 管道画法

工艺物料管道用粗实线绘制，辅助管道用中实线绘制，仪表管线用细虚线或细实线绘制。有些图样上保温、伴热等管道除了按规定线型画出外，还示意画出一小段（约10mm）保温层。有关各种常用管道规定线型画法见表3-6。

**表 3-6　工艺流程图中管道图例**（摘录 HG/T 20519.2—2009）

| 名　称 | 图　例 | 备　注 |
|---|---|---|
| 主物料管道 | | 粗实线（0.6～0.9mm） |
| 次要物料管道，辅助物料管道 | | 中实线（0.3～0.5mm） |
| 引线、设备、管件、阀门、仪表图形符号和仪表管线等 | | 细实线（0.15～0.25mm） |
| 原有管道 | | 管线宽度与其相接的新管线宽度相同 |
| 夹套管 | | 夹套管只表示一段 |
| 管道绝热层 | | 管道绝热层只表示一段 |
| 蒸汽伴热管道 | | |
| 电伴热管道 | | |

绘制管线时，为了使图面美观，管线应横平竖直，不能用斜线。若斜线不能避免时，应只画出一小段，以保持图面整齐。同时，应尽量注意避免穿过设备或使管道交叉。在不能避免时，应采用断开画法。采用这种画法时，一般规定“细让粗”，当同类物料管道交叉时尽量统一，即全部“横让竖”或“竖让横”。

若管道上有取样口、放气口、排液管、液封管等应全部画出。放气口应画在管道的上边，排液管则绘于管道下侧，U 形液封管应尽可能按实际比例长度表示。

若图上的管道与其他图纸有关时，一般将其端点绘在图的左方或右方，以空心箭头标出物流方向（入或出）。箭头内填相应图号或图号的序号，箭头连接管线的上（下）方注明管道号或来去设备位号，如图 3-11 所示。

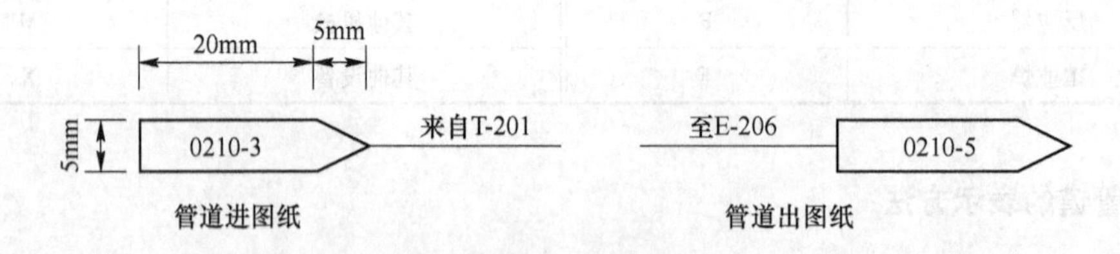


图 3-11　管道图纸连接的画法

#### 3.1.7.2　管道标注

每段管道上都要有相应的标注，水平管道标注在管线的上方，垂直管道标注在管线的左方。若标注位置不够时，可在引出线上标注。标注内容一般包括 4 个部分，即管道号（管段号）（由 3 个单元组成）、管径、管道等级和隔热（或隔声）代号，总称为管道组合号。管道号和管径为一组，用一短横线隔开；管道等级和隔热为另一组，用一短横线隔开，两组间留适当的空隙。也可将管道口、管径、管道等级和隔热（或隔声）代号分别标注在管道的上下方。其标注内容见图 3-12。

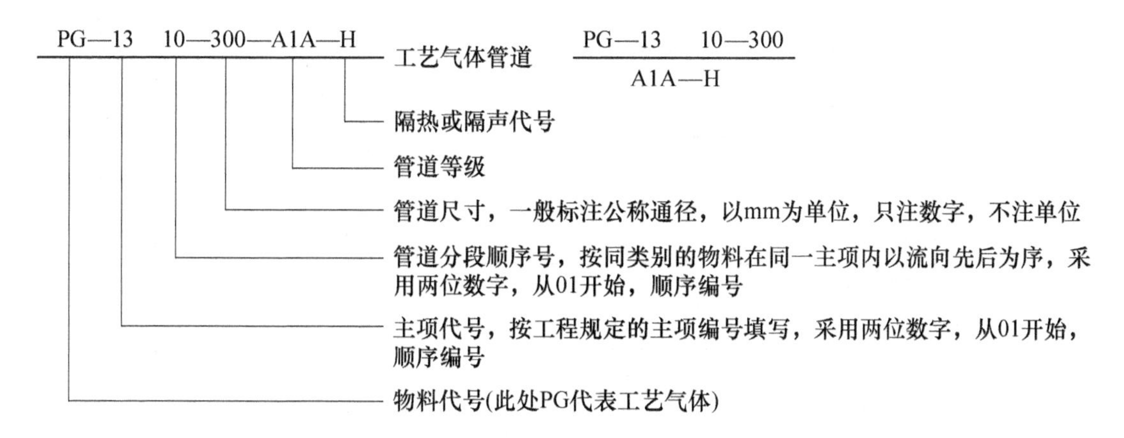


图 3-12 管道标注

（1）物料代号。物料代号以物料英文名称的首字母为代号。常用物料代号如表3-7所示。

**表 3-7 常用物料代号**

| 物料名称 | 代号 | 物料名称 | 代号 |
| --- | --- | --- | --- |
| 工艺气体 | PG | 润滑油 | LO |
| 气液两相流工艺物料 | PGL | 原油 | RO |
| 气固两相流工艺物料 | PGS | 密封油 | SO |
| 工艺液体 | PL | 气氨 | AG |
| 液固两相流工艺物料 | PLS | 液氨 | AL |
| 工艺固体 | PS | 气体乙烯或乙烷 | ERG |
| 工艺水 | PW | 液体乙烯或乙烷 | ERL |
| 空气 | AR | 氟利昂气体 | FRG |
| 压缩空气 | CA | 工艺空气 | PA |
| 仪表空气 | IA | 高压蒸汽（饱和或微过热） | HS |
| 燃料气 | FG | 高压过热蒸汽 | HUS |
| 液体燃料 | FL | 低压蒸汽（饱和或微过热） | LS |
| 固体燃料 | FS | 低压过热蒸汽 | LUS |
| 天然气 | NG | 中压蒸汽（饱和或微过热） | MS |
| 热水回水 | HWR | 中压过热蒸汽 | MUS |
| 热水上水 | HWS | 蒸汽冷凝水 | SC |
| 原水、新鲜水 | RW | 伴热蒸汽 | TS |
| 软水 | SW | 锅炉给水 | BW |
| 生产废水 | WW | 化学污水 | CSW |
| 污油 | DO | 循环冷却水回水 | CWR |
| 燃料油 | FO | 循环冷却水上水 | CWS |
| 填料油 | GO | 脱盐水 | DNW |

续表 3-7

| 物料名称 | 代号 | 物料名称 | 代号 |
|---|---|---|---|
| 饮用水、生活用水 | DW | 火炬排放气 | FV |
| 消防水 | FW | 氢 | H |
| 氟利昂液体 | FRL | 加热油 | HO |
| 气体丙烯或丙烷 | PRG | 惰性气 | IG |
| 液体丙烯或丙烷 | PRL | 氮 | N |
| 冷冻盐水回水 | RWR | 氧 | O |
| 冷冻盐水上水 | RWS | 泥浆 | SL |
| 排液、导淋 | DR | 真空排放气 | VE |
| 熔盐 | FSL | 放空 | VT |

（2）主项代号。按工程规定的主项代号填写，采用两位数字，从 01 开始，至 99 为止。

（3）管道顺序号。按同类别的物料在同一主项内以流向先后为序，顺序编号。采用两位数字，从 01 开始，至 99 为止。

上述三项组成管道号（管段号）。

（4）管道尺寸。标注管道尺寸时，一般标注公称直径，以 mm 为单位，只注数字，不注单位，如 DN200 的公制管道，英制管径以英寸为单位，需标注英寸的符号 in，如 2 英寸的英制管道，则表示为“2in”。

（5）管道等级。管道按温度、压力、介质腐蚀性等情况，预先设计各种不同的管材规格，做出等级规定，见图 3-13。在管道等级与材料选用表尚未实施前可暂不标注。

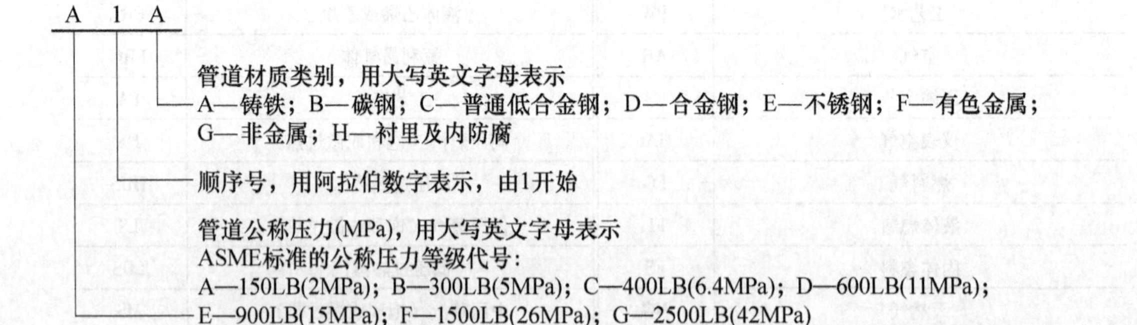


图 3-13 管道等级

（6）隔热（或隔声）代号。按隔热或隔声功能类型的不同，以大写字母作为代号，如 H 代表保温，C 代表保冷，N 代表隔声等。

当工艺流程简单、管道品种规格不多时，管道组合号中的管道等级及隔热（或隔声）代号可省略。管道尺寸可直接填写管子的外径 × 壁厚，并标注工程规定的管道材料代号。

### 3.1.8 阀门与管件的表示方法

在管道上需用细实线画出全部阀门和部分管件的符号，并标注其规格代号。管件及阀门的图例见表3-8。管件中的一些连接件如弯头、三通、法兰及接管头等，若无特殊需要，均不予画出。竖管上的阀门在图上的高低位置应大致符合实际高度。

**表3-8 常用管件与阀门的图形符号**（摘录HG/T 20519.2—2009）

| 名　称 | 图　例 | 名　称 | 图　例 |
|---|---|---|---|
| Y型过滤器 | | 漏斗 | (敞口)　(封闭) |
| T型过滤器 | | 喷淋管 | |
| 锥形过滤器 | | 视镜、视钟 | |
| 阻火器 | | 截止阀 | |
| 文氏管 | | 闸阀 | |
| 节流阀 | | 角式截止阀 | |
| 球阀 | | 三通截止阀 | |
| 蝶阀 | | 四通截止阀 | |
| 隔膜阀 | | 减压阀 | |
| 旋塞阀 | | 疏水阀 | |
| 消声器 | | 角式节流阀 | |
| 喷射器 | | 角式球阀 | |
| 放空管（帽） | (帽)　(管) | 三通球阀 | |

管道上的阀门、管件、管道附件的公称通径与所在管道公称通径不同时，要注出它们的尺寸，如有必要还需要注出它们的型号。它们之中的特殊阀门和管道附件还要进行分类编号，必要时以文字、放大图和数据表加以说明。

同一管道号只是管径不同时，可以只注管径，如图3-14所示。

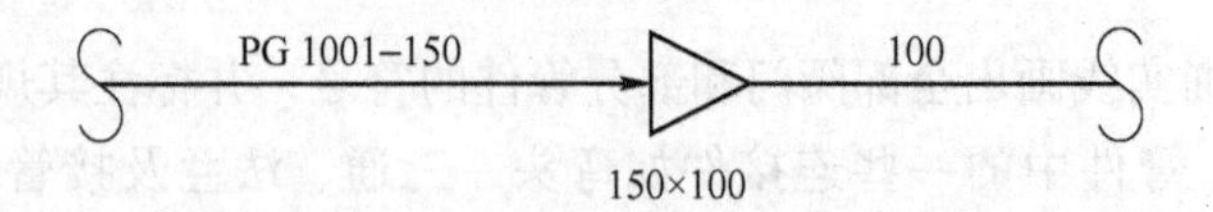


图3-14　变径管道标注

### 3.1.9　仪表控制点的表示方法

带控制点的工艺流程图上要以规定的图形符号和文字代号，表示出在设备、机械、管道和仪表站上的全部仪表。表示内容为：代表各类仪表功能（检测、显示、控制等）的细线条圆圈（直径为12mm或10mm），测量点，从设备、阀门、管件轮廓线或管道引到仪表圆圈的各类连接线，仪表间的各种信号线，各类执行机构的图形符号，调节机构，信号灯，冲洗、吹气或隔离装置，按钮和连锁等。图形符号和字母代号组合起来，可以表示工业仪表所处理的被测变量的功能；字母代号和阿拉伯数字编号组合起来，就组成了仪表的位号。

3.1.9.1　*仪表图形符号*

仪表图形符号用规定图形和细实线画出，如常规仪表图形为圆圈，集散控制系统（DCS）图形为正方形与内切圆组成，控制计算机图形为正六边形等。仪表图形符号还与其安装位置有关，具体见表3-9。

表3-9　仪表图形符号

| 项　目 | 现 场 安 装 | 控制室集中安装 | 现 场 盘 装 |
|---|---|---|---|
| 单台常规仪表 | | | |
| DCS | | | |
| 计算机功能 | | | |
| 可编程逻辑控制 | | | |

3.1.9.2　*仪表字母代号*

字母代号表示被测变量和仪表的功能，第一位字母表示被测变量，后继字母表示仪表功能，常用被测变量和仪表功能字母代号见表3-10。一台仪表或一个圆内，同时出现下列后继字母时，应按I、R、C、T、Q、S、A的顺序排列，如同时存在I、R时，只需注明R。

表 3-10 常用被测变量和仪表功能字母代号

| 字母 | 首位字母 | | 后继字母 | |
|---|---|---|---|---|
| | 被测变量或引发变量 | 修饰词 | 功能 | 修饰词 |
| A | 分析 | | 报警 | |
| C | 电导率 | | 控制 | |
| D | 密度 | 差 | | |
| E | 电压（电动势） | | 检测元件 | |
| F | 流量 | 比率（比值） | | |
| G | 毒性气体或可燃气体 | | 视镜、观察 | |
| H | 手动 | | 高 | 高 |
| I | 电流 | | 指示 | |
| J | 功率 | 扫描 | | |
| L | 物位 | | 灯 | 低 |
| M | 水分或湿度 | 瞬动 | | 中、中间 |
| P | 压力或真空 | | 连接或测试点 | |
| Q | 数量或件数 | | | |
| R | 核辐射 | | 记录 | |
| S | 速度或频率 | 安全 | 开关、连锁 | |
| T | 温度 | | 传送（变送） | |

### 3.1.9.3 仪表位号

仪表位号由仪表字母代号和仪表回路编号两部分组成，仪表回路编号可以用工序号加顺序号组成。在检测控制系统中，一个回路中的每一个仪表（或元件）都应标注仪表位号。仪表位号标注见图 3-15。

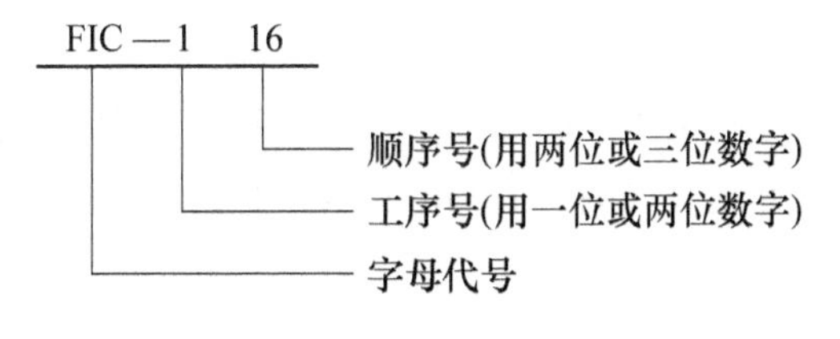


图 3-15 仪表位号标注

### 3.1.9.4 仪表位号的标注方法

仪表位号的标注方法是将字母代号填写在图形符号的上半部分，数字编号填写在图形符号的下半部分，如图 3-16 所示。

### 3.1.9.5 调节与控制系统

调节与控制系统一般由仪表、调节阀、执行机构和信号线 4 部分构成。常见的执行机构有气动执行、电动执行、活塞执行和电磁执行 4 种方式，如图 3-17 所示。

控制系统常见的连接信号线的方式有 3 种，如图 3-18 所示。

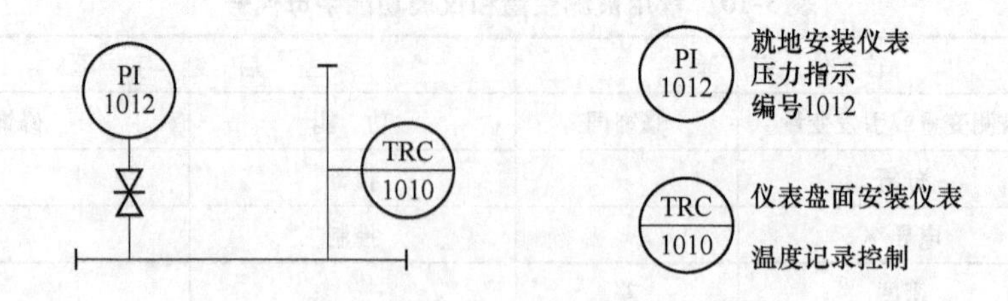


图 3-16 仪表位号的标注方法

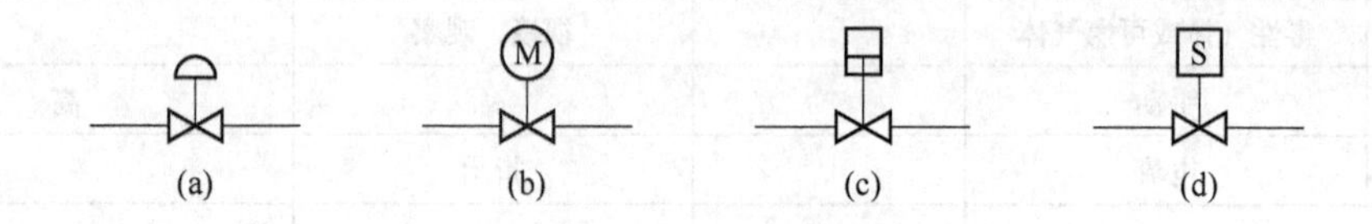


图 3-17 常见执行机构示意图

（a）气动执行；（b）电动执行；（c）活塞执行；（d）电磁执行

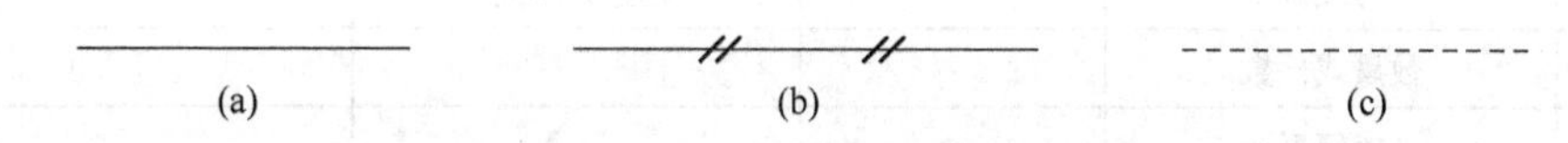


图 3-18 常见的连接信号线示意图

（a）过程连接或机械连接；（b）气动信号连接；（c）电动信号连接

因为课程设计所要求绘制的是初步设计阶段的带控制点工艺流程图，其表述内容比施工图设计阶段的要简单些，只对主要和关键设备进行稍详细的设计，对自控仪表方面要求也比较低，画出过程的主要控制点即可。

## 3.1.10 化工典型设备的自控流程

### 3.1.10.1 离心泵

离心泵的流量调节一般是采用泵的出口阀门开度控制方案，如图 3-19(a)所示，也可以使用泵的出口旁路控制方案，如图 3-19(b)所示，旁路调节耗费能量，其优点是调节阀的尺寸比直接节流的小。

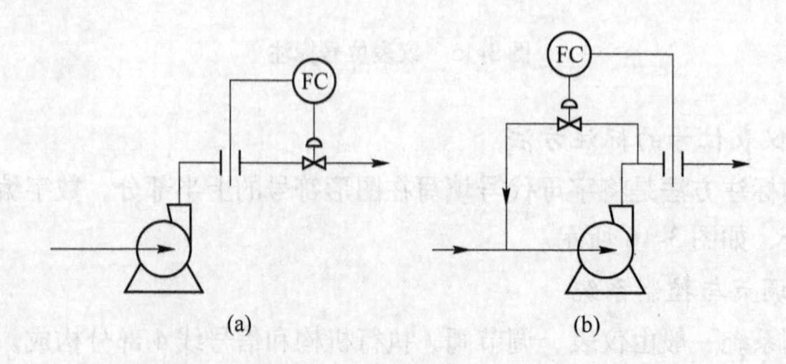


图 3-19 离心泵的控制方案

（a）泵的出口阀门开度控制方案；（b）泵的出口旁路控制方案

### 3.1.10.2 换热器

A 无相变时

(1) 控制载热体的流量。这是一种用载热体的流量作为操作变量的控制方案。当载热体的流量发生变化对物料出口温度影响较明显、载热体入口的压力平稳、且负荷变化不大时，常采用图3-20(a)的单回路控制方案。若载热体入口压力波动较大，可以采用以被控物料的温度为主变量，以载热体的流量（或压力）为副变量的串级控制，如图3-20(b)所示。当载热体也是一种换热物料时，其流量是不允许调节的。此时，如图3-20(c)所示可用一个三通分流调节阀取代图3-20(a)中的调节阀，用三通调节阀调节进入换热器的载体流量与旁路流量比例，实现换热器出口温度的控制。

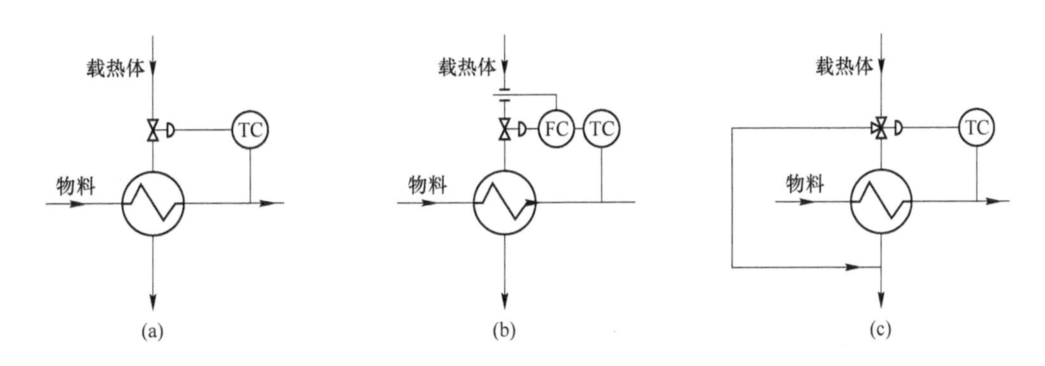


图3-20 控制热载体的流量方案
（a）单回路控制；（b）串级控制；（c）旁路控制

(2) 控制被控物料的流量。这是将被控物料的流量作为系统操作变量的控制方案，如图3-21(a)所示。若被控物料的流量不允许控制时，则可将一小部分物料直接通过旁路流到换热器出口与热物料混合，达到控制出口温度的目的，如图3-21(b)所示。

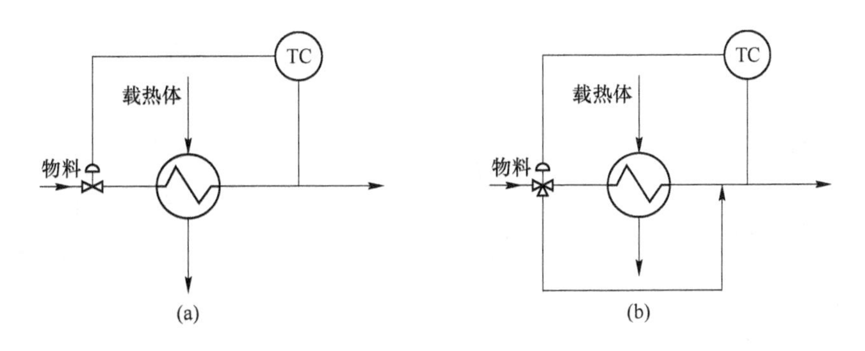


图3-21 控制被控物料的流量方案
（a）改变被控物料流量；（b）改变物料旁路流量

B 有相变时

(1) 加热器的温度控制方案。化工过程中常用蒸汽冷凝来加热物料，当被加热物料的出口温度作为被控变量时，常采用以下两种控制方案。

1）直接控制蒸汽流量。当蒸汽流量和其他工艺条件比较稳定时，可采用改变入口蒸汽流量来控制被加热物料的出口温度，如图 3-22(a)所示。当加热蒸汽压力有波动时可对蒸汽总管增设压力定值控制系统或者采用温度与蒸汽压力的串级控制方案，如图 3-22(b)所示。

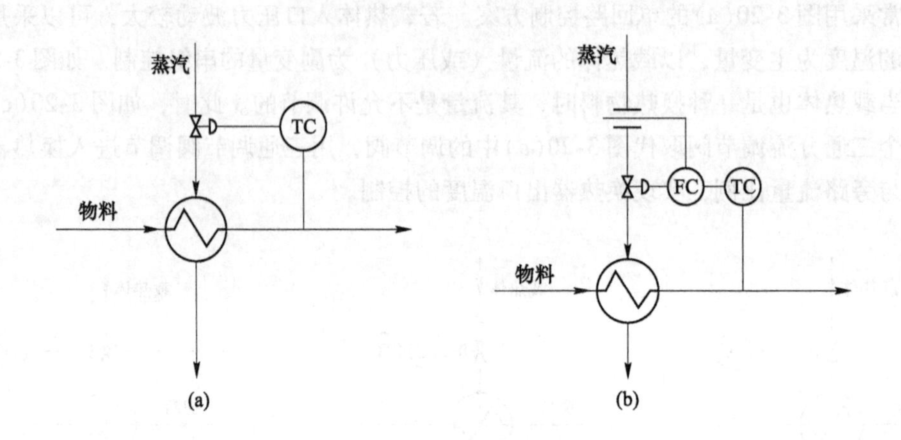


图 3-22 直接控制蒸汽的流量方案

（a）改变入口蒸汽流量；（b）温度与蒸汽压力的串级控制方案

2）控制换热器的有效换热面积。在传热系数和传热温差基本保持不变的情况下，改变换热器的有效换热面积，也可以达到控制出口温度的目的。如图 3-23(a)所示，将调节阀安装在冷凝液的排出口上，当调节阀的开度发生变化时，冷凝液的排出量也跟着发生变化，导致加热器内部液位发生变化，从而使加热器的实际传热面积发生改变。为了克服控制系统的滞后性，有效的办法是采用串级控制。图 3-23(b)为温度与冷凝液液位之间的串级控制，图 3-23(c)为温度与蒸汽流量之间的串级控制。

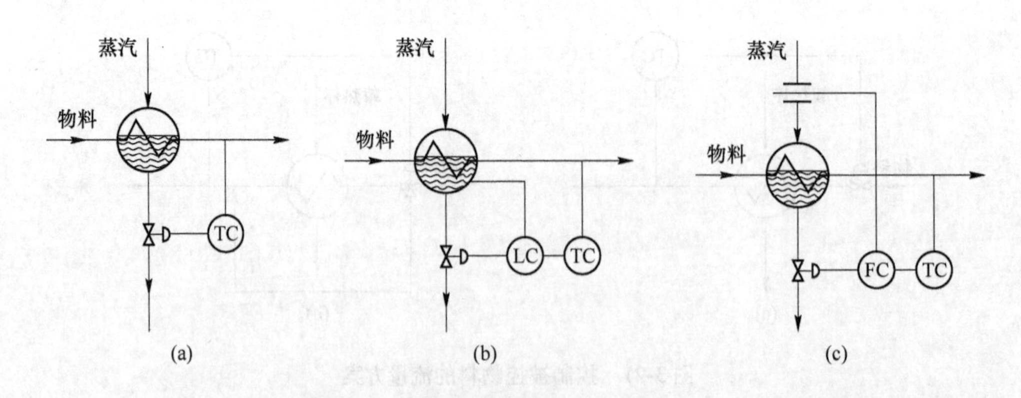


图 3-23 控制换热器的有效换热面积方案

（a）改变换热面积；（b）温度－液位串级控制；（c）温度－流量串级控制

（2）冷却器的温度控制方案。以液氨为冷却剂为例，冷却器常用的控制方案有以下3 种。

1）控制冷却剂的流量。如图3-24(a)所示，通过改变液氨的流量调节液氨气化带走的热量从而达到控制物料温度的目的。

2）温度－液位串级控制。如图3-24(b)所示，以液氨流量为操作变量、以被控物料出口温度为主变量、以冷却器的液位为副变量，进行串级控制，使引起液位变化的一些干扰（如液氨压力等）包含在副回路中，从而提高了控制质量。

3）控制冷却剂的气化压力。如图3-24(c)所示，在控制冷却器液位的同时，再根据被控物料的温度，改变液氨的气化压力，即调节气化温度，从而达到控制的目的。例如物料出口温度偏高时，加大气氨出口调节阀的开度，使液氨气化压力降低，导致蒸发温度下降，使物料与冷却剂间的温差加大，随之传热量亦加大，使物料出口温度下降。

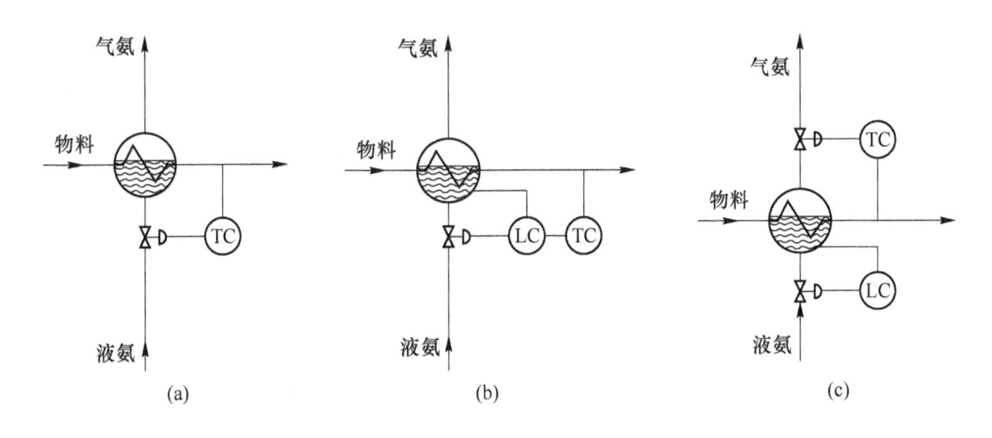


图3-24　控制冷却器的温度方案

(a) 用冷却剂的流量控制；(b) 用温度－液位串级控制；(c) 用冷却剂的气化压力控制

### 3.1.10.3　精馏塔

精馏塔的控制方案很多，但基本形式通常只有以下两种。

A　按提馏段指标控制

适合于釜液的纯度较之馏出液为高的情况，即塔底为主要产品时，常用此方案。若是液相进料，对塔顶和塔底产品的质量要求相近，也往往采用此方案。此方案是以提馏段温度为衡量质量的间接指标，以改变再沸器加热量为控制手段。用提馏段塔板温度控制加热蒸汽量，从而控制塔内蒸汽量 $V_S$，并保持回流量 $L_R$ 恒定，馏出液量 $D$ 和釜液量 $W$ 都按物料平衡关系，由液位调节器控制，如图3-25(a)所示。这是目前应用最多的精馏塔控制方案。它比较简单，调节迅速，一般情况下可靠性较好。

B　按精馏段指标控制

此方案是以精馏段温度为衡量质量的间接指标，以改变回流量为控制手段，如图3-25(b)所示。取精馏段某点组成或温度为被调参数，而以 $L_R$、$D$ 或 $V_S$ 作为调节参数。它适合于馏出液的纯度要求较之釜液为高时。采用此控制方案时，必须在 $L_R$、$D$、$V_S$ 和 $W$ 这4个参数中，选择一个作为控制组成的手段，选择另一个保持流量恒定，其余两个则按回流罐和再沸器的物料平衡，由液位调节器进行调节。用精馏段塔板温度控制回流量 $L_R$，并保持蒸汽量 $V_S$ 流量恒定，这是精馏段控制中最常用的方案。

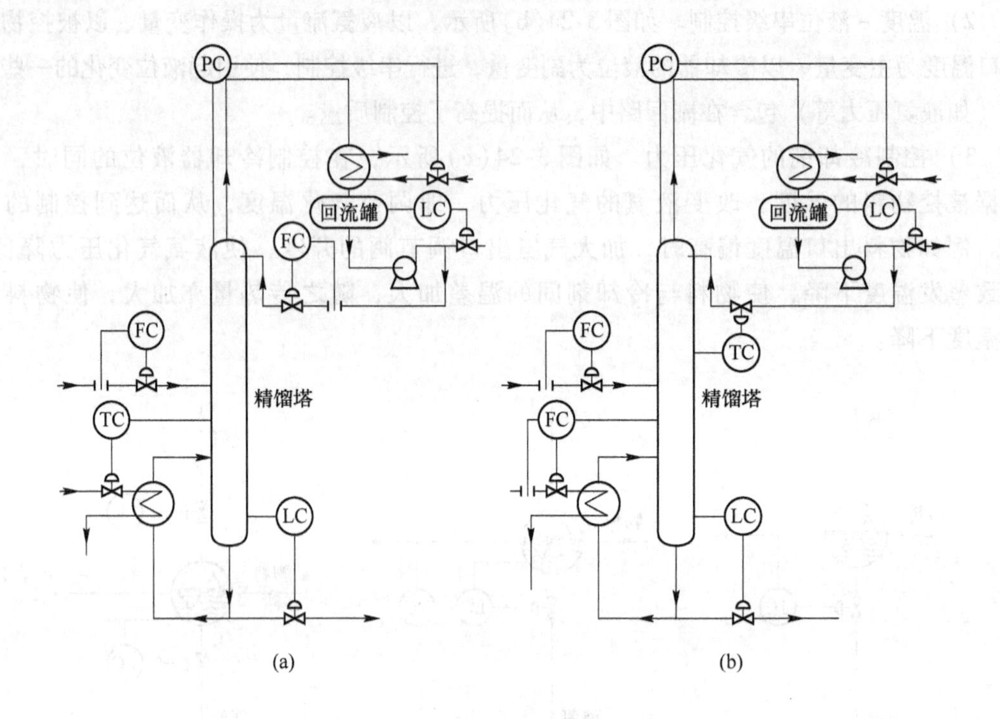


图 3-25　精馏塔的控制方案

(a) 提馏段控制方案；(b) 精馏段控制方案

上述精馏塔的控制方案只是原则性的控制方案，具体的控制方案可按塔顶、塔底及进料系统分别考虑。塔顶控制方案的基本要求是：把绝大部分的出塔蒸汽冷凝下来，把不凝性气体排走；调节回流量 $L_R$ 与馏出液量 $D$ 的流量，保持塔内压力稳定。

## 3.2　主体设备图的绘制

### 3.2.1　图样内容

#### 3.2.1.1　主体设备工艺条件图

主体设备工艺条件图的图样内容包括：

(1) 设备图形，指主要尺寸（外形尺寸、结构尺寸、连接尺寸）、接管、人孔等；

(2) 技术特性指标，指设备设计和制造检验的主要性能参数。通常包括设计压力、设计温度、工作压力、工作温度、介质名称、腐蚀裕度、焊缝系数、容器类别和设备尺度（如罐类为全容积、换热器类为换热面积等）；

(3) 管接口表，注明各管口的符号、公称尺寸、连接尺寸、连接面形式、用途等；

(4) 设备组成一览表，注明组成设备的各部件的名称等。

图 3-26 和图 3-27 分别是二氧化碳填料吸收塔和浮阀精馏塔的工艺条件图。

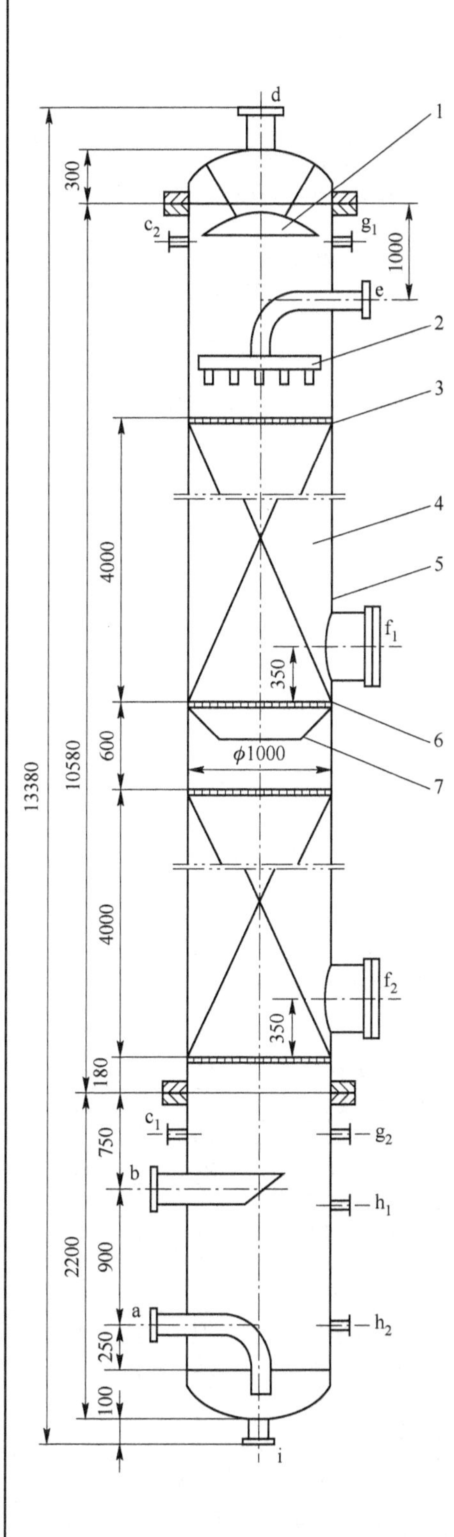


技术特性表

| 序号 | 名称 | 指标 |
|---|---|---|
| 1 | 操作压力 | 0.8MPa |
| 2 | 操作温度 | 40℃ |
| 3 | 工作介质 | 变换气、乙醇、水 |
| 4 | 填料形式 | 阶梯环 |
| 5 | 塔径 | 1m |
| 6 | 填料高度 | 8m |

接管表

| 符号 | 公称直径 | 连接方式 | 用途 |
|---|---|---|---|
| a | DN100 | | 富液出口 |
| b | DN200 | | 气体进口 |
| $c_{1,2}$ | DN40 | | 测温口 |
| d | DN200 | | 气体出口 |
| e | DN100 | | 贫液进口 |
| $f_{1,2}$ | DN400 | | 人孔 |
| $g_{1,2}$ | DN25 | | 测压口 |
| $h_{1,2}$ | DN25 | | 液面计接口 |
| i | DN50 | | 排液口 |

设备组成一览表

| 序号 | 图号 | 名称 | 数量 | 材料 | 备注 |
|---|---|---|---|---|---|
| 7 | | 再分布器 | 1 | | |
| 6 | | 填料支承板 | 2 | | |
| 5 | | 塔体 | 1 | | |
| 4 | | 塔填料 | 1 | | |
| 3 | | 床层限制板 | 2 | | |
| 2 | | 液体分配器 | 1 | | |
| 1 | | 除沫器 | 1 | | |

学校　　系　　专业　化工原理课程设计

| 职务 | 签名 | 日期 | 二氧化碳吸收塔<br>设计条件图 |
|---|---|---|---|
| 设计 | | | |
| 制图 | | | |
| 审核 | | | 比例 |

图 3-26　二氧化碳填料吸收塔工艺条件图

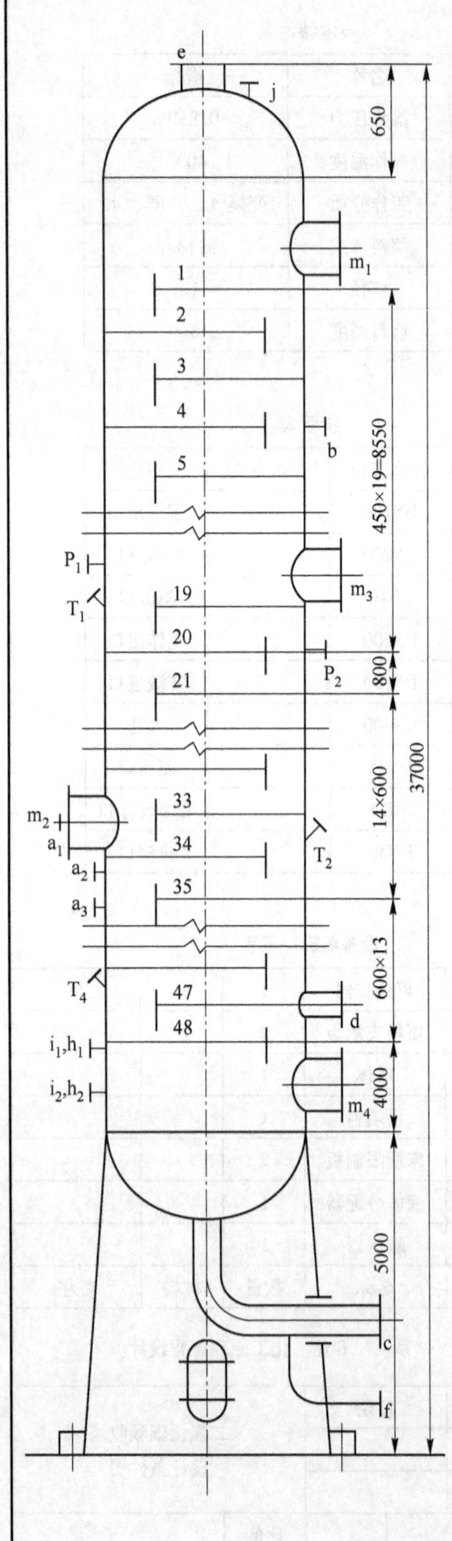


技术要求

1. 本设备按《钢制压力容器》(GB/T 150) 进行制造、试验和验收，并接受国家质量技术监督局颁发《压力容器安全技术监察》的监察。
2. 塔体弯曲度应小于1/1000塔高，塔高总弯曲度小于30mm，塔体安装垂直偏差不得超过塔高的1/1000，且不大于15mm。
3. 裙座螺栓中心圆直径偏差±3mm，任意两孔间距离偏差±3mm。
4. 关口方位见本图。

技术特性表

| 名称 | 指标 |
|---|---|
| 操作温度/℃ | 160 |
| 操作压力/MPa | 0 |
| 工作介质 | 苯，甲苯 |
| 塔板块数 | 48 |
| 浮阀形式 | 浮阀 F1Z-3B |
| 许用应力/MPa | 148 |

接管方位图

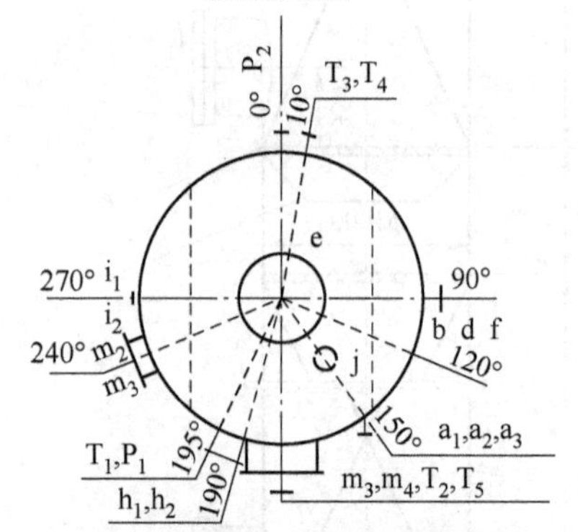


注：其余的辅助接管由机械设计酌定

| $T_1\sim T_5$ | 测温接管 | 25 | 0.6 |
|---|---|---|---|
| $P_1$，$P_2$ | 测压接管 | 25 | 0.6 |
| $m_1\sim m_4$ | 人孔 | 600 | |
| j | 排空管 | 50 | 0.6 |
| $i_1$，$i_2$ | 自控液位接管 | 25 | 0.6 |
| $h_1$，$h_2$ | 液位指示接管 | 20 | 0.6 |
| f | 排液管 | 80 | 0.6 |
| e | 塔顶蒸汽出口管 | 300 | 0.6 |
| d | 塔底蒸汽返回 | 300 | 0.6 |
| c | 釜液循环管 | 80 | 0.6 |
| b | 回流接管 | 80 | 0.6 |
| $a_1\sim a_3$ | 接管进料管 | 125 | 0.6 |
| 接管符号 | 说明 | 公称直径/mm | 公称压力/MPa |
| 浮阀精馏塔工艺条件图 | | | |
| 设计者 | 指导者 （日期） | 班号 | 备注 |
| | | | |

图3-27　浮阀精馏塔工艺条件图

#### 3.2.1.2 主体设备装配图

主体设备装配图的图样内容包括：

(1) 视图。根据设备复杂程度，采用一组视图，从不同的方向清楚表示设备的主要结构形状和零部件之间的装配关系。视图采用正投影方法，按国家标准《机械制图》的要求绘制。视图是图样的主要内容；

(2) 尺寸。图中应注明必要的尺寸，作为设备制造、装配、安装检验的依据。这些尺寸主要有表示设备总体大小的总体尺寸、表示规格大小的特性尺寸、表示零部件之间装配关系的装配尺寸、表示设备与外界安装关系的安装尺寸。注写这些尺寸时，除数据本身要绝对正确外，标注的位置、方向等都应严格按规定来执行。如尺寸线应尽量安排在视图的右侧和下方，数字在尺寸线的左侧或上方。不允许标注封闭尺寸，参考尺寸和外形尺寸例外。尺寸标注的基准面一般从设计要求的结构基准面开始，并应考虑所注尺寸便于检查；

(3) 零部件编号和明细栏。将视图上组成该设备的所有零部件依次用数字编号，并按编号顺序在明细栏（位于主标题栏上方）中由下向上逐一填写每个编号的零部件名称、规格、材料、数量、质量和有关图号或标准号等内容；

(4) 管口符号和管口表。设备上所有管口均需用英文小写字母依次在主视图和管口方位图上对应注明符号，并在管口表中由上向下逐一填写每个管口的尺寸、连接尺寸和标准、连接面形式、用途和名称等内容；

(5) 技术特性表。用表格形式表达设备的主要制造检验数据；

(6) 技术要求。用文字形式说明图样中不能表示出来的要求；

(7) 标题栏。位于图样右下角，用以填写设备名称、主要规格、制图比例、设计单位、设计阶段、图样编号以及设计、制图、校审等有关责任人签字的内容。

图 3-28 ~ 图 3-30 分别是管壳式固定管板换热器、填料吸收塔和浮阀精馏塔的装配图。

化工设备图必须按比例绘制。画图时尽可能采用 1 : 1。当机件过大时，可缩小比例，如 1 : 1.5、1 : 2.5、1 : 3、1 : 4、1 : 6 等。当机件过小时，可放大比例，如 2.5 : 1、4 : 1、10 : 1 等。

如果一张图纸上有些图形与基本视图的绘图比例不同，必须分别在该视图名称的下方注明此图形所采用的比例，中间用水平细实线隔开，如$\frac{\mathrm{I}}{5:1}$、$\frac{A—A}{2:1}$，若图形不按比例画时，则在标注比例的位置上注明“不按比例”的字样。

### 3.2.2 图面安排

化工设备图的图面安排，一般如图 3-31 所示，绘图区布置在图纸幅面中的中间偏左，右下方从标题栏开始，逐个向上安排零件明细栏、管口表和技术特性表。要力求将设备图的全部内容在图纸幅面上布置得均匀、美观。幅面尺寸及图的比例要与视图的数量、明细栏的大小相适应，并在各部分之间留有适当余地。除此以外，还需注意在图纸幅面的右上角留有空隙，以便在设计修改时加绘修改表。在图纸幅面的左下角也需留空隙，以供设备需接管口方位图进行制造时加绘选用表之用。

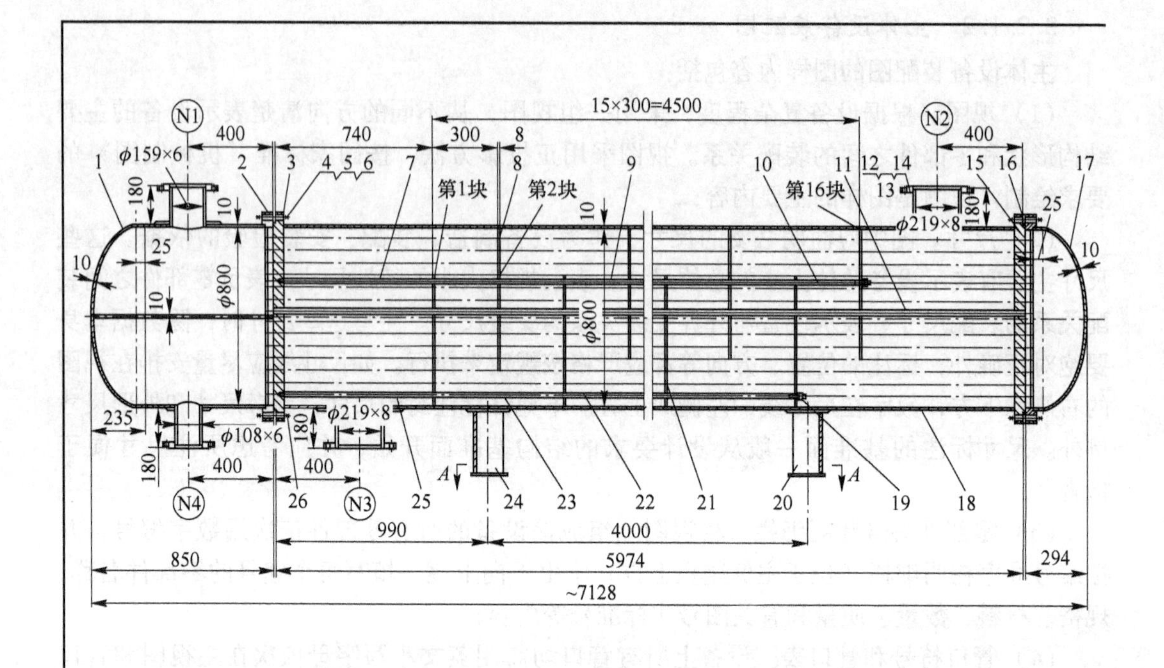
N1
N2
N3
N4
15×300=4500
400
740
300
8
φ159×6
φ219×8
φ108×6
φ800
第1块
第2块
第16块
A
990
4000
850
5974
294
~7128

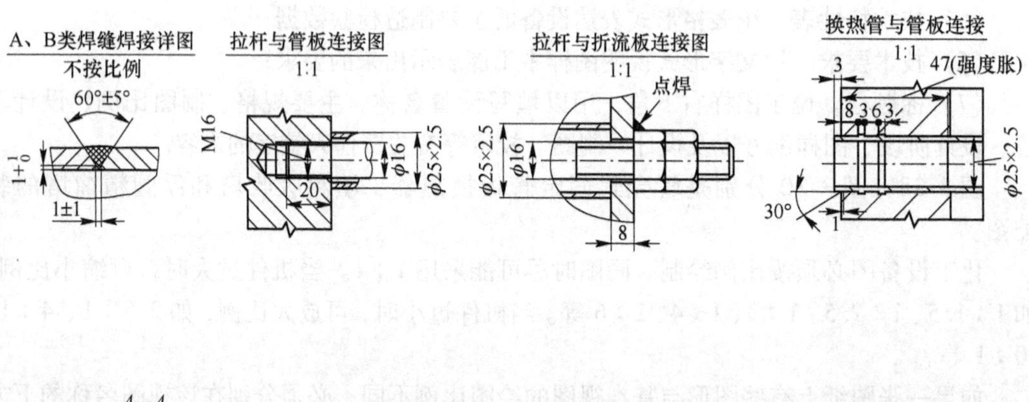
A、B类焊缝焊接详图
不按比例
60°±5°
1±1
拉杆与管板连接图
1:1
M16
φ16
φ25×2.5
20
拉杆与折流板连接图
1:1
点焊
换热管与管板连接
1:1
47(强度胀)
30°

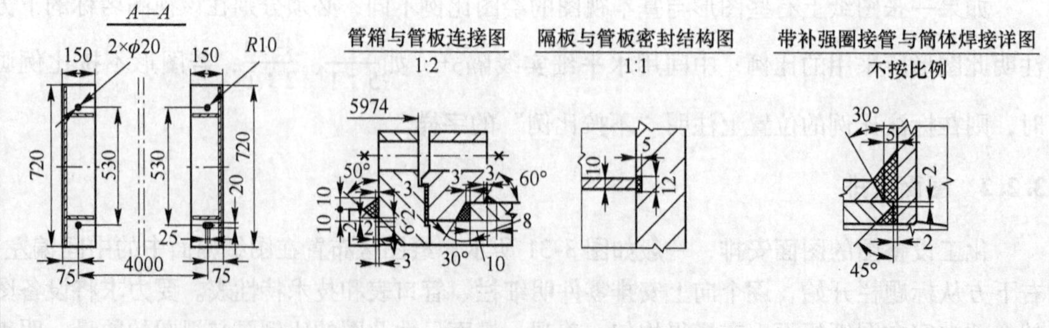
A—A
2×φ20
R10
150
720
530
4000
75
25
管箱与管板连接图
1:2
5974
50°
60°
30°
隔板与管板密封结构图
1:1
带补强圈接管与筒体焊接详图
不按比例
30°
45°

图 3-28　管壳式固定

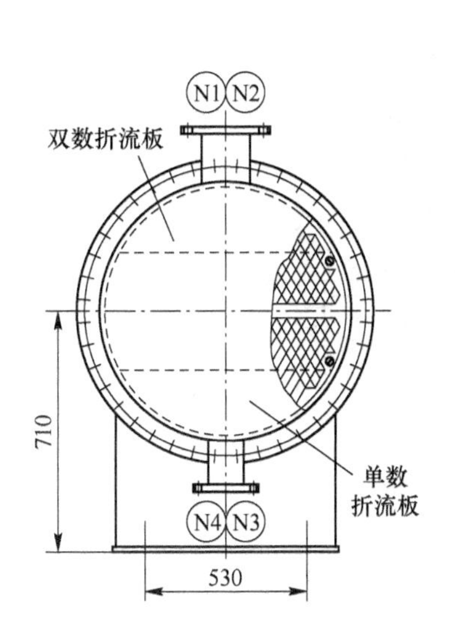


换热管排列图

1∶1

490×φ25×2.5

32

60°

32

设计数据表

| 规范 | 1.接受《固定式压力容器安全技术监察规程》(TSG 21—2016)的监察。<br>2.按《压力容器》(GB/T 150.1~4—2011)进行制造、检验和验收。<br>3.按《热交换器》(GB/T 151—2014)Ⅰ级管束进行制造、检验和验收。 | | | |
|---|---|---|---|---|
| | 壳程 | 管程 | 压力容器类别 Ⅰ类 | 压力容器级别 D1级 |
| 介质 | 水 | 丁二烯 | 焊条型号 | 按NB/T 47015规定 |
| 介质特性 | 无毒 | 易挥发 | 焊条规格 | 按NB/T 47015规定 |
| 工作温度(进/出)/℃ | 25/30 | 34/29 | 焊缝结构 | 除注明外采用全焊透结构 |
| 工作压力/MPa | 0.8 | 0.8 | 除注明外角焊缝腰高 | 按较薄厚度 |
| 设计温度/℃ | 50 | 50 | 管法兰与接管焊接标准 | 按相应法兰标准 |
| 设计压力/MPa | 1.0 | 1.0 | 管板与筒体连接应采用 | 氩弧焊打底，表面着色探伤检查 |
| 金属温度/℃ | | | 管子与管板连接 | 强度胀+帖胀 |
| 腐蚀裕量/mm | 3 | 3 | 无损检测 | (见下表) |
| 焊接接头系数 | 0.85 | 0.85 | | |
| 程数 | 1 | 2 | | |
| 热处理 | 否 | 是 | | |
| 水压试验压力/卧试/立试/MPa | 1.25 | 1.25 | | |
| 气密性试验压力/MPa | | 0.8 | 管板密封面与壳体轴线垂直度公差/mm | 1 |
| 主要材料 | Q345R | Q345R | | |
| 换热面积(外径)/m$^2$ | 227 | | 设计寿命/a | 8 |
| 保温层厚度/防火层厚度/mm | 100/岩棉 | | 其他(按需要填写) | 铭牌位置按制造厂规定 |
| 表面防腐要求 | 按JB/T 4711 | | 管口方位 | 按本图 |

| 无损检测 | 焊接接头类别 | | 方法-检测率 | 标准 | 技术等级 | 合格级别 |
|---|---|---|---|---|---|---|
| | A,B | 壳体 | RT-20% | NB/T 47013.2 | AB | Ⅲ |
| | | 管程 | RT-20% | NB/T 47013.2 | AB | Ⅲ |
| | C,D | 壳体 | MT | NB/T 47013.4 | | Ⅰ |
| | | 管程 | MT | NB/T 47013.4 | | Ⅰ |

技术要求

1.本设备受压元件所用Q345R钢板应符合GB/T 713—2014《锅炉或压力容器用钢板》的要求。
2.本设备换热管应符合GB/T 8163—2008《输送流体用无缝钢管》的要求。
3.本设备所用锻件应按NB/T 47008—2017《承压设备用碳素钢和合金钢锻件》制造与验收，Ⅱ级合格。
4.管箱制造完毕后进行消除应力热处理，热处理后不允许再施焊。
5.设备外表面喷砂处理，不低于SA21/2。

管口表

| 管口代号 | 公称尺寸 | 公称压力 | 连接标准 | 法兰型式 | 连接面型式 | 用途或名称 | 设备中心线至法兰密封面距离 |
|---|---|---|---|---|---|---|---|
| N1 | DN150 | PN16 | HG/T 20592 | PL | RF | 丁二烯入口 | 590 |
| N2 | DN200 | PN16 | HG/T 20592 | PL | RF | 循环水出口 | 590 |
| N3 | DN200 | PN16 | HG/T 20592 | PL | RF | 循环水入口 | 590 |
| N4 | DN200 | PN16 | HG/T 20592 | PL | RF | 丁二烯出口 | 590 |

| 件号 | 图号或标准号 | 名称 | 数量 | 材料 | 单质量/kg | 总质量/kg | 备注 |
|---|---|---|---|---|---|---|---|
| 20 | R2017-12-4 | 右支座 | 1 | 组合件 | | 43.3 | |
| 19 | GB/T 6170—2015 | 螺母M16 | 16 | 8级 | 0.03 | 0.48 | |
| 18 | | 筒体DN800×10$L$=5890 | 1 | Q345R | | 1177 | |
| 17 | R2017-12-2 | 右管箱 | 1 | 组合件 | | 133.5 | |
| 16 | | 垫片$\phi$844/$\phi$804 $\delta$=3 | 1 | 耐油橡胶石棉板 | | | |
| 15 | R2017-12-3 | 右管板 | 1 | 16MnⅡ | | 158 | |
| 14 | JB/T 4736—2002 | 补强圈$d_N$ 200×10–$D$ | 2 | Q345R | 6.8 | 13.6 | |
| 13 | R2017-12-6 | 法兰DN200 | 2 | 20 | 10.1 | 20.2 | |
| 12 | | 接管$\phi$219×8 $L$=200 | 2 | 20 | 8.16 | 16.32 | |
| 11 | | 换热管$\phi$25×2.5 $L$=6000 | 490 | 20 | 8.32 | 4078 | |
| 10 | R2017-12-5 | 拉杆$\phi$16 $L$=5270 | 6 | Q235-A | 8.30 | 49.8 | |
| 9 | | 定距管$\phi$25×2.5 $L$=292 | 60 | 20 | 0.41 | 24.3 | |
| 8 | R2017-12-4 | 折流板 | 8 | Q235-A | 12.3 | 98.5 | |
| 7 | | 定距管$\phi$25×2.5 $L$=700 | 6 | 20 | 0.97 | 5.83 | |
| 6 | GB/T 95—2002 | 垫圈20 | 160 | Q235-A | 0.01 | 0.16 | |
| 5 | GB/T 6170—2015 | 螺母M20 | 160 | 25 | 0.05 | 8.00 | |
| 4 | NB/T 47027—2012 | 螺母M20×160 | 80 | 35 | 0.33 | 26.4 | |
| 3 | R2017-12-3 | 左管板 | 1 | 16MnⅡ | | 158 | |
| 2 | R2017-12-5 | 垫片 | 1 | 耐油橡胶石棉板 | | | |
| 1 | R2017-12-2 | 左管箱 | 1 | 组合件 | | 317 | |

| 设备静质量/kg | | 6515 |
|---|---|---|
| 其中 | 不锈钢 | |
| | 钛材 | |
| | 瓷环 | |
| | | |
| 空质量 | | |
| 操作质量 | | |
| 盛水质量 | | |
| 最大可拆件质量 | | |

| 件号 | 图号或标准号 | 名称 | 数量 | 材料 | 单质量/kg | 总质量/kg | 备注 |
|---|---|---|---|---|---|---|---|
| 26 | R2017-12-5 | 顶起螺栓M16×75 | 4 | 25 | 0.19 | 0.76 | |
| 25 | | 定距管$\phi$25×2.5 $L$=1000 | 2 | 20 | 1.39 | 2.78 | |
| 24 | R2017-12-4 | 左支座 | 1 | 组合件 | | 43.3 | |
| 23 | | 定距管$\phi$25×2.5 $L$=592 | 28 | 20 | 0.82 | 23.0 | |
| 22 | R2017-12-6 | 拉杆$\phi$16 $L$=4970 | 2 | Q235-A | 7.83 | 15.7 | |
| 21 | R2017-12-4 | 折流板 | 8 | Q235-A | 12.3 | 98.5 | |

图纸目录

| 图纸类型 | 图号 | 版次 | 张数 | 图幅代号 | 备注 |
|---|---|---|---|---|---|
| 装配图 | R2017-12-1 | | 1 | A1 | |
| 部件图 | R2017-12-2 | | 1 | A1 | |
| 零部件图 | R2017-12-5.6 | | 2 | A1 | |
| 零件图 | R2017-12-3.4 | | 2 | A1 | |

| 版次 | 说明 | 设计 | 校核 | 审核 | 批准 | 日期 |
|---|---|---|---|---|---|---|
| | | | | | | |
| | | | | | | |
| 0 | 施工图 | | | | | |

本图纸为××××××财产，未经允许不得转给第三方或复制。

| ×××××× | | | 证书编号 | TS121××××—20×× |
|---|---|---|---|---|
| 项目 | | 图名 | 丁二烯成品冷凝器<br>$F$=227m$^2$<br>装配图 | |
| 装置/工区 | H-431 | | | |
| 2017北京 | 专业 设备 比例 1:10 第1张共6张 | 图号 | R2017-12-1 | |

管板换热器装配图

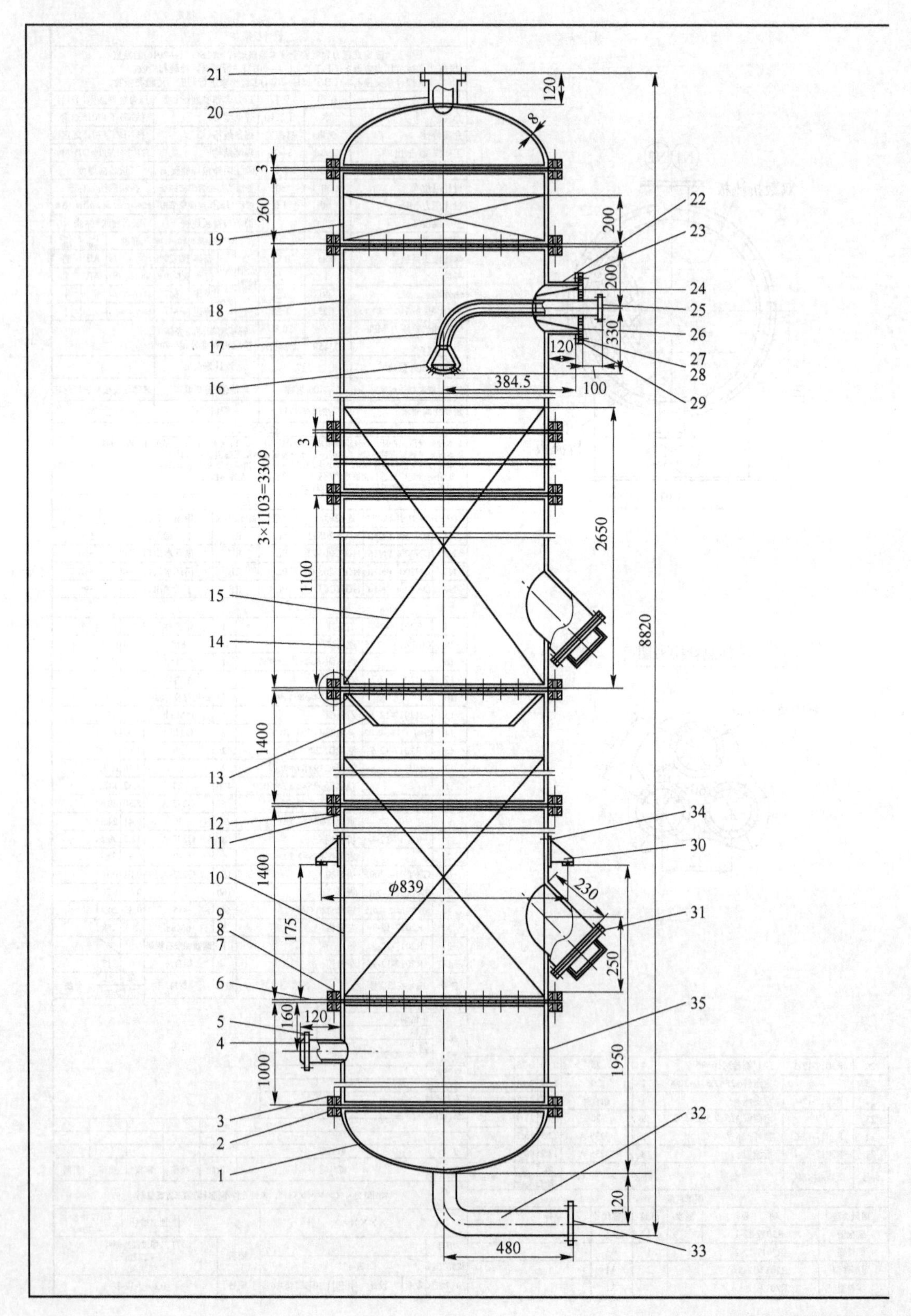
21
20
19
18
17
16
15
14
13
12
11
10
9
8
7
6
5
4
3
2
1
22
23
24
25
26
27
28
29
34
30
31
35
32
33
120
8
3
260
200
200
330
120
100
384.5
3
3×1103=3309
2650
1100
8820
1400
1400
$\phi$839
230
175
250
160
120
1000
1950
120
480

图 3-29 填料吸收

技术要求

1. 本设备按《压力容器》(GB156.0~4)进行制造、检验和验收。焊接工艺评定按《承压设备焊接工艺评定》(NB/T 47014—2011)进行。
2. 焊接采用电焊，焊条型号按《压力容器焊接规程》(NB/T 47015—2011)规定选用。焊材应满足《承压设备用焊接材料订货技术条件》(NB/T 47018—2011)规定。
3. 焊缝结构型式按HG 20583—2011中之规定。
4. 设备制造完毕后，以0.2MPa进行水压实验，水压试验后再进行喷涂。
5. 筒体、筒体内部各构件及接管内壁属碳钢部分与酸接触处喷涂聚三氟乙烯以作防腐处理，所以防腐层部位的焊缝均须在喷涂前磨圆。
6. 孔板应平整，安装后的不平度不超过2mm。
7. 喷淋装置安装时，水平差不超过±3mm，标高差不超过±3mm，其中心线与塔中心线偏差不超过±3mm。
8. 塔体弯曲度小于2/1000塔高，塔高总弯曲度小于20mm，塔体安装垂直偏差不得超过塔高的2/1000。
9. 管口与支座见管口方位图。

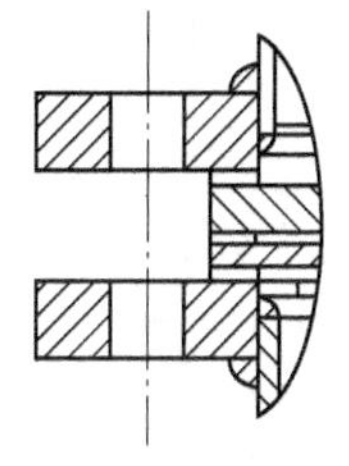

技术特性表

| 名称 | 指标 |
|---|---|
| 工作压力 | 0.05MPa |
| 工作温度 | 60℃ |
| 工作介质 | 80%~84%硫酸$N_2O_3$ |
| | 亚硝基硫酸 |

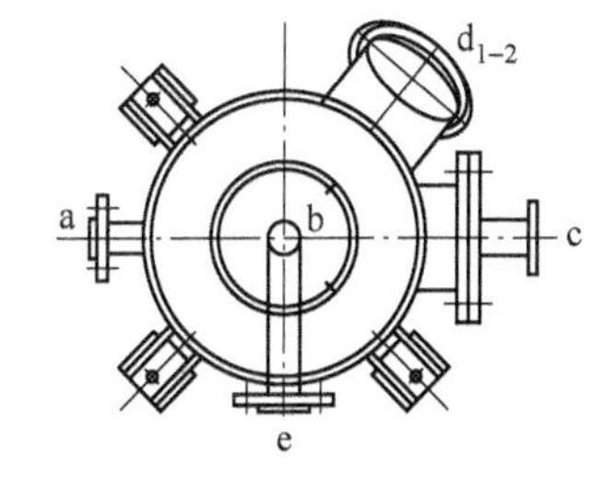

管口表

| 符号 | 规　格 | 连接法兰标准 | 紧密面形式 | 用　途 |
|---|---|---|---|---|
| a | PN2.5DN80 | HG/T 20592—2009 | 平面 | $N_2O_3$入口 |
| b | PN2.5DN70 | HG/T 20592—2009 | | $N_2O_3$尾气出口 |
| c | DN50 | | 平面 | 喷淋酸入口 |
| $d_{1-2}$ | DN150 | | | 手孔 |
| e | PN2.5DN32 | HG/T 20592—2009 | 平面 | 亚硝基硫酸出口 |

| 件号 | 图号或标准 | 名称 | 数量 | 材料 | 单重量/kg | 总重量/kg | 备注 |
|---|---|---|---|---|---|---|---|
| 35 | | 筒体$\phi$529×8$H$=978 | 1 | A3 | | 101 | |
| 34 | | 垫板220×150 $\delta$=8 | 4 | A3F | 2.36 | 9.44 | |
| 33 | HG/T 20613—2009 | 法兰PN0.25 DN32 | 1 | Q235-B | | 0.95 | |
| 32 | | 接管$\phi$38×3.5 $l$=600 | 1 | 10 | | 2.77 | |
| 31 | HG/T 21529—2014 | 手孔$Dg$150 $H$=230 | 2 | 组合件 | 7.6 | 15.2 | |
| 30 | JB/T 4712.3—2007 | 支座1 | 4 | A3F | 3.8 | 15.2 | |
| 29 | HG/T 20613—2009 | 垫$\phi$213/$\phi$312 $\delta$=3 | 1 | 耐酸石棉橡胶板 | | | |
| 28 | HG/T 20613—2009 | 螺母AM16 | 12 | Q235-A | 0.034 | 0.41 | |
| 27 | HG/T 20613—2009 | 螺栓M16×60 | 12 | A4 | 0.122 | 1.46 | |
| 26 | HG/T 20613—2009 | 法兰盖 $\delta$=20 | 1 | 硬聚氯乙烯 | | 0.75 | |
| 25 | | 法兰DN50 | 1 | | | 0.187 | |
| 24 | H45-0010-2 | 肋板150×80×10 | 3 | 硬聚氯乙烯 | 0.4 | 0.6 | |
| 23 | HG/T 20613—2009 | 法兰PN0.2DN250 | 1 | Q235-B | | 7.32 | |
| 22 | | 接$\phi$273×8 $l$=118 | 1 | A3 | | 6.28 | |
| 21 | HG/T 20613—2009 | 法兰PN0.25DN80 | 1 | Q235-B | | 1.95 | |
| 20 | | 接管$\phi$89×4 $l$=122 | 1 | A3 | | 1.32 | |
| 19 | | 筒体$\phi$529×8 $H$=238 | | A3 | | 24.7 | |
| 18 | | 筒体$\phi$529×8 $H$=778 | 1 | A3 | | 84.6 | |
| 17 | | 接管$\phi$65×7 $l$=615 | 1 | 硬聚氯乙烯 | | 1.13 | |
| 16 | H45-0010-2 | 喷头6200 | 1 | 硬聚氯乙烯 | | 1.15 | |
| 15 | | 瓷环25×25×3 $H$=6000 | 123×M | 陶瓷 | 530 | 6.52 | |
| 14 | | 筒体$\phi$529×8 $H$=1078 | 3 | A3 | 113 | 339 | |
| 13 | H45-0010-2 | 再分布器 $\delta$=3 | 1 | A3 | | 3.3 | |
| 12 | | 垫片$\phi$529/$\phi$570 $\delta$=3 | 13 | 耐酸石棉橡胶板 | | / | |
| 11 | HG/T 20163—2009 | 螺栓M20×75 | 96 | A4 | 0.279 | 21.6 | |
| 10 | | 筒体$\phi$529×8 $H$=1378 | 2 | A3 | 144 | 288 | |
| 9 | GB97.1—85 | 垫圈A20 | 144 | A3 | | / | |
| 8 | HG/T 20613—2009 | 螺母AM20 | 144 | Q235-A | 0.061 | 8.9 | |
| 7 | HG 20613—97 | 螺栓M20×100 | 48 | A4 | 0.279 | 13.44 | |
| 6 | HG 45-0010-2 | 孔板GB971-85 | 1 | A3 | 132 | 80 | |
| 5 | HG/T 20592—2009 | 法兰PN2.5DN70 | 1 | Q235-B | | 43 | |
| 4 | | 接管$\phi$76×4 $l$=122 | 1 | 10 | | 0.85 | |
| 3 | HG/T 20592—2009 | 法兰PN2.5DN500 | 16 | Q235-B | 16.4 | 39.2 | |
| 2 | HG/T 20592—2009 | 法兰 | 2 | Q235-B | 18 | 36 | |
| 1 | GB/T 25198—2010 | 椭圆形封头DN500×8 | 2 | A3 | 20 | 40 | |

| 大学 | | | 专业 | |
|---|---|---|---|---|
| 职责 | 签名 | 日期 | 亚硝基硫酸吸收塔 $\phi$500，$H$=8820 | |
| 设计 | | | | |
| 制图 | | | | |
| 审核 | | | 比例 | |

塔装配图

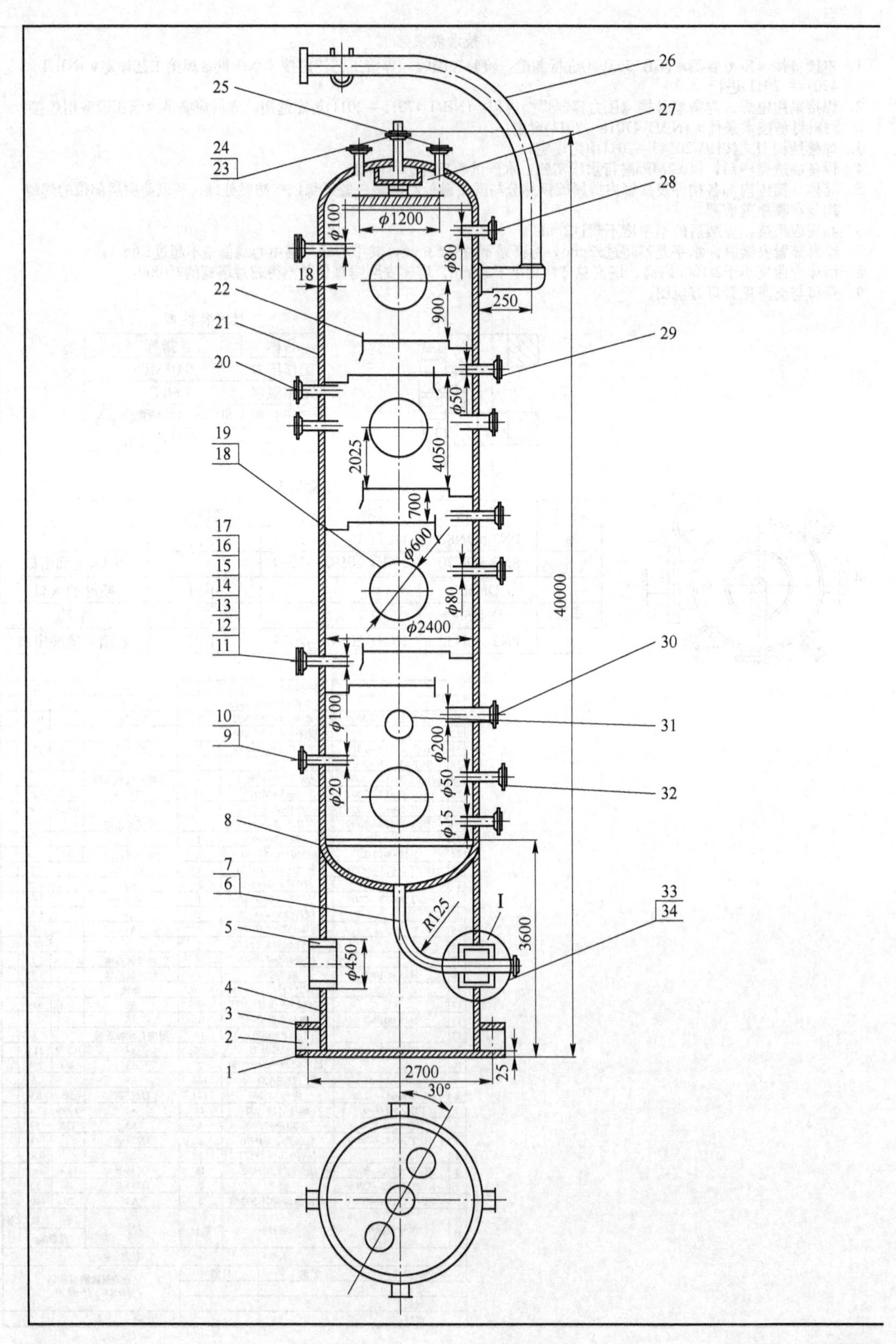
26
25
27
24
23
28
φ1200
φ100
φ80
18
900
250
22
21
29
20
φ50
19
18
2025
4050
700
17
16
15
14
13
12
11
φ600
φ80
φ2400
40000
30
10
9
φ100
φ200
31
φ50
32
φ20
φ15
8
7
6
R125
I
3600
33
34
5
φ450
4
3
2
1
2700
25
30°

图 3-30 浮阀精馏

### 技术要求

1. 本设备按《压力容器》(GB 150.1~4—2011)进行制造、试验和验收，并接受国家质量技术监督局颁发《固定式压力容器安全技术监察规程》(TSG R0004—2009)的监察。
2. 塔体弯曲度应小于1/1000塔高，塔高总弯曲度小于30mm，塔体安装垂直偏差不得超过塔高的1/1000，且不大于15mm。
3. 裙座螺栓中心圆直径偏差±3mm，任意两孔间距离偏差±3mm。
4. 塔盘的制造安装,按《塔盘技术条件》(JB/T 1205—2001)进行。

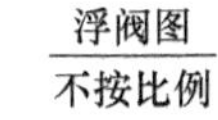


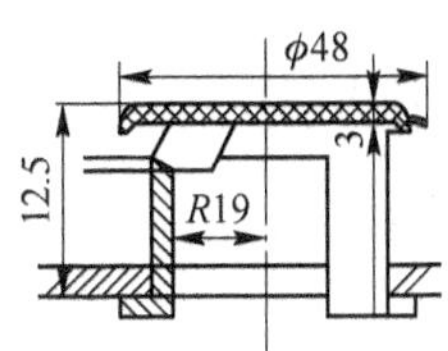


### 技术特性表

| 序号 | 项　目 | 指标 |
|---|---|---|
| 1 | 工作压力/MPa | 1.4 |
| 2 | 工作温度/℃ | 250 |
| 3 | 工作介质 | 苯甲苯 |
| 4 | 元件受压材质 | Q345R |
| 5 | 许用应力/MPa | 147 |
| 6 | 焊缝系数 | 0.85 |
| 7 | 腐蚀余量/mm | 3 |
| 8 | 塔板块数 | 79 |
| 9 | 设计基本风压 | 0.4 |
| 10 | 地震裂度 | 8 |
| 11 | 浮阀形式 | F1Z-3B |
| 12 | 保温层材料 | |
| 13 | 保温层厚度/mm | 100 |
| 14 | 全容积/$m^3$ | |

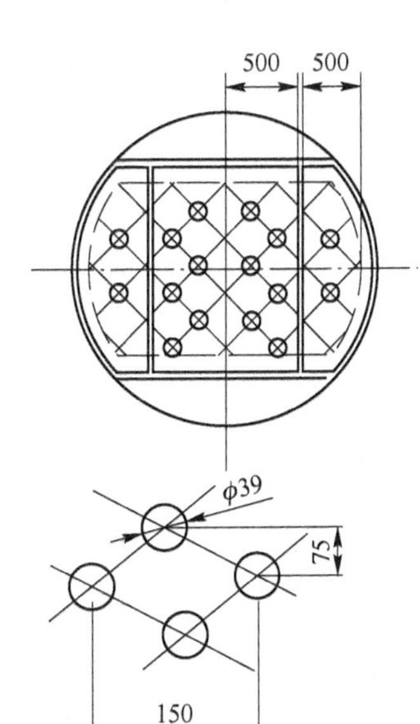


| 件号 | 图号或标准号 | 名称 | 数量 | 材料 | 单重/kg | 总重/kg | 略注 |
|---|---|---|---|---|---|---|---|
| 34 | | 支撑板$S$=16 | 1 | Q235-B | | | |
| 33 | | 引出口DN200 | 1 | Q235-B | | | |
| 32 | | 接管DN15 | 1 | 20 | | | |
| 31 | | 接管DN15 | 1 | 20 | | | |
| 30 | | 接管DN300 | 1 | 20 | | | |
| 29 | | 接管DN50 | 1 | 20 | | | 1=150 |
| 28 | | 接管DN80 | 4 | 20 | | | 1=150 |
| 27 | HG/T21618 | 除沫器DN1200 | 1 | 组合件 | 68 | | 1=150 |
| 26 | HG/T1639—2005 | 吊柱 | 1 | 组合件 | | | 1=150 |
| 25 | | 接管DN50 | 1 | 20 | | | 1=150 |
| 24 | HG/T20592—2009 | 法兰DN400 | 1 | 20 | | | |
| 23 | | 接管DN400 | 1 | 20 | | | |
| 22 | | 塔盘 | 79 | 组合件 | | | 1=150 |
| 21 | | 筒体$Dg$2400×18 | 1 | Q345R | 39733 | 39733 | |
| 20 | | 接管DN100 | 2 | 20 | 3.8 | 3.8 | 1=150 |
| 19 | JB/T4736—2002 | 补强圈DN600×18 | 9 | 20 | 33.9 | 33.9 | |
| 18 | | 人孔PN1.6DN600 | 9 | 组合件 | | | |
| 17 | | 压力计口DN15 | 2 | 组合件 | | | |
| 16 | HG/T20592—2009 | 法兰盖DN15 | 5 | 20 | | | |
| 15 | | 垫片FF | 5 | 耐油石棉橡胶板 | | | |
| 14 | HG/T20613—2009 | 螺母M12 | | | | | |
| 13 | HG/T20613—2009 | 螺栓M12 | | | | | |
| 12 | HG/T20592—2009 | 法兰DN15 | 5 | 20 | | | |
| 11 | | 接管DN15 | 5 | 20 | | | |
| 10 | | 法兰DN20 | 2 | 20 | | | |
| 9 | | 接管DN20 | 2 | 20 | | | |
| 8 | GB/T25198—2010 | 封头$Dg$2400×18 | 2 | Q345R | 940 | 1880 | |
| 7 | | 法兰DN200 | 1 | 20 | | | 1=150 |
| 6 | | 接管DN200 | 1 | 20 | | | |
| 5 | | 加强环 | 1 | Q235-B | | 3305 | 1=150 |
| 4 | | 裙座$\phi$2400×18 | 1 | Q235-B | 168 | 3305 | |
| 3 | | 压板$S$=42 | 28 | Q235-B | | | |
| 2 | | 筛板$S$=21 | 15 | Q235-B | | | 1=150 |
| 1 | | 基础环$S$=25 | 1 | Q235-B | | | |

| (设计单位名称) | | | 工程名称 | |
|---|---|---|---|---|
| 设计 | | 浮阀塔装配图 $\phi$2800×18 $H$=40000 | 单元项目 | |
| 描图 | | | 设计阶段 | 初步设计 |
| 校核 | | | (图号) | |
| 审核 | | | | |
| | | 日期　比例 | 共　张 | 第　张 |

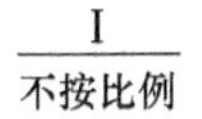


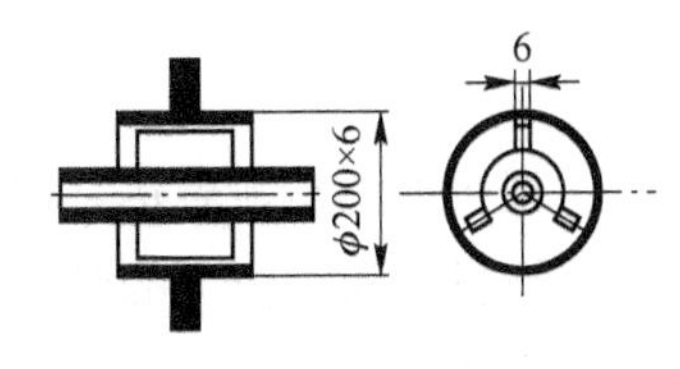


塔装配图

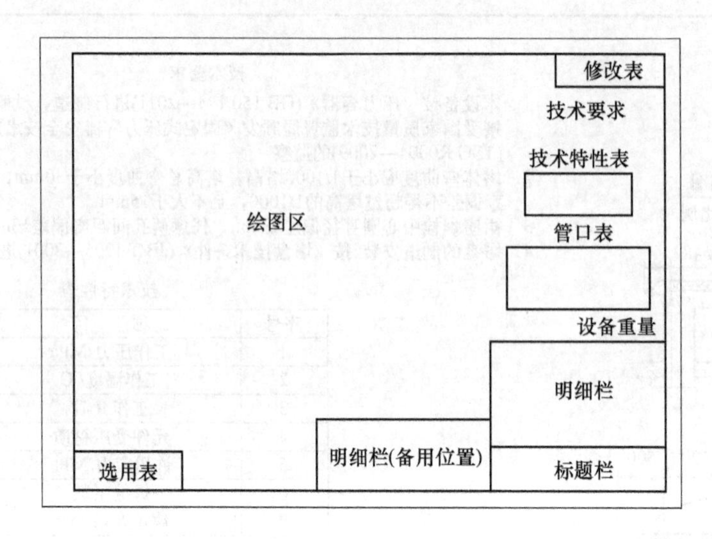


图 3-31 化工设备图图面安排

### 3.2.3 化工设备的视图表达

化工设备种类多、结构复杂，但有如下共同特点：设备主体主要由筒体与封头组成，多为薄壁回转结构；设备尺寸相差悬殊；设备上管口与开孔（人孔、手孔、视镜等）多；标准化、通用化、系列化零部件多；大量采用焊接结构。这些特点导致化工设备图样形成自身特有的表达方式。

#### 3.2.3.1 视图的配置

由于设备多为回转体，故通常采用两个基本视图即可将设备主体结构表示清楚。对于立式设备，通常采用主视图和俯视图表示，而卧式设备则采用主视图和左视图表示。对于部分长径比较大的设备，当受图幅的限制，俯(左)视图难以与主视图按投影关系配置时，允许将其绘制于图面任意位置中，甚至置于另一张图纸上，但需要明确的标注。在图面允许的前提下，部分通用或可以清晰表示的零部件可以直接画在装配图上，以减少图纸的数量。

绘制化工设备视图的步骤一般是按照：先定位置，后画形状；先画主视图，后画俯（左）视图；先画主体，后画附件；先画外件，后画内件的原则进行。

#### 3.2.3.2 多次旋转画法

化工设备壳体上分布有许多管口、开口及其零部件，为了在主视图上清楚地表达它们的结构形状及位置高度，可以采用多次旋转的表达方法，将分布在设备周向方位上的管口和零部件用旋转视图（或旋转剖视图）的方法在主视图上画出它们的投影，以便反映这些结构的真实形状、装配关系和轴向位置。

需要注意的是，应用多次旋转画法时，接管及其他附件在主视图上不应相互重叠；接管或零部件的旋转角度尽量不大于90°。另外，在主视图上，对按多次旋转画法画出的接管和附件允许不做标注，但是这些结构的周向方位必须按图上技术要求中的说明，以管口方位图（或俯视图）为准。

图3-32人孔是按逆时针方向（从俯视图看）假想旋转45°之后，在主视图上画出其投影图的，液面计则是按顺时针方向旋转45°后，在主视图上画出的。

需要注意的是，多接管口旋转方向的选择，应避免各零部件的投影在主视图上造成重叠现象。对采用多次旋转后在主视图上仍未能表达的结构，如图3－32中的接管d，无论顺时针还是逆时针旋转至与正投影面平行时，都将与人孔$b$或接管c的位置相重叠，因此，只能用其他的局部剖视图来表示，如图中$A—A$旋转的局部剖视。

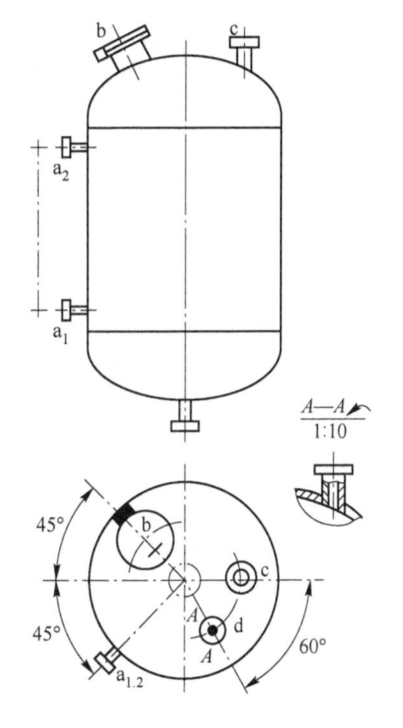


图3-32 多次旋转的表达方法示意图

### 3.2.3.3 管口方位的表达方法

化工设备上的接管口和附件较多，其方位可用管口方位图表示，如图3-33所示。

同一管口，在主视图和方位图上必须标注相同的字母（大小写均可）。当俯（左）视图必须画出，而管口方位在俯（左）视图上已表达清楚时，可不必再画管口方位图。

### 3.2.3.4 局部结构的表达方法

设备上某些细小的结构，按总体尺寸所选定的比例无法表达清楚时，可采用局部放大的画法。局部放大图可以用局部视图、剖视或剖面等形式表达出来，也可以用几个视图来表达，如图3-34所示。放大的比例可按规定比例，也可不按比例做适当放大，但都要进行标注。

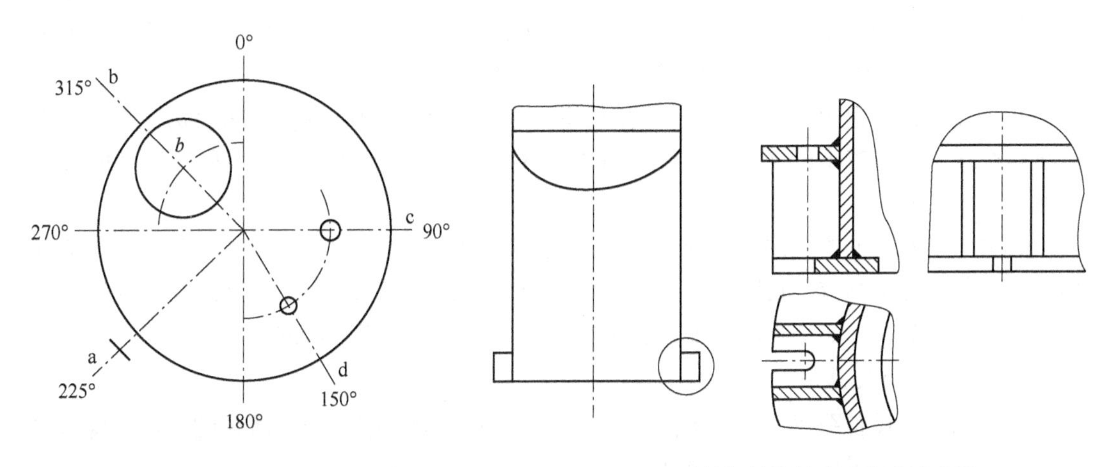


图3-33 管口方位的表达方法示意图

图3-34 局部结构的表达方法示意图

3.2.3.5 夸大的表达方法

设备中尺寸过小的结构（如薄壁、垫片、折流板等），无法按比例画出时，可采用夸大画法，即不按比例，适当的夸大画出它们的厚度或结构。如图 3-35 所示转换器的换热管（图中标号为20），就使用了夸大的表达方法。

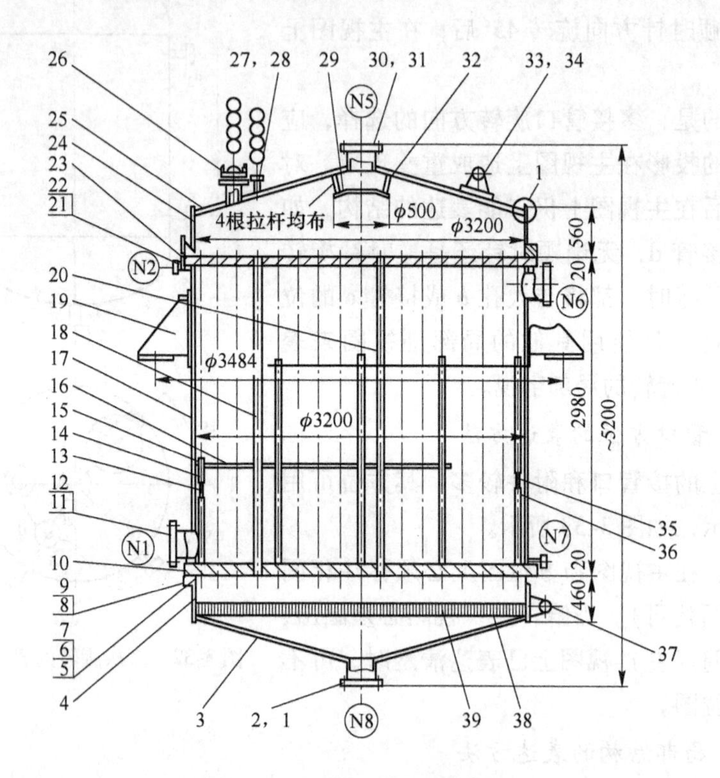


图 3-35 夸大的表达方法示意图

3.2.3.6 断开和分段（层）的表达方法

当设备过高或过长，而又有相当部分的形状结构相同（或按规律变化），为了采用较大的比例清楚的表达设备结构和合理的使用图幅，常使用断开画法，即用双点划线将设备中重复出现的结构或相同结构断开，使图形缩短，简化作图。图 3-36 的板式塔即采用了断开画法，其断开省略的部分是按规则排列的塔盘。

对于高径比很大的塔设备，如果使用了断开画法，其内部结构仍然未表达清楚时，则可将整个设备分成若干段（层）画出，如图 3-37 所示。必要时还可采用局部放大的方法表达其详细结构。

若由于断开或分段（层）画法使得设备整体形象不完整，可用缩小比例、单线条画出设备的整体外形图或剖视图。图上一般应标出设备总高（长）、各主要部件的定位尺寸及各管口的标高尺寸。塔盘应按顺序从下至上编号，且应注明塔盘的间距尺寸。

3.2.3.7 简化画法

在绘制化工设备图时，为了提高绘图效率，在不影响视图正确、清晰的表达结构形状的前提下，可大量采用各种简化画法。

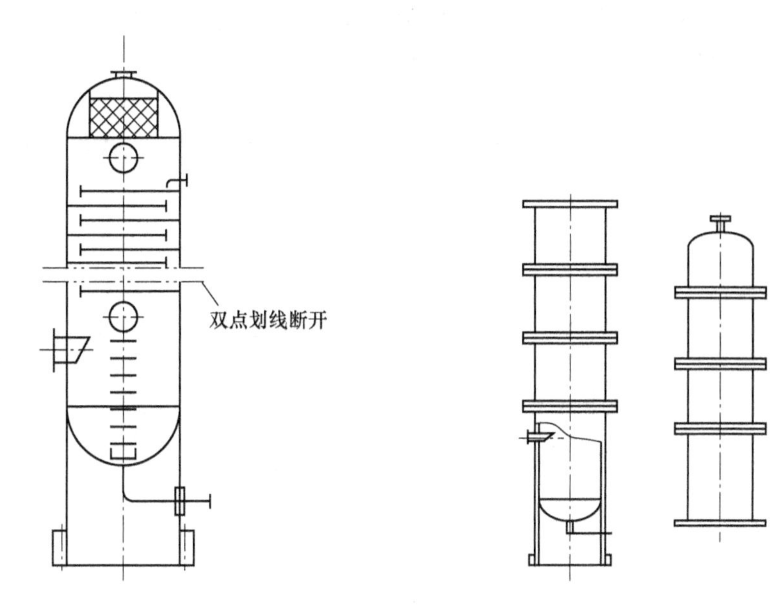


图 3-36 断开的表达方法示意图　　图 3-37 分段（层）的表达方法示意图

（1）接管法兰。在化工设备中，法兰密封面常有平面、凹凸、榫槽等形式。但不论是何种形式的法兰密封面，在设备图中均可简化成如图 3-38 所示的形式。

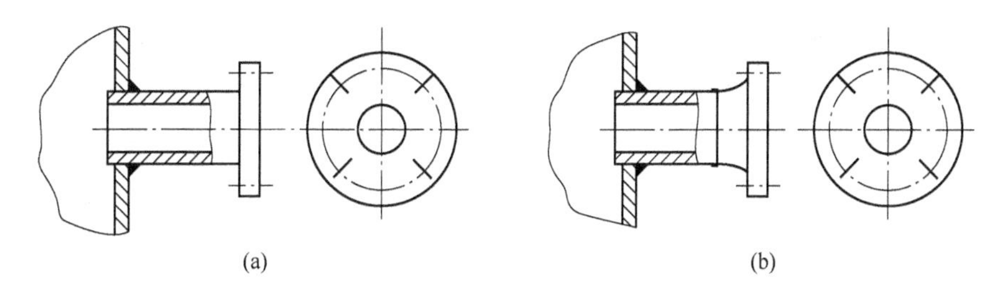


图 3-38 接管法兰的简化画法
（a）平焊法兰；（b）对焊法兰

（2）标准化零部件。已有标准图的标准化零部件在化工设备图中不必详细画出，可按比例画出反映其特征外形的简图，如图 3-39 所示。而在明细栏中注明其名称、规格、标准号等。

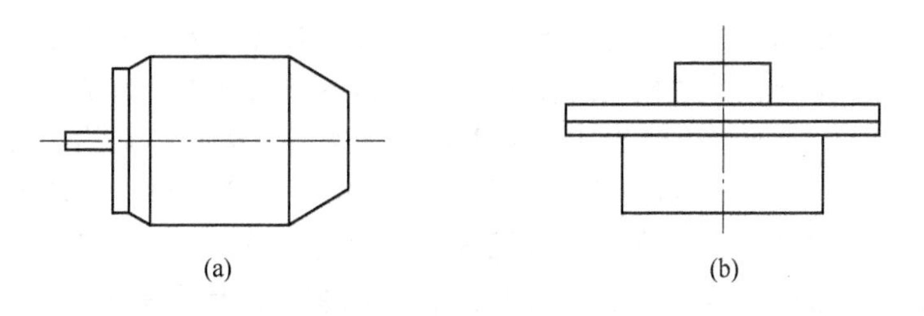


图 3-39 标准化零部件的简化画法
（a）电动机；（b）人孔

（3）外购部件。在化工设备图中可以只画其外形轮廓简图。但要求在明细栏中注明名称、规格、主要性能参数和“外购”字样等。

（4）液面计。液面计可用点划线示意表达，并用粗实线画出“+”符号表示其安装位置，如图3-40所示。但要求在明细栏中注明液面计的名称、规格、数量及标准号等。

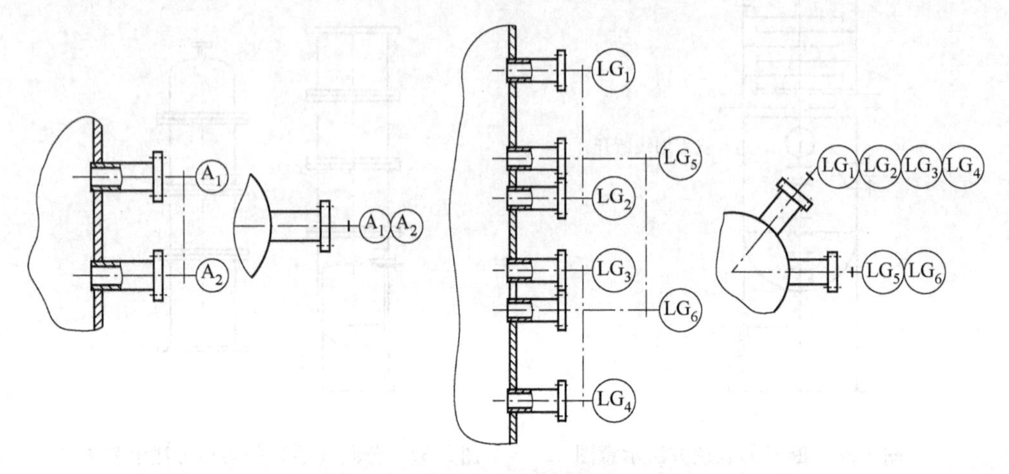


图3-40　液面计的简化画法和标注

（5）重复结构。化工设备中出现的有规律分布的重复结构允许作如下简化表达。

1）螺纹连接组件。可不画出这组零件的投影，只用点划线表示其连接位置，但在明细栏中应注明其名称、标准号、数量及材料。如设备法兰的螺栓连接（图3-41），螺栓孔用中心线表示，螺栓连接用中线上的“×”表示，若数量较多，且均匀分布时，可以只画出几个符号表示其分布方位。

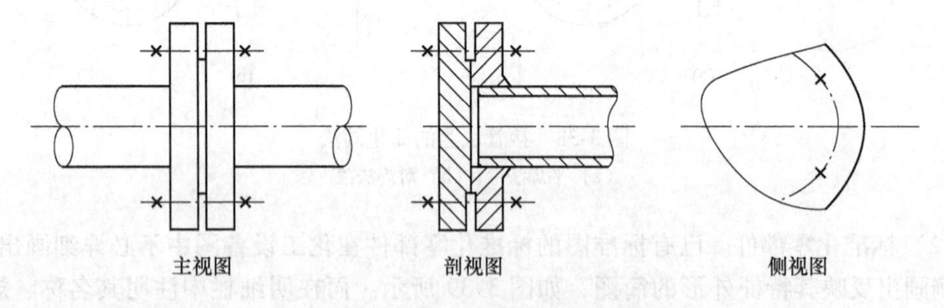


图3-41　螺栓、螺母和垫片的简化画法

2）按一定规律排列的管束。可只画一根，其余的用点划线表示其安装位置。

3）按一定规律排列且孔径相同的孔板。如换热器中的管板、折流板、塔器中的塔板等，可以按图3-42中的方法简化表达。图3-42(a)为圆孔按同心圆均匀分布的管板；图3-42(b)为圆孔按正三角形分布的管板，用交错网线表示各孔的中心位置，并画出几个孔；图3-42（c）为要求不高的孔板（如筛板）的简化画法，对孔数不作要求，只要求画出钻孔范围，用局部放大图表示孔的分布情况，并标注孔径及孔间的定位尺寸。

4）设备中（主要是塔器）规格、材质和堆放方法相同的填料。如各类环（瓷环、钢环及塑料环等）、卵石、塑料球、波纹瓷盘及木格子等，均可在堆放范围内用交叉细实线

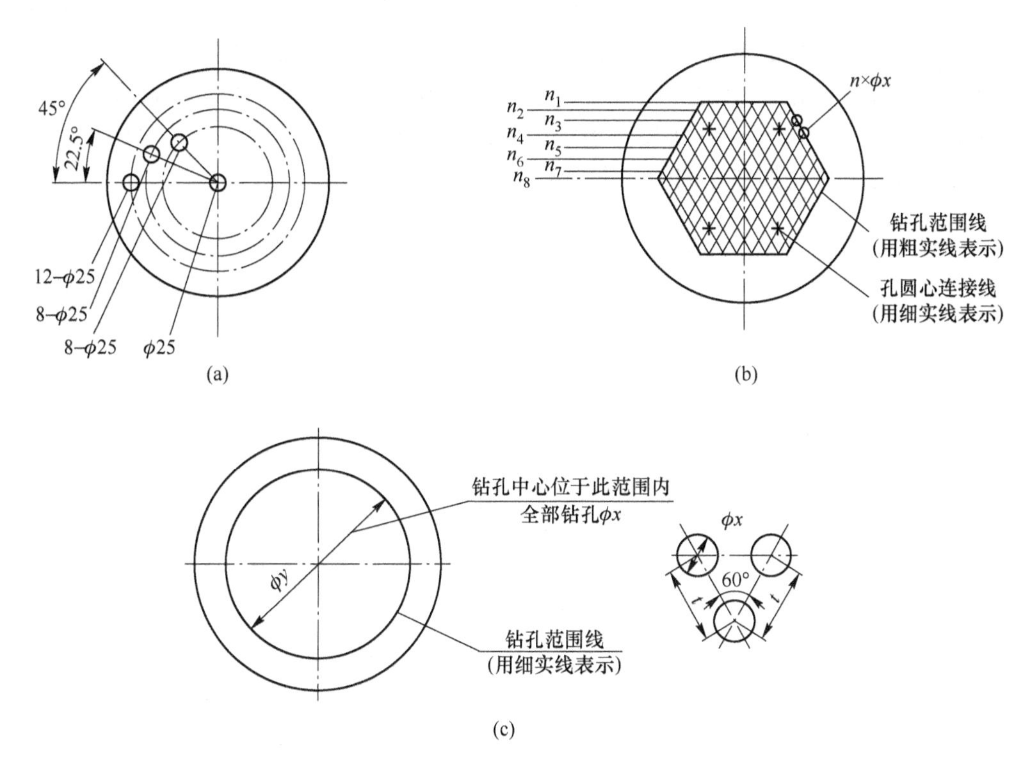


图 3-42 孔板的简化画法

示意表达，同时注写有关规格和堆放方法的文字说明（图 3-43）。其中图 3-43(a)、(b)为同一规格和堆放方法，图 3-43(c)为不同规格或堆放方法。

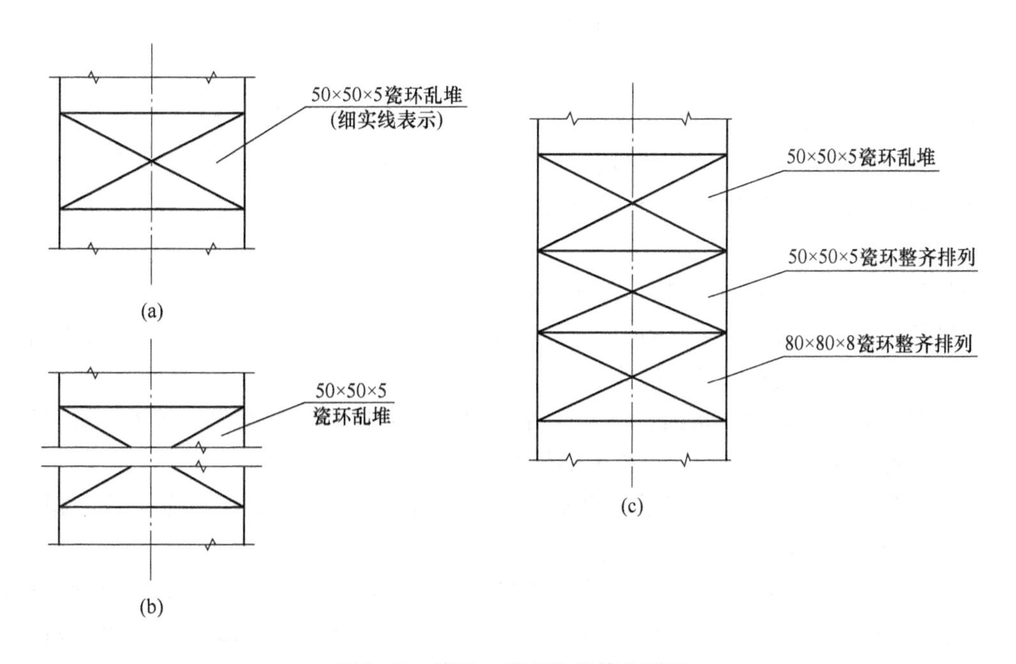


图 3-43 填料、填充物的简化画法

（6）单线简化画法。设备上某些结构已有剖视、断面、局部放大图或另外的零部件图等能清楚表示出结构的情况下，设备图上允许用单线（粗实线）按比例表示，但尺寸标注基准应在图纸“注”中说明，如法兰尺寸以密封平面为基准，塔盘标高尺寸以支撑圈上表面为基准等。如图3-44中用指引线说明的管式换热器的零部件，均采用单线示意画法，而其他零部件仍按装配图的要求画出。

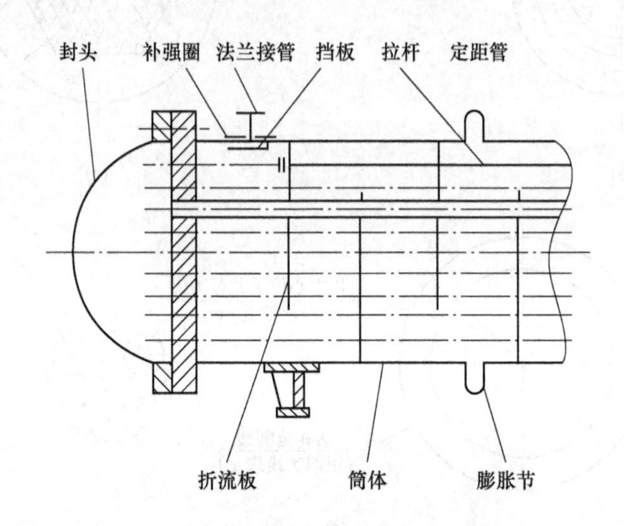


图3-44　换热器中的单线简化画法

### 3.2.4　化工设备的尺寸标注

化工设备图需要标注一组必要的尺寸，反映设备的大小规格、装配关系、主要零部件的结构形状及设备的安装定位，以满足化工设备制造、安装、检验的需要。

#### 3.2.4.1　尺寸标注类型

化工设备图上需要标注的尺寸有以下几类，见图3-45。

（1）规格性能尺寸。反映化工设备的规格、性能、特征及生产能力的尺寸。如贮罐、反应罐内腔容积尺寸（筒体的内径、高或长度），换热器传热面积尺寸（列管长度、直径及数量）等。

（2）装配尺寸。反映零部件间的相对位置尺寸，是制造化工设备的重要依据。如设备图中接管间的定位尺寸，接管的伸出长度，罐体与支座的定位尺寸，塔器的塔板间距，换热器的折流板、管板间的定位尺寸等。

（3）外形尺寸。表达设备的总长、总高、总宽（或外径）。这类尺寸较大，对于设备的包装、运输、安装及厂房设计是必要的依据。

（4）安装尺寸。化工设备安装在基础或其他构件上所需要的尺寸，如支座、裙座上的地脚螺栓的孔径及孔间定位尺寸等。

（5）其他尺寸。零部件的规格尺寸（如接管尺寸，瓷环尺寸等），不另行绘制图样的零部件的结构尺寸或某些重要尺寸，设计计算确定的尺寸（如主体壁厚、搅拌轴直径等），焊缝的结构形式尺寸等。

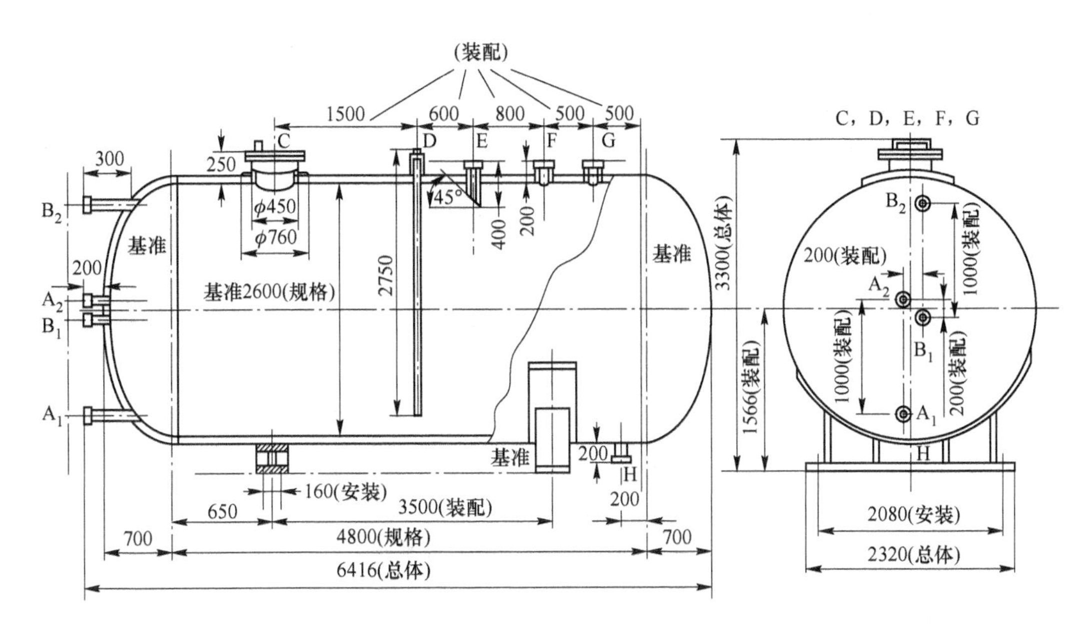


图 3-45　化工设备尺寸标注类型

化工设备图中所有尺寸单位，除另有说明外均为 mm，图中不标注。

3.2.4.2　尺寸标注基准

在进行化工设备尺寸标注时要正确选择尺寸基准，常用的尺寸基准有以下几种（图 3-46）：

（1）设备筒体和封头的中心线；

（2）设备筒体与封头焊接时的环焊缝；

（3）设备容器法兰的端面；

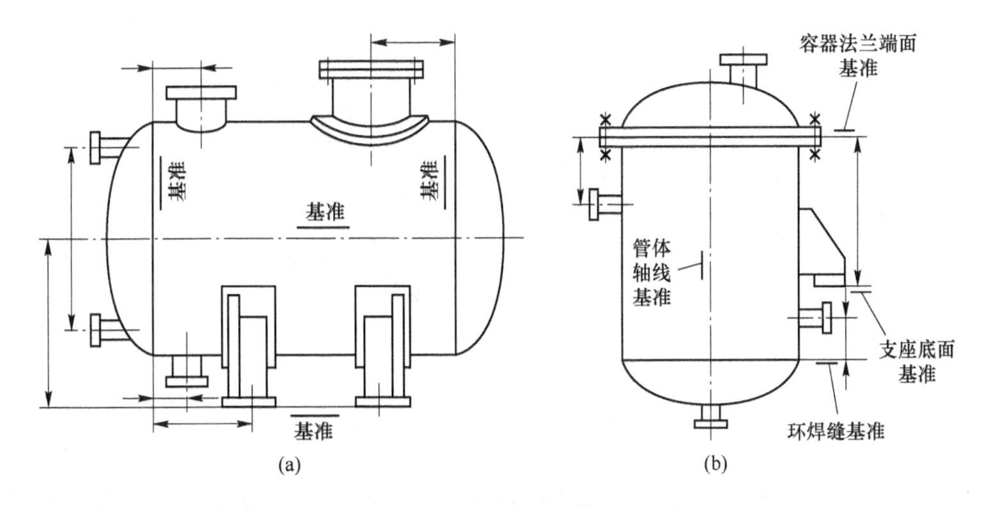


图 3-46　化工设备常用的尺寸基准

（a）卧式容器；（b）立式容器

（4）设备支座、裙座的底面；

（5）接管轴线与设备表面交点。

3.2.4.3 典型结构的尺寸标注

（1）厚度尺寸标注如图3-47所示。

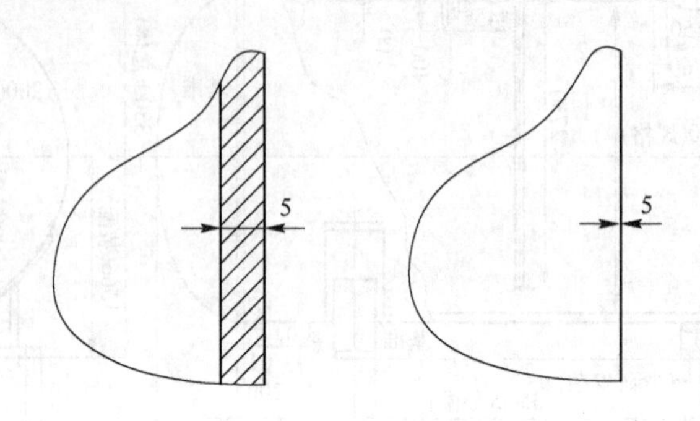


图3-47 化工设备常用的尺寸基准

（2）筒体的尺寸标注。对于钢板卷焊成的筒体，一般标注内径、厚度和高（长）度；而对于使用无缝钢管的筒体，一般标注外径、厚度和高（长）度。

（3）封头的尺寸标注。一般标注壁厚和封头高度（包括直边高度）。

（4）接管伸出长度。一般标注接管法兰密封面至容器（塔器或换热器等）中心线之间的距离，除在管口表中已注明外均应在图中注明。封头上的接管伸出长度以封头切线为基准，标注封头切线至法兰密封面之间的距离，如图3-48(a)所示。接管伸出长度也可标管法兰密封面至接管中心线与相接壳体外表面交点间的距离，如图3-48(b)所示。如果设备上大多数管口伸出长度相等时，除在图中注出不等处的尺寸外，其余相等处可在附注中说明即可，不必一一注出。

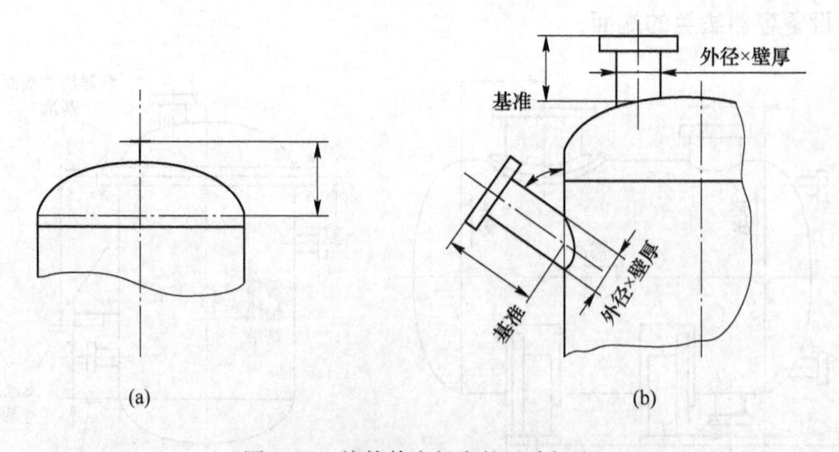


图3-48 接管伸出长度的尺寸标注

（5）填料的尺寸标注。化工设备中的填料，一般只注出总体尺寸，并注明堆放方法和填料规格尺寸。图3-43中，“50×50×5”表示瓷环的“直径×高度×壁厚”尺寸。

（6）倾斜卧式容器尺寸标注如图 3-49 所示。

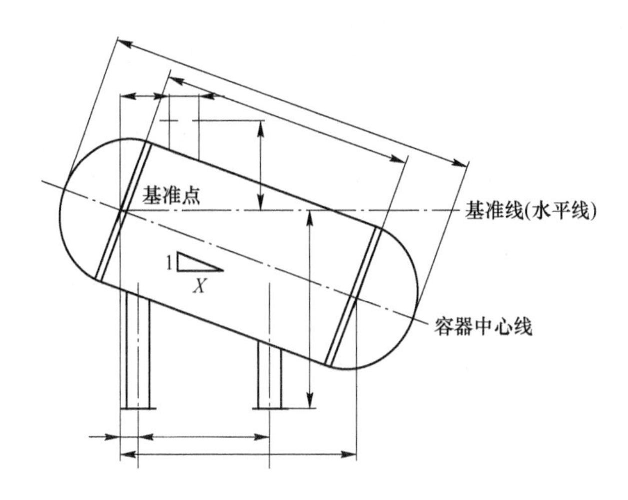


图 3-49 倾斜设备的尺寸标注

化工设备图的尺寸标注应做到正确、完整、清晰、合理，注意在整套图纸中的一致性，避免重复，并按特性尺寸、装配尺寸、安装尺寸、外形尺寸及其他尺寸的顺序逐一标注。

### 3.2.5 零部件和管口编号

化工设备图中，零部件及管口必须分别进行编号，并在明细栏及管口表中说明。

#### 3.2.5.1 零部件件号

A 编号形式

编号的形式由圆点、指引线、水平短横或圆及数字组成，如图 3-50 所示。

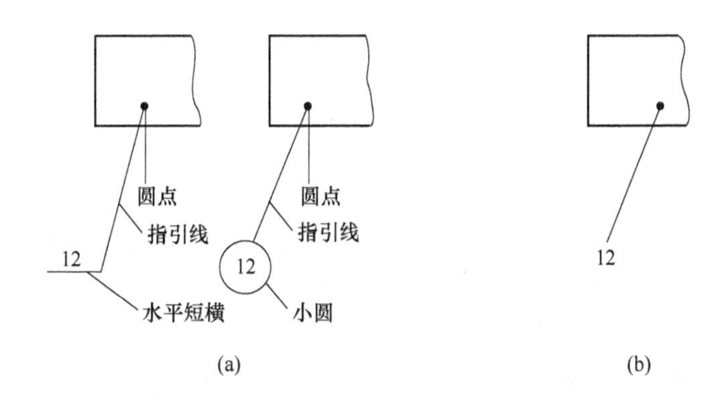


图 3-50 编号的形式

指引线、编号端水平短横或圆用细实线画出，在水平短横上或圆内注写件号数字，如图 3-50(a)所示。编号端也可不画水平短横或圆，而只在指引线附近注写件号，如图 3-50(b)所示。但同一设备图中编注件号的形式应一致。

B 指引线

指引线应从所指零件的可见轮廓线内引出，并在末端画一圆点。若所指部分为很薄的零件或涂黑的断面而不便画圆点时，可在指引线末端画出箭头，指向该部分的轮廓，如图3-51(a)所示。

指引线应尽量均匀分布，彼此不能相交，当通过有剖面线的区域时，应尽量不与剖面线平行。必要时，指引线可以画成折线，但只可曲折一次，如图3-51(b)所示。

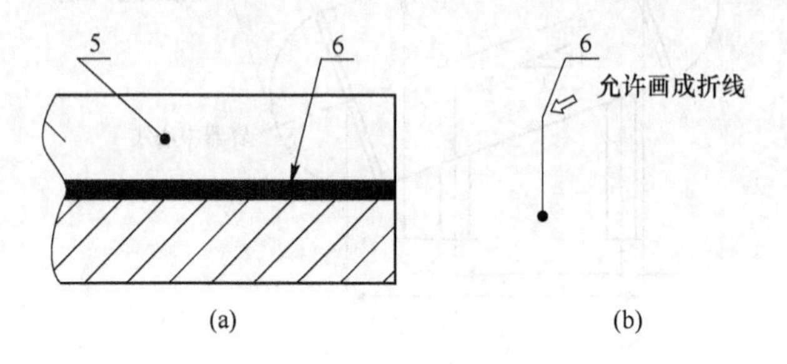


图3-51 指引线的画法

一组紧固件（如螺栓、螺母、垫片、…）以及装配关系明确或另外绘制局部放大图的零件组，允许采用公共指引线，即在一个引出线上同时引出若干件号（图3-52），但在放大图上需将其分开标注。

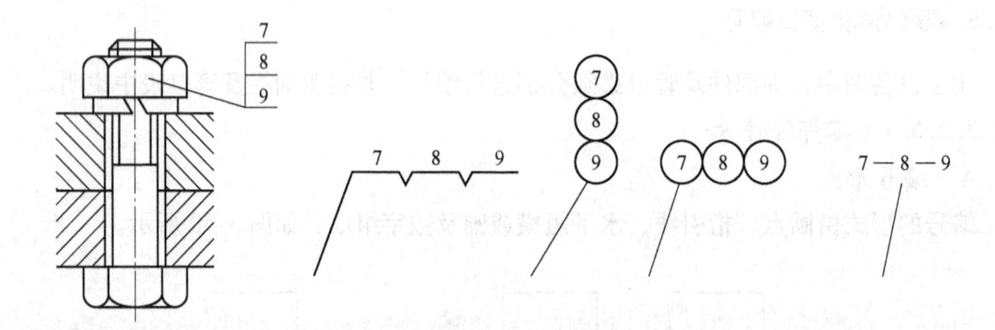


图3-52 公共指引线的画法

C 编号要求

(1) 零部件件号应尽量编排在主视图上，一般从左下方开始，按顺时针依次标注，沿水平或垂直方向排列整齐。若在整个图上无法连续时，可只在每个水平或垂直方向上顺次排列。

(2) 同一设备图中相同零部件（指结构、形状、尺寸和材料均相同）应编写同样的件号，一般只标注一次。零部件的数量等内容在明细栏的相应栏目的填写。

(3) 设备图上的标准化部件，如油杯、滚动轴承、电动机等，可看作一个整体，只编写一个件号。

### 3.2.5.2 管口符号

设备上的管口用英文字母（大小写均可）统一编写管口符号。管口规格、连接面形式、用途不同的管口均应单独编写管口符号。当管口规格、连接面形式、用途完全相同时，可合并为一项并用下标进行区分，如 $F_{1\sim3}$。同一管口在主、左（俯）视图上应重复注写。管口符号的顺序一般从主视图的左下方开始，按顺时针方向依次编写。其他视图上的管口符号，则应根据主视图中对应的符号进行注写。

### 3.2.6 明细栏和管口表

#### 3.2.6.1 明细栏

明细栏用于说明图纸中设备各部件的详细情况，是工程技术人员看图和图样管理的重要依据。明细栏的内容和尺寸如图 3-53 所示。

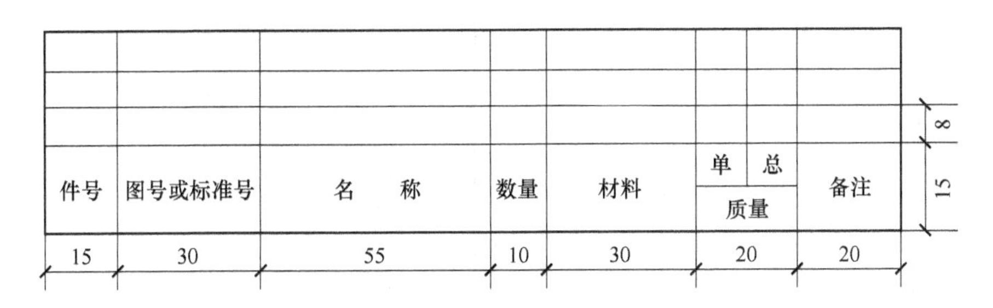


图 3-53　明细栏的内容和尺寸

明细栏一般配置在标题栏的上方，按自下而上的顺序填写。当位置不够时，可紧靠在标题栏左边自下而上延续。

#### 3.2.6.2 管口表

化工设备壳体上的开孔和管口，用基本视图和管口方位图已经将其基本结构形状表达，但仍需通过管口表将其具体规格尺寸、连接形式等表达清楚。管口表一般位于明细栏的上方，两表之间留有间隙，编号由上至下排列。管口表的内容和尺寸见图 3-54（两个尺寸中，小尺寸用于工艺条件图，大尺寸用于装配图）。

| 管口表 | | | | | | | |
|---|---|---|---|---|---|---|---|
| 符号 | 公称尺寸 | 公称压力 | 连接标准 | 法兰形式 | 连接面形式 | 用途或名称 | 设备中心线至法兰面距离 |
| A | 250 | 2 | HG 20615 | WN | 平面 | 气体进口 | 660 |
| B | 600 | 2 | HG 20615 | — | — | 人孔 | 见图 |
| C | 150 | 2 | HG 20615 | WN | 平面 | 液体进口 | 660 |
| D | 50×50 | — | — | — | 平面 | 加料口 | 见图 |
| E | 椭300×200 | — | — | — | — | 手孔 | 见图 |
| $F_{1\sim3}$ | 15 | 2 | HG 20615 | WN | 平面 | 取样口 | 见图 |
| G | 20 | | M 20 | | 内螺纹 | 放静口 | 见图 |
| H | 20/50 | 2 | HG 20615 | WN | 平面 | 回流口 | 见图 |
| 10(15) | 10(15) | 10(15) | 10(25) | 8(20) | 8(20) | 20(40) | |

总宽：95(180)；行高：5，8(10)，4(8)

图 3-54　管口表的内容和尺寸

### 3.2.7 技术特性表和技术要求

#### 3.2.7.1 技术特性表

技术特性表是表明设备的主要技术特性的一种表格，一般安排在管口表的上方。其内容包括：工作压力、工作温度、设计压力、设计温度、物料名称等。技术特性表的形式有两种：一种用于一般化工设备，如图 3-55(a)所示；另一种用于带换热管的设备，如图 3-55(b)所示，如果是夹套换热设备，则“管程”和“壳程”分别改为“设备内”和“夹套内”。

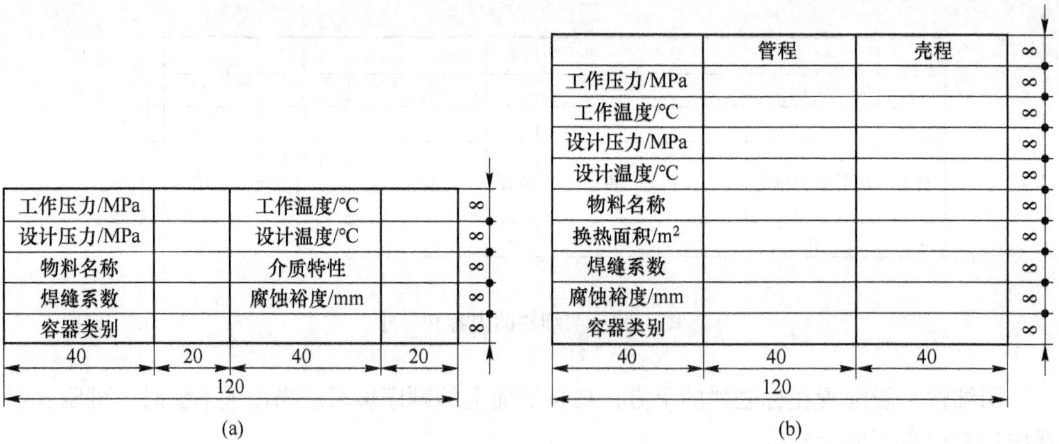

(a)

| 工作压力/MPa | | 工作温度/℃ | |
|---|---|---|---|
| 设计压力/MPa | | 设计温度/℃ | |
| 物料名称 | | 介质特性 | |
| 焊缝系数 | | 腐蚀裕度/mm | |
| 容器类别 | | | |

列宽：40、20、40、20，总宽 120；各行高 8。

(b)

| | 管程 | 壳程 |
|---|---|---|
| 工作压力/MPa | | |
| 工作温度/℃ | | |
| 设计压力/MPa | | |
| 设计温度/℃ | | |
| 物料名称 | | |
| 换热面积/m$^2$ | | |
| 焊缝系数 | | |
| 腐蚀裕度/mm | | |
| 容器类别 | | |

列宽：40、40、40，总宽 120；各行高 8。

图 3-55 技术特性表的内容和尺寸

技术特性表中的设计压力、工作压力为表压，如果是绝对压力应标注“绝对”字样。

对不同类型的设备，需增加相关内容。对容器类，应增加全容积（m$^3$）和操作容积；对热交换器，应增加换热面积（m$^2$），且换热面积以换热管外径为基准计算；对塔器，应增加地震烈度（级）、设计风压（N/m$^2$）等，对填料塔还需填写填料体积（m$^3$）、填料比表面积（m$^2$/m$^3$）、处理气量（m$^3$/h）和喷淋量（m$^3$/h）等内容。

#### 3.2.7.2 技术要求

技术要求是用文字说明在图中不能（或没有）表示出来的内容，包括设备在制造、试验和验收时应遵循的标准、规范或规定，以及对于材料、表面处理及涂饰、润滑、包装、运输等方面的特殊要求，作为制造、装配、验收等过程中的技术依据。

技术要求通常包括以下几方面内容：

(1) 通用技术条件。通用技术条件是同类化工设备在制造、装配、检验等诸方面的技术规范，已形成标准，在技术要求中可直接引用。

(2) 焊接要求。焊接工艺在化工设备制造中应用广泛，在技术要求中，通常对焊接方法、焊条、焊剂等提出要求。

(3) 设备的检验。一般对主体设备进行水压和气密性试验，对焊缝进行探伤等，这些项目相应的规范，在技术要求中也可直接引用。

（4）其他要求。设备在机械加工、装配、油漆、保温、防腐、运输、安装等方面的要求。

#### 3.2.7.3　注

常写在技术要求下方，用来补充说明技术要求范围外，但又必须作出交代的问题。

# 4 管壳式换热器的工艺设计

在不同温度的流体间传递热能的装置称为热交换器，简称换热器。换热器是以传递热量为主要功能的通用工艺设备，在化工、石油、制药、食品等行业中广泛使用。换热器的设计、制造和运行对生产过程起着十分重要的作用。通常在化工厂的建设中换热器投资约占工程总投资的11%，而在炼油厂中高达40%。在换热器中至少要有两种温度不同的流体，一种流体温度较高，放出热量，称为热流体；另一种流体温度则较低，吸收热量，称为冷流体。在工程实践中有时也会存在两种以上流体的换热器，但它的基本原理并无本质区别。

换热器的种类很多，根据冷、热物料接触方式可分为直接接触式、蓄热式和间壁式 3 类；根据使用功能又可分为加热器、冷却器、再沸器、冷凝器、蒸发器、空冷器、凉水塔和废热锅炉等；根据结构形式还可分为管壳式、板壳式、板翅式、螺旋板式、夹套式、蛇管式、套管式、喷淋式等。随着我国工业和节能技术的飞速发展，换热器的种类也越来越多，一些新型高效换热器相继问世。不同结构形式的换热器适用场所不同，性能各异。现代社会对能源利用和低碳经济日益重视，充分认识各种结构形式换热器的特点，根据使用要求进行适当选型和设计，具有重要的现实意义。

管壳式换热器（又称列管式换热器）是目前化工生产中应用最广泛的一种换热器，它设计成熟、结构简单坚固、制造加工容易、材料来源广泛、处理能力大、适用性强，尤其适合高温高压的操作环境。当然，在传热效率、设备紧凑性、单位面积的金属消耗量等方面，稍逊于板式换热器，但依然是目前化工厂中主要的换热设备。

本书从第 4 章到第 6 章主要介绍管壳式换热器的设计。

## 4.1 管壳式换热器的类型

管壳式换热器的基本结构是在圆筒形壳体中放置若干根管子组成的管束，管子的两端（或一端）固定在管板上，管子的轴线与壳体的轴线平行。为了增加流体在管外空间的流速并支撑管子，改善传热性能，在筒体内间隔安装多块折流板等折流元件。换热器的壳体上和两侧的端盖上（偶数管程在一侧）装有流体的进出口接管，必要时装设检查孔、测量仪表、排液及排气用的接管等。

管壳式换热器的种类很多，其结构类型主要依据管程与壳程流体的温度差来确定。处于管程与壳程进行冷热交换的两种流体，势必引起管程与壳程的热膨胀程度不同，若温差过大，往往造成管束弯曲甚至管子脱落，所以必须考虑热膨胀带来的负面影响。根据热补偿方式的不同，管壳式换热器可分为下述几种。

### 4.1.1　固定管板式换热器

固定管板式换热器整体结构如图 4-1 所示。它由壳体、管板、管束、封头、折流挡板、接管等部件组成。管子两端与管板的连接方式可用焊接法或胀接法固定，壳体则同管板焊接，从而管束、管板和壳体构成一个不可拆卸的整体。固定管板式换热器优、缺点包括：

（1）优点：结构简单、紧凑，制造成本低，管内不易结垢，即使产生了污垢也便于清洗；

（2）缺点：壳程检修和清洗困难。

固定管板式换热器主要适用于壳体和管束温差小，管外物料比较清洁，不易结垢的场合。当壳体和管束间温差超过 50℃时，应加补偿圈以减小热应力。

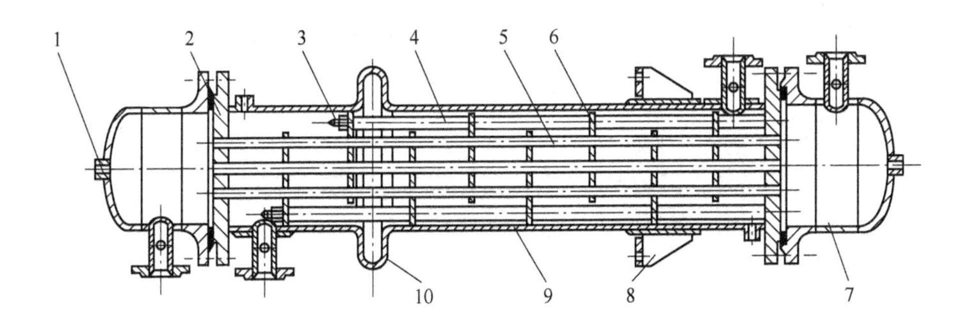


图 4-1　固定管板式换热器

1—排液孔；2—固定管板；3—拉杆；4—定距管；5—管束；6—折流挡板；7—封头，管箱；8—悬挂式支座；9—壳体；10—膨胀节

### 4.1.2　浮头式换热器

浮头式换热器整体结构如图 4-2 所示。其两端管板之一不与壳体连接，可以沿管长方向浮动，该端称为浮头。当壳体与管束因温度不同而引起热膨胀时，管束连同浮头可在壳体内沿轴向自由伸缩，可完全消除热应力。浮头式换热器优、缺点包括：

（1）优点：当换热管与壳体有温差存在，壳体或换热管膨胀时，互不约束，不会产

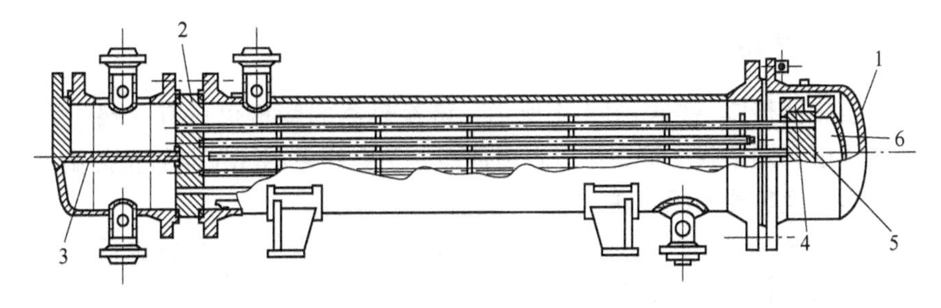


图 4-2　浮头式换热器

1—壳盖；2—固定管板；3—隔板；4—浮头钩圈法兰；5—浮动管板；6—浮头盖

生温差应力，管束可从壳体内抽出，便于管内和管间的清洗和检修；

（2）缺点：结构复杂，用材量大，造价高，浮头盖与浮动管间若密封不严，易发生泄漏，造成两种介质的混合。

浮头式换热器适用于两流体温差较大的各种物料的换热，应用较为普遍。

### 4.1.3 U形管式换热器

U形管式换热器整体结构如图4-3所示。该换热器的每根管子都弯成U形，管子的两端固定在同一块管板上。封头内用隔板分成两室，管程至少为两程。管子可以自由伸缩，与壳体无关。U形管式换热器的优、缺点包括：

（1）优点：结构简单，只有一块管板，质量轻，密封面少，运行可靠，管束可以抽出，管间清洗方便；

（2）缺点：管内清洗困难，制造困难，管板利用率低，报废率较高。

U形管式换热器适用于高温、高压、管内物料较清洁的场合。

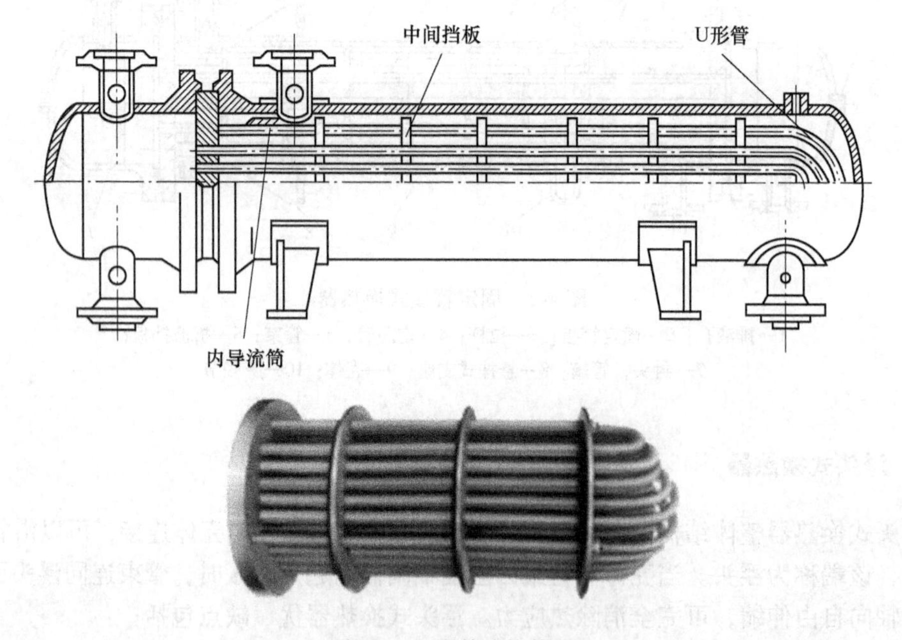


图4-3 U形管式换热器

### 4.1.4 填料函式换热器

填料函式换热器整体结构如图4-4所示。该换热器的管板也只有一端与壳体固定连接，另一端采用填料函密封。管束可以自由伸缩，不会产生因壳壁与管壁的温差而引起的热应力。填料函式换热器的优、缺点包括：

（1）优点：结构较浮头式换热器简单，制造方便，耗材少，造价也低，管束可以从壳体内抽出，管内、管间均能进行清洗，维修方便；

（2）缺点：填料函耐压不高，壳程介质可能通过填料函外漏。

对易燃、易爆、有毒和贵重的介质不适用填料函式换热器。

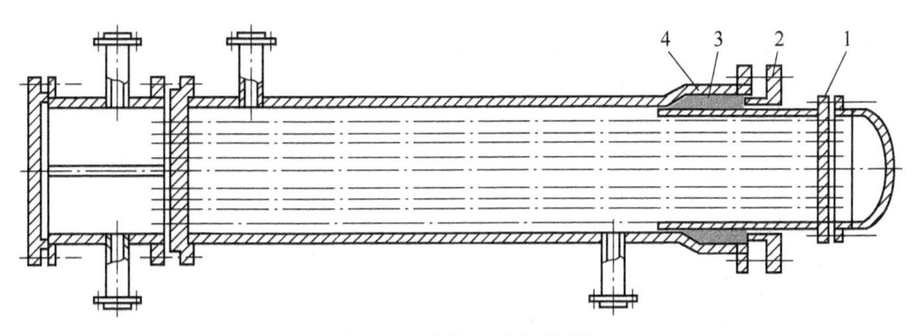


图 4-4 填料函式换热器

1—活动管板；2—填料压盖；3—填料；4—填料函

### 4.1.5 釜式重沸器

釜式重沸器整体结构如图 4-5 所示。该换热器的管束可以为浮头式、U 形管式或固定管板式结构，具有浮头式、U 形管式或固定管板式的特征。它与其他换热器的不同之处在于壳体上设置了一个蒸发空间以提高传热系数，空间大小由产汽量和所要求的蒸汽品质决定。产汽量大、蒸汽品质要求高则蒸发空间大，反之可以小些。

釜式重沸器清洗维修方便，可处理不清洁、易结垢的介质，并能承受高温高压。

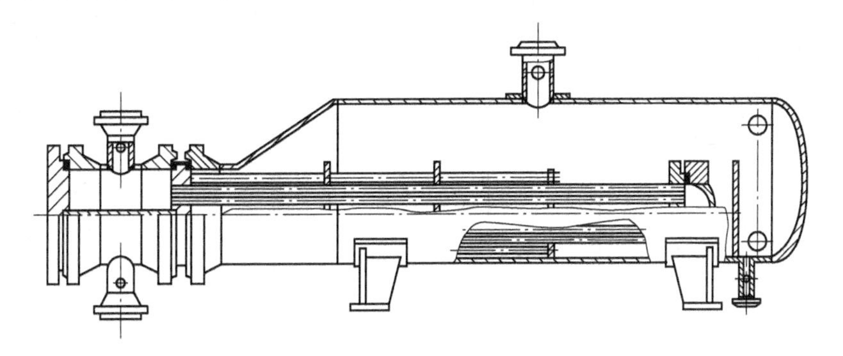

图 4-5 釜式重沸器

## 4.2 管壳式换热器标准简介

管壳式换热器的设计、制造、检验与验收必须遵循中华人民共和国国家标准《热交换器》(GB/T 151—2014) 执行。

按该标准，换热器壳体的公称直径做如下规定：卷制、锻制圆筒，以内径作为壳体的公称直径，mm；钢管制圆筒，以外径作为壳体的公称直径，mm。卷制圆筒的公称直径以 400mm 为基数，以 100mm 为进级挡，必要时也可采用 50mm 为进级挡。公称直径小于或等于 400mm 的圆筒，可用管材制作。

换热器的传热面积：以换热管外径为基准，扣除伸入管板内的换热管长度后，计算所得到的管束外表面积的总和，$m^2$。公称传热面积：指经圆整为整数后的传热面积，$m^2$。

换热器的长度：以换热管长度作为换热器的公称长度，m。换热管为直管时，取直管长度；换热管为 U 形管时，取 U 形管的直管段长度，m。

该标准将管壳式换热器的主要组合部件分为前端管箱、壳体和后端结构（包括管束）3部分，详细分类及代号如图4-6所示。

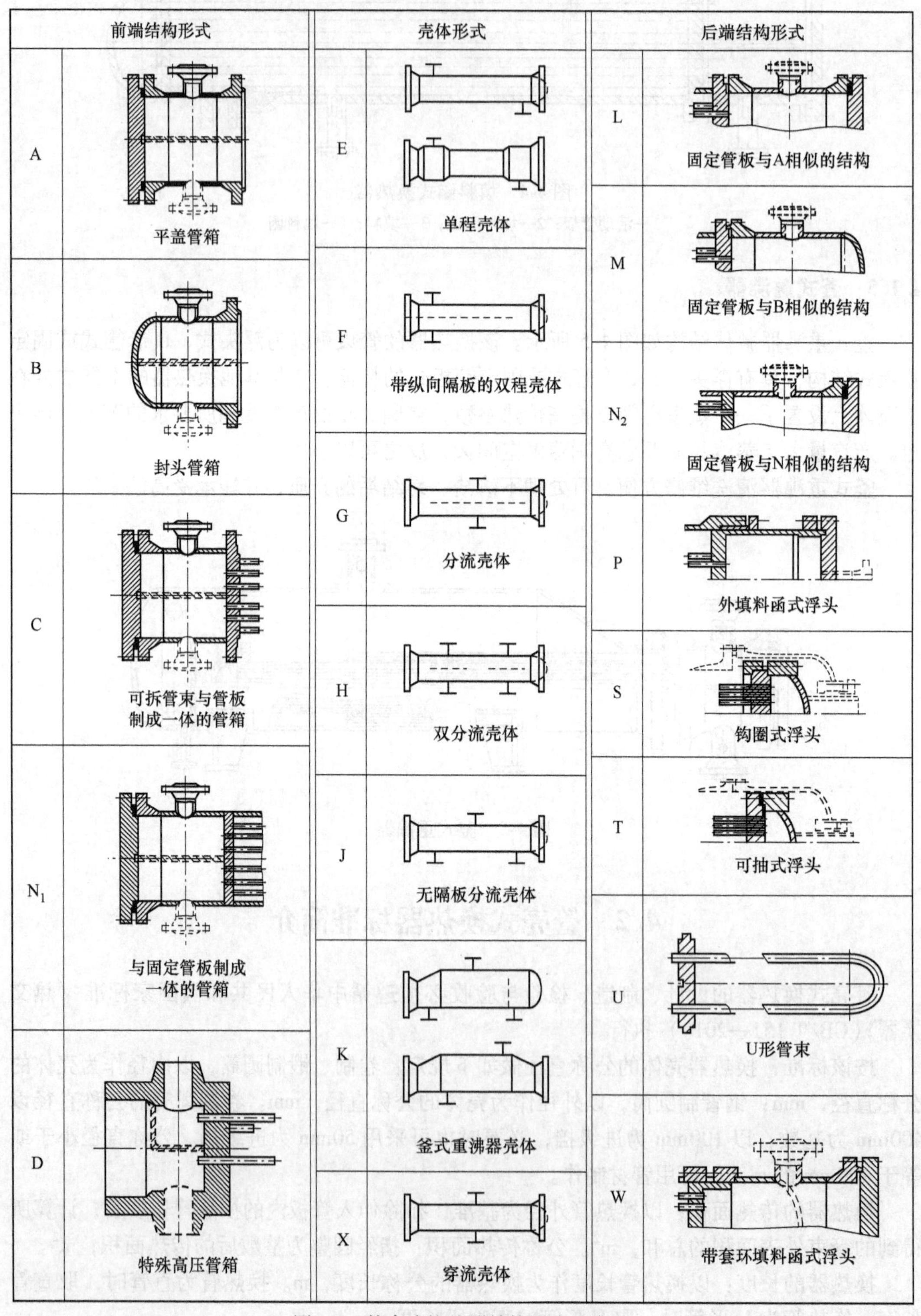


图4-6　管壳式换热器结构形式及代号

该标准将换热器分为Ⅰ、Ⅱ两级。Ⅰ级换热器采用高级冷拔换热管，适用于无相变传热和易产生振动的场合。Ⅱ级换热器采用普通冷拔换热管，适用于再沸、冷凝和无振动的一般场合。

管壳式换热器型号的表示方法如图4-7所示。

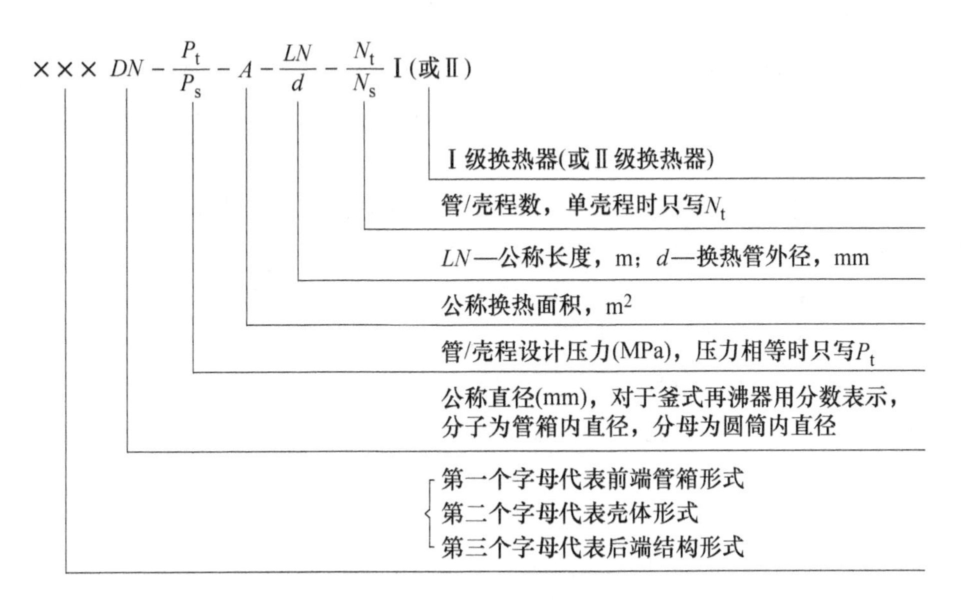


图4-7　管壳式换热器型号的表示方法

例如BEM700 $-\frac{2.5}{1.6}-200-\frac{9}{25}-4$Ⅰ表示：可拆封头管箱，公称直径700mm，管程设计压力2.5MPa，壳程设计压力1.6MPa，公称换热面积$200m^2$，公称长度9m，换热管外径25mm，4管程，单壳程的固定管板式换热器，碳素钢换热管符合《锅炉热交换器用管订货技术条件》(NB/T 47019—2011)的相关规定。

又如AKT $\frac{600}{1200}-\frac{2.5}{1.0}-90-\frac{6}{25}-2$Ⅱ表示：可拆平盖管箱，管箱内径600mm，壳程圆筒直径1200mm，管程设计压力2.5MPa，壳程设计压力1.0MPa，公称换热面积$90m^2$，公称长度6m，换热管外径25mm，2管程，单壳程的可抽式釜式重沸器，碳素钢换热管符合《石油裂化用无缝钢管》(GB 9948—2013)高级的相关规定。

## 4.3　设计方案的确定

确定设计方案的原则包括满足生产工艺要求的温度指标、操作安全可靠、结构形式尽可能简单、便于制造和维修、尽可能使制造费用与操作费用最小等。为此，需考虑下述几个方面的问题。

### 4.3.1　换热器结构类型的选择

管壳式换热器的结构种类很多，以上对其进行了简单的介绍。在选择换热器的结构类型时，应当根据各类管壳式换热器的特性，结合操作过程所需注意的因素进行选型。需要考虑的操作因素包括：进行换热的冷、热流体的腐蚀性，物料的清洁程度，管程及壳程的操作压力和操作温度及其他工艺条件，热负荷，检修要求等。

### 4.3.2 流程的选择

在管壳式换热器设计中，冷、热两种流体，何种流体走管程，何种流体走壳程，关系到设备使用是否合理，需要进行着重考虑。通常可从以下几方面考虑作为流程选择的一般原则：

（1）易结垢流体或不清洁流体应当选择易于清洗的一侧，具体来说，对直管管束，上述物料应当选择走管内，这样便于清洗。一般情况下，管程流速较壳程流速要高，不利于污垢沉积。但是对U形管束，管内清洗不便，上述物料应当选择走管外；

（2）对需要通过提高流速来增大对流给热系数的流体，通常应当选择走管内，管程流速往往高于壳程流速，也可以通过设计多管程来提高流速；

（3）具有较强腐蚀性的流体应当选择走管内，这样可以避免腐蚀性流体腐蚀壳体，制造时仅需要管束、封头和管板采用耐腐蚀性材料，节省制造成本；

（4）压力较高的流体应当选择走管内，管子的承压能力往往比壳体的承压能力强，壳体不需要较高的耐压能力，同时也降低了对密封措施的要求；

（5）为了避免热量（或冷量）过多的散失于环境，高温流体（或低温流体）应当选择走管内，若是为了更好的散热，可以选择高温流体走管外；

（6）蒸汽通常选择走壳程，以便于冷凝液及时排出，且其对流给热系数与其流速关系不大；

（7）黏度大的流体一般选择走壳程，因为在壳程设置有若干折流挡板，迫使流体反复绕管束流动，在较低流速下便可达到湍流状态，有利于提高壳程的对流给热系数；

（8）有毒流体应当选择走管程，以减少污染环境的机会；

（9）若冷、热流体的温差较大，对流给热系数较大的流体宜走壳程，因为管壁温度接近对流给热系数较大一侧的流体温度，以减小管壁与壳壁的温差。

需要指出，以上各个方面往往不能同时满足，有时甚至会相互矛盾，此时应综合考虑具体情况，抓住主要矛盾，做出适宜的选择。

### 4.3.3 加热剂或冷却剂的选择

加热剂或冷却剂通常是由实际情况决定的，需要设计者酌情选择。在实际选择时，首先要满足工艺所要求的温度指标，其次再考虑使用安全方便、价格低廉、容易获取等因素。常用的加热剂有水蒸气、烟道气及热水等。常用的冷却剂有水、空气及其他低温介质。在实际工业生产中，往往需要进行整个系统的能量集成，充分利用余热（或余冷），使需要被加热的工艺流体与需要被冷却的工艺流体进行充分换热，以最大限度的进行能量回收。工业上常用的加热剂和冷却剂列于表4-1中。

表 4-1 工业上常用的加热剂和冷却剂

| 加热剂 | | 冷却剂 | |
|---|---|---|---|
| 名称 | 温度范围 | 名称 | 温度范围 |
| 氨蒸气 | < -15℃用于冷冻工业 | 水（河水、井水、自来水） | 0~80℃ |
| 饱和水蒸气 | <180℃ | 空气 | >30℃ |
| 烟道气 | 700~1000℃ | 冷冻盐水 | -15~0℃用于低温冷却 |

### 4.3.4 流体出口温度的确定

在换热器设计中，被处理物料的进出口温度是工艺要求所规定的，加热剂或冷却剂的进口温度一般由来源而定，而出口温度应由设计者根据经济核算来确定。若加热剂或冷却剂的进出口温差选取较大，虽然可节约加热剂或冷却剂的用量，降低操作费用，但所需传热面积同时增大，设备投资增加。最理想的出口温度的选择应使设备投资和操作费用组成的总费用最小。对常用冷却剂水的出口温度的确定，通常有以下几个原则：

（1）水与被冷却流体之间应有 5~35℃的温差；

（2）为节约冷却水用量，同时留有一定的操作余地，冷却水进出口温差不应低于 5℃。此外，水的出口温度一般也不会超过 40~50℃，高于此温度下溶于水的无机盐（主要是 $MgCO_3$、$CaCO_3$、$MgSO_4$ 和 $CaSO_4$ 等）将会析出，在壁面上形成污垢，大大增加传热阻力；

（3）对缺水地区，冷却水进出口温差可以适当加大。

### 4.3.5 流体流速的选择

提高流体流速可以增大流体对流给热系数，减少颗粒和污垢在换热管壁面沉积的可能性，降低污垢热阻，使总传热系数增加，所需传热面积减小，降低设备投资费用。但另一方面，流体增加的同时，流体流动阻力相应增大，操作费用增加。适宜的流图应当通过经济核算来确定。一般尽可能使管内流体的 $Re > 10^4$（同时也要注意其他方面的合理性），高黏度的流体常按层流设计。根据工业生产中累积的经验，常用流体的流速范围如表 4-2~表 4-4 所示。

表 4-2 管壳式换热器内常用的流速范围

| 流体种类 | 流速范围/m·s$^{-1}$ | | 流体种类 | 流速范围/m·s$^{-1}$ | |
|---|---|---|---|---|---|
| | 管程 | 壳程 | | 管程 | 壳程 |
| 循环水 | 1.0~2.0 | 0.5~1.5 | 高黏度油 | 0.5~1.5 | 0.3~0.8 |
| 新鲜水 | 0.8~1.5 | 0.5~1.5 | 易结垢液体 | >1 | >0.5 |
| 低黏度油 | 0.8~1.8 | 0.4~1.0 | 气体 | 5~30 | 3~15 |

表 4-3 不同黏度液体在管壳式换热器中的最大流速

| 液体黏度/mPa·s | 最大流速/m·s$^{-1}$ | 液体黏度/mPa·s | 最大流速/m·s$^{-1}$ |
| --- | --- | --- | --- |
| >1500 | 0.6 | 35~1 | 1.8 |
| 1000~500 | 0.75 | <1 | 2.4 |
| 500~100 | 1.1 | 烃类 | 3.0 |
| 100~35 | 1.5 | | |

表 4-4 管壳式换热器内易燃、易爆液体允许的安全流速

| 液体种类 | 最大流速/m·s$^{-1}$ | 液体种类 | 最大流速/m·s$^{-1}$ |
| --- | --- | --- | --- |
| 乙醚、二硫化碳、苯 | <1 | 丙酮 | <10 |
| 甲醇、乙醇、汽油 | <2~3 | 氢气 | ≤8 |

### 4.3.6 流体流动方式的选择

冷、热流体的流向有逆流、并流、错流和折流 4 种类型。在流体进出口温度相同的情况下，逆流的传热平均温差最大，因此，若无其他工艺要求，一般采用逆流操作。但是，为了增大传热系数或使换热器结构合理，冷、热流体还可以做各种多管程多壳程的复杂流动。在流量和总管数、壳体一定的情况下，管程或壳程数越多，传热系数就越大，对传热过程有利。然而，采用多管程或多课程必然会导致流体流动阻力增大，即输送流体的动力消耗增加。因此，在决定换热器的程数时，需要综合考虑传热和流体输送两方面的得失。当采用多管程或多壳程时，管壳式换热器内的流动形式较为复杂，此时要根据纯逆流的对数平均温差和温差修正系数来计算实际传热推动力。

### 4.3.7 材质的选择

换热器各种零部件的材料，应根据其操作温度、操作压力和流体的腐蚀性等因素进行选取。一般为了满足设备的操作温度和操作压力，即从设备的强度或刚性的角度来考虑，是比较容易达到的。但是材料的耐腐蚀性，有时往往成为一个复杂的问题，在此方面考虑不周、选材不妥，常会造成设备的寿命较短或造价较高。

一般换热器常用的材质有碳钢和不锈钢。碳钢价格较低，强度较高，但其耐腐蚀性较差，在无腐蚀性要求的环境中应用是合理的。普通换热器常用的无缝钢管可选用 10 或 20 碳钢。而奥氏体不锈钢有稳定的奥氏体组织，具有良好的耐腐蚀性能和冷加工性能。不锈钢抗腐蚀性能虽好，但价格高且稀缺，应尽量少用。

## 4.4 管壳式换热器的工艺计算

目前，管壳式换热器已有系列化标准可以遵循。在工程设计中，应当尽量采用标准化系列，但在选用标准化系列产品之前，必须根据工艺要求进行必要的设计计算，以确定所需的传热面积和设备结构，才能够有依据的选用。有些时候，当标准化系列规格产品不能满足生产工艺的特别要求时，必须自己进行设备的工艺计算和结构设计。

### 4.4.1 工艺计算的基本步骤

管壳式换热器选型和设计的工艺计算步骤基本上是一致的，其计算框图如图 4-8 所示，基本计算步骤如下。

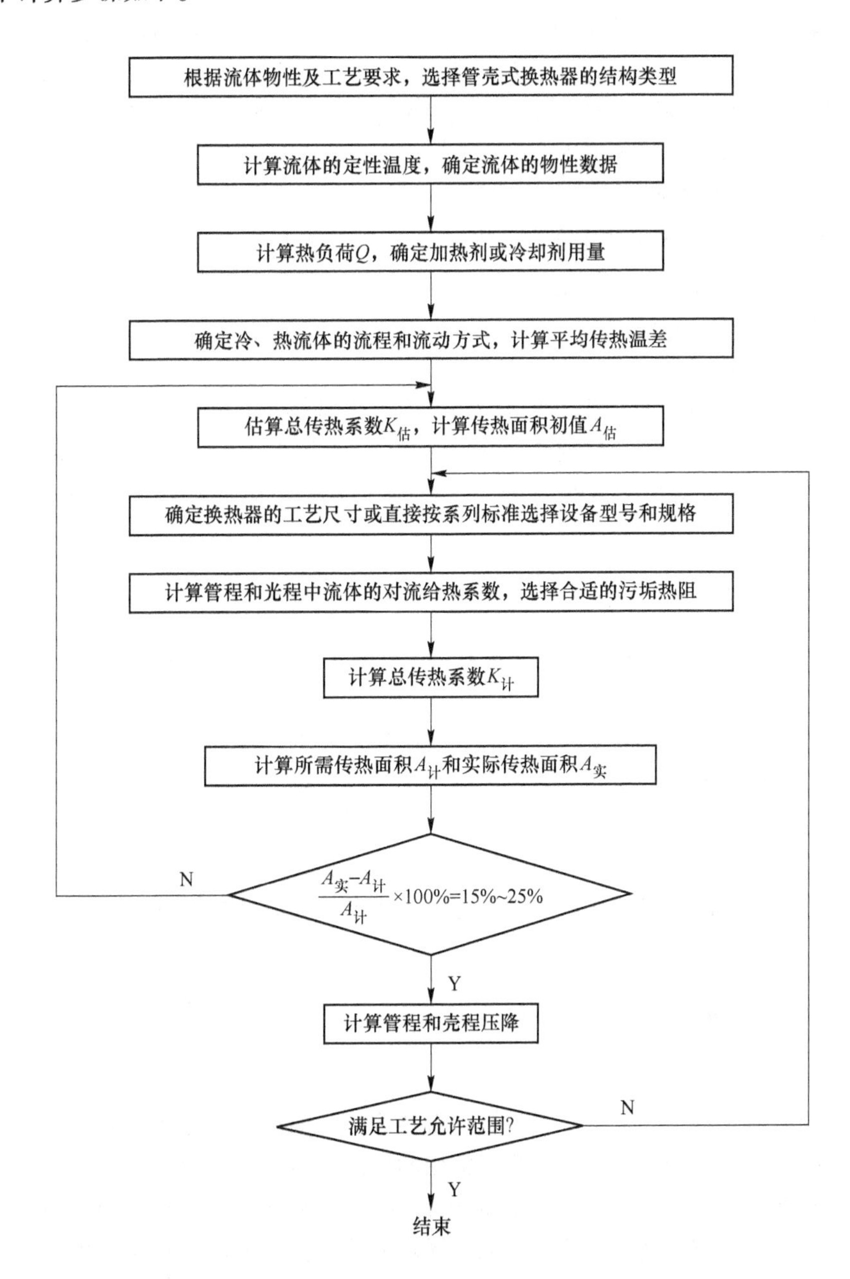


图 4-8　管壳式换热器工艺计算框图

**步骤 1**　试算并初选设备规格

（1）根据流体物性及工艺要求，选择管壳式换热器的结构类型。

（2）计算流体的定性温度，确定流体的物性数据。

（3）根据传热任务，计算热负荷 $Q$，确定加热剂或冷却剂用量。

（4）确定冷、热流体的流程（何种流体走管程，何种流体走壳程）和流动方式（逆流、并流或其他形式）。

（5）计算平均传热温差。

（6）根据文献中的经验值范围，或按实际生产情况，估算总传热系数 $K_{估}$。

（7）由传热基本方程计算传热面积初值 $A_{估}$。

（8）确定换热器的工艺尺寸（如换热管直径、管长、管子根数及排列方式等），或直接按系列标准选择设备型号和规格。

**步骤 2** 核算传热面积

（1）计算管程中流体的对流给热系数。

（2）计算壳程中流体的对流给热系数。

（3）选择合适的污垢热阻。

（4）计算总传热系数 $K_{计}$。

（5）根据计算所得的 $K_{计}$ 值、热负荷和平均传热温差，由传热基本方程计算所需传热面积 $A_{计}$。同时计算设计或选定的换热器所具有的实际换热面积 $A_{实}$。考虑到所用传热计算式的准确程度及其他未可预料的因素，一般应使实际传热面积留有 15% ~25% 的裕度，即：

$$\frac{A_{实}-A_{计}}{A_{计}}\times 100\% = 15\% \sim 25\% \tag{4-1}$$

否则需根据计算结果，重新估算 $K_{估}$ 并重复以上计算步骤，直至满足为止。

**步骤 3** 计算管程、壳程压降

计算设计或初选换热器的管程、壳程流体压降，要求管程、壳程压降均在工艺允许的范围内，否则应调整流速，重新设计换热器结构，或选择另一型号的换热器，重复以上计算步骤，直至满足为止。

从上述步骤不难看出，管壳式换热器的工艺计算实际上是一个反复试算的过程，目的是使最终设计或选定的换热器既能满足工艺传热要求，又能使操作时流体的压降在允许范围之内。

### 4.4.2 管壳式换热器工艺尺寸的确定

#### 4.4.2.1 换热管管径

换热管的材料有钢、合金钢、铜、铝和石墨等，应根据操作温度、压力和流体的腐蚀性等因素选择不同材质的管子。目前我国常用的换热管规格和尺寸偏差见表 4-5。其中最常用的管子规格有：$\phi$25mm ×2.5mm 和 $\phi$19mm ×2mm 两种。对洁净的流体，可以选择较小的管径；对易结垢或不洁净的流体可以选择较大的管径。小直径的管子可以承受更大的压力，而且管壁较薄；壳径相同时，可排更多的管子。因此，选择小直径管子单位体积所提供的的传热面积更大，设备更紧凑，但管径小，流动阻力大，机械清洗困难，设计时可根据实际情况选用适宜的管径。通常在管程结垢不很严重及压降不太大的情况下，采用 $\phi$19mm ×2mm 的管子更为合理。如果管程走的是易结垢的流体，有时也采用 $\phi$38mm ×2.5mm 或更大直径的管子。

**表 4-5 常用换热管的规格和尺寸偏差**

| 材料 | 钢管标准 | 外径×壁厚/mm×mm | Ⅰ级换热器 | | Ⅱ级换热器 | |
|---|---|---|---|---|---|---|
| | | | 外径偏差/mm | 壁厚偏差 | 外径偏差/mm | 壁厚偏差 |
| 碳钢 | GB 8163 | 10×1.5 | ±0.15 | +12%，-10% | ±0.20 | +15%，-10% |
| | | 14×2 | ±0.20 | | ±0.40 | |
| | | 19×2 | | | | |
| | | 25×2 | | | | |
| | | 25×2.5 | | | | |
| | | 32×3 | ±0.30 | | ±0.45 | |
| | | 38×3 | | | | |
| | | 45×3 | | | | |
| | | 57×3.5 | ±0.8% | ±10% | ±1% | +12%，-10% |
| 不锈钢 | GB 2270 | 10×1.5 | ±0.15 | +12%，-10% | ±0.20 | ±15% |
| | | 14×2 | ±0.20 | | ±0.40 | |
| | | 19×2 | | | | |
| | | 25×2 | | | | |
| | | 32×2 | ±0.30 | | ±0.45 | |
| | | 38×2.5 | | | | |
| | | 45×2.5 | | | | |
| | | 57×3.5 | ±0.8% | | ±1% | |

4.4.2.2 管数、管长和管程数

选定了管径和管内流速后，可按下式来确定换热器的单程换热管数：

$$n_s = \frac{q_{V1}}{\frac{\pi}{4} d_1^2 u_1} \tag{4-2}$$

式中 $n_s$——单程换热管数；

$q_{V1}$——管程流体的体积流量，$m^3/s$；

$d_1$——换热管内径，m；

$u_1$——管内流体流速，m/s。

按单管程计算，所需换热管总长为：

$$L = \frac{A_{估}}{n_s \pi d_2} \tag{4-3}$$

式中 $L$——单程总管长，m；

$A_{估}$——估算的传热面积初值，$m^2$；

$d_2$——换热管外径，m。

如果按单管程计算的管子太长，则应采用多管程，并按实际情况选择每程管子的长度。我国生产的标准钢管的最大长度为 12m，选取管长时，应根据钢管长度的规格，合理剪裁，避免浪费。国标《热交换器》(GB/T 151—2014）推荐的换热管长度有：1.0m、

1.5m、2.0m、2.5m、3.0m、4.5m、6.0m、7.5m、9.0m 和 12.0m 十种。选择管长时还要注意使换热器具有适宜的长径比（管长与壳体公称直径之比）。管壳式换热器的长径比一般在 4～25 之间，常用的为 6～10，立式换热器的长径比多为 4～6。

确定了每程换热管长度后，即可用下式求得管程数：

$$N_{\mathrm{p}}=\frac{L}{l} \tag{4-4}$$

式中　$l$——选取的每程换热管长度，m；

$N_{\mathrm{p}}$——管程数，必须向上取整数。

换热器的总管数为：

$$N_{\mathrm{T}}=N_{\mathrm{p}}n_{\mathrm{s}} \tag{4-5}$$

式中　$N_{\mathrm{T}}$——换热器的总管数。

对多管程换热器，在流道（管箱）中设有和管中心线平行的分程隔板，将管束分为顺次连接的若干组，各组管子数目大致相等。管程多者可达 16 程，常用的有 2、4、6 程，其布置方案见表 4-6。在布置时应尽量使管程流体和壳程流体逆流流动，以增强传热，同时应严防分程隔板泄漏，防止流体短路。

**表 4-6　管程布置方案**

| 管程数 | 1 | 2 | 4 | | | 6 | |
|---|---|---|---|---|---|---|---|
| 流动顺序 | | 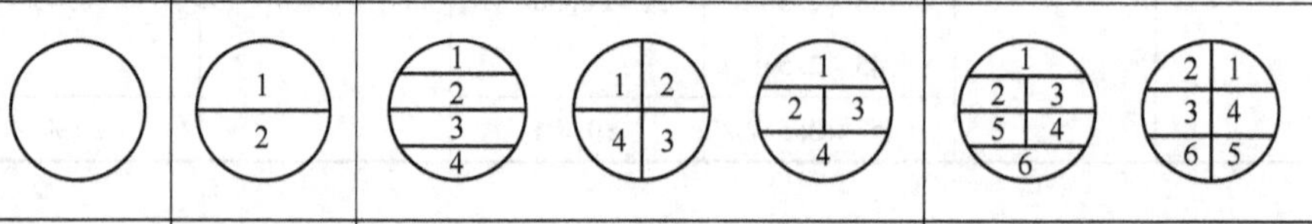 1 2 | 1 2 3 4 | 1 2 4 3 | 1 2 3 4 | 1 2 3 5 4 6 | 2 1 3 4 6 5 |
| 管箱隔板 | | | | | | | |
| 介质返回侧隔板 | | | | | | | |

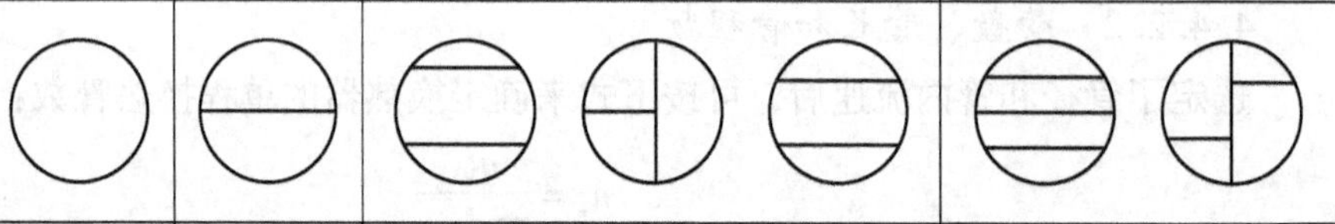

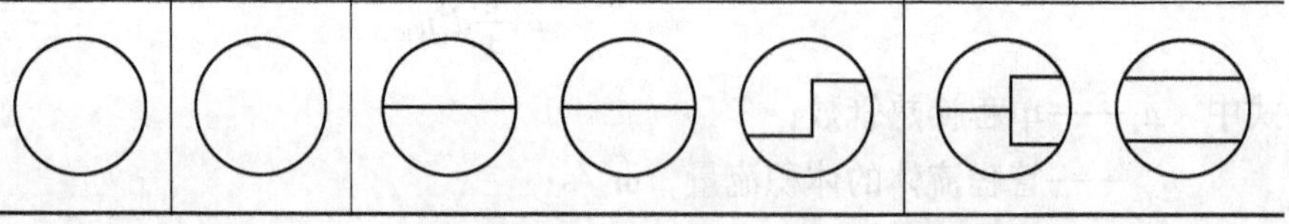

从制造、安装和操作的角度考虑，偶数管程有更多的方便之处，因此用得最多。但管程数也不宜过多，否则隔板本身将占去相当大的布管面积，而在壳程中形成许多旁路，影响传热。

4.4.2.3　壳程数

流体在壳程的流动有多种形式，单壳程是应用最为普遍的。如温差修正系数小于 0.8 或壳侧对流给热系数远小于管侧，则可用纵向隔板分隔成多壳程的型式。管壳式换热器壳程分程及前后管箱结构型式和分类代号如图 4-6 所示，其中 E 型为单壳程，F 型、G 型和 H 型均为双壳程。

实际生产中，如果没有特殊要求，出于设计、制造、安装、清洗和检修的方便，对多壳程换热器，通常不是采用纵向隔板分程的方式，而是多台单壳程换热器的组合。

#### 4.4.2.4 换热管排列

A 排列方式

换热管的排列应使其在整个换热器圆截面上均匀分布，同时还要考虑流体的性质、管箱结构及加工制造等方面的问题。换热管在管板上的排列方式主要有正三角形排列、正方形排列（正方形直列、正方形错列）和同心圆形排列，如图4-9所示。

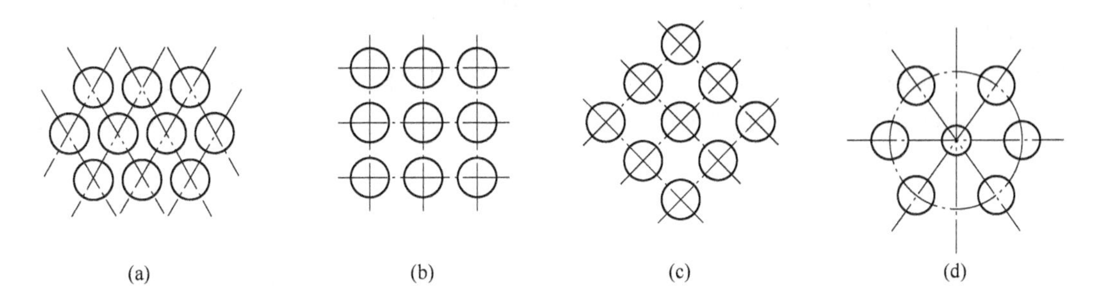


图4-9 换热管在管板上的排列方式
（a）正三角形排列；（b）正方形直列；（c）正方形错列；（d）同心圆形排列

正三角形排列使用最为普遍，这样可以在同一管板上排列较多的管子，结构紧凑，且管外流体湍动程度大，给热系数高，缺点是管外不易机械清洗。适用于壳程流体较清洁、不需经常清洗管壁的情况。

正方形排列虽排管数不如正三角形多，结构较松散，给热效果也较差，但管外清洗方便，对易结垢的流体更为适用。为了提高管外给热系数，又便于机械清洗管外壁面，常采用正方形错列，即将正方形排列的管束旋转45°角，此法在浮头式和填料函式换热器中使用较多。

同心圆形排列结构也较紧凑，特别是靠近壳体处布管均匀，在小壳径的换热器中，排管数比正三角形还多，常用于空分设备。

对多程管壳式换热器，常采用组合排列方式，如每一程内采用正三角形排列，而在各程之间为便于安排分程隔板，则采用正方形排列。

B 管心距

管板上相邻两根换热管中心距离 $t$ 称为管心距（或管间距）。管心距取决于管板的强度、清洗管子外表面时所需的空隙、管子在管板上的固定方法等。当管子采用焊接的方法固定时，相邻两管的焊接太近，会相互受到影响，焊接质量不易保证，一般取 $t=1.25d_2$（$d_2$ 为换热管外径）。当管子采用胀接固定时，过小的管心距会造成管板在胀接时由于挤压力的作用发生变形，失去管子与管板之间的连接力，故一般取 $t=(1.3\sim1.5)d_2$。常用的换热管管心距见表4-7。

**表4-7 常用的换热管管心距**

| 换热管外径 $d_2$/mm | 10 | 14 | 19 | 25 | 32 | 38 | 45 | 57 |
|---|---|---|---|---|---|---|---|---|
| 换热管中心距 $t$/mm | 14 | 19 | 25 | 32 | 40 | 48 | 57 | 72 |
| 分程隔板槽两侧管心距 $c$/mm | 28 | 32 | 38 | 44 | 52 | 60 | 68 | 80 |

当管程为多程时，分程隔板槽要占用管板部分面积（如图 4-10 所示），隔板槽两侧管心距 $c$ 也列于表 4-7 中。

另外，最外层换热管中心至壳体表面的距离最少应有 $(0.5d_2+10)$mm。

C 排管图

根据上述所确定的换热器总管数、管程布置方案、管子排列方式和管心距，便可画出排管图，以便确定换热管实际排列情况。排管时应使整个管束完全对称，同时考虑拉杆的布置。拉杆的作用是使折流板能牢固的保持在一定位置上，其直径和数量如表 4-8 和表 4-9 所示。

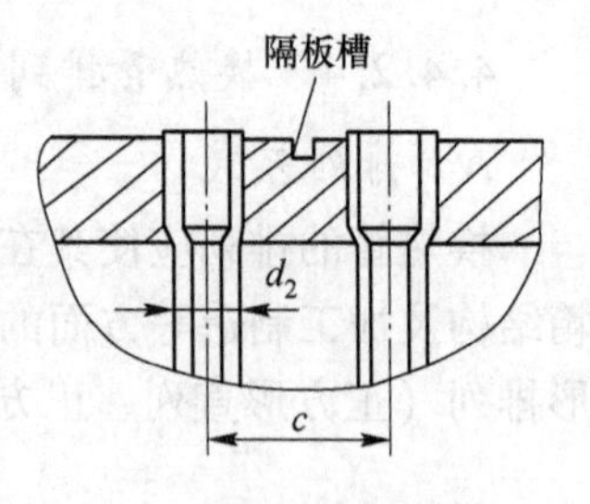

图 4-10 分程隔板槽两侧管心距

**表 4-8 拉杆直径**

| 换热管外径/mm | $10\leqslant d_2\leqslant14$ | $14<d_2<25$ | $25\leqslant d_2\leqslant57$ |
|---|---|---|---|
| 拉杆直径/mm | 10 | 12 | 16 |

**表 4-9 拉杆数量**

| 壳体公称直径/mm | 拉杆直径/mm | | | 壳体公称直径/mm | 拉杆直径/mm | | |
|---|---|---|---|---|---|---|---|
| | 10 | 12 | 16 | | 10 | 12 | 16 |
| <400 | 4 | 4 | 4 | 2300 ~ <2600 | 40 | 28 | 16 |
| 400 ~ <700 | 6 | 4 | 4 | 2600 ~ <2800 | 48 | 32 | 20 |
| 700 ~ <900 | 10 | 8 | 6 | 2800 ~ <3000 | 56 | 40 | 24 |
| 900 ~ <1300 | 12 | 10 | 6 | 3000 ~ <3200 | 64 | 44 | 26 |
| 1300 ~ <1500 | 16 | 12 | 8 | 3200 ~ <3400 | 72 | 52 | 28 |
| 1500 ~ <1800 | 18 | 14 | 10 | 3400 ~ <3600 | 80 | 56 | 32 |
| 1800 ~ <2000 | 24 | 18 | 12 | 3600 ~ <3800 | 88 | 64 | 36 |
| 2000 ~ <2300 | 32 | 24 | 14 | 3800 ~ ≤4000 | 98 | 68 | 40 |

在保证大于或等于表 4-9 所给定的拉杆总截面积的前提下，拉杆的直径和数量可以变动，但其直径不得小于 10mm，数量不少于 4 根。

拉杆应尽量均匀布置在管束的外边缘，对大直径的换热器，在布管区内或靠近折流板缺口处应布置适当数量的拉杆，任何折流板不应少于 3 个支撑点。

4.4.2.5 壳体内径

壳体内径 $D$ 取决于换热器总管数 $N_T$、排列方式和管心距 $t$，计算式如下。

对单管程：

$$D=t(n_c-1)+2e \tag{4-6}$$

式中 $D$——壳体内径，mm；

$e$——管束中心线上最外层管的中心至壳体内壁的距离，可取 $e=(1\sim1.5)d_2$，mm；

$n_c$——横过管束中心线的管数。

正三角形排列：$n_c = 1.1\sqrt{N_T}$；

正方形排列：$n_c = 1.19\sqrt{N_T}$。

对多管程：

$$D = 1.05t\sqrt{N_T/\eta} \tag{4-7}$$

式中 $\eta$——管板利用率。

正三角形排列：2 管程，$\eta = 0.7 \sim 0.85$；>4 管程，$\eta = 0.6 \sim 0.8$；

正方形排列：2 管程，$\eta = 0.55 \sim 0.7$；>4 管程，$\eta = 0.45 \sim 0.65$。

壳体内径 $D$ 的计算值最终应圆整到标准值，如 325mm、400mm、500mm、600mm、700mm、800mm、900mm、1000mm、1100mm、1200mm 等，并在排管图中予以确认。

#### 4.4.2.6 折流板间距和数量

管壳式换热器的壳程一般设置一定数量的横向折流挡板。折流挡板不仅可以防止流体短路、提高流体速度，还迫使流体按规定路径多次错流流过管束，使湍动程度大为增加。同时兼有支撑换热管、防止管束振动和管子弯曲的作用。其型式有弓形（也称圆缺形）、环盘形和孔流形等。弓形折流板结构简单、性能优良，在实际中最为常用。弓形折流板切去的圆缺高度一般是壳体内径的 20% ~45%，常用值为 20% ~25%。

卧式换热器弓形折流板的圆缺面可以水平和垂直装配，如图 4-11 所示。水平装配可造成流体的强烈扰动，传热效果好，一般无相变传热均采用这种方式；垂直装配主要用于冷凝器、再沸器或流体中带有固体颗粒的情况，有利于冷凝器中的不凝气和冷凝液的排放。

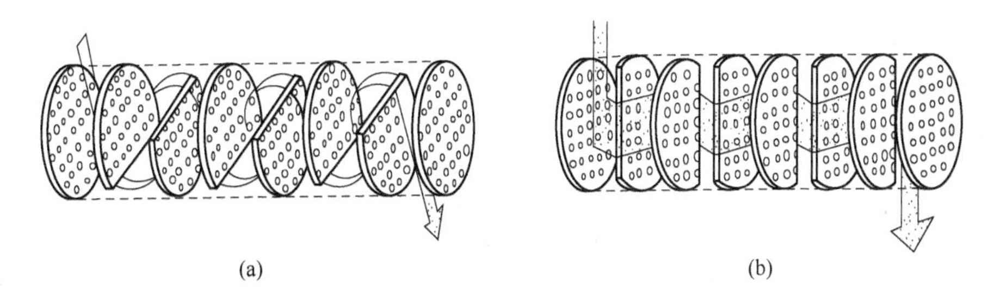


图 4-11 弓形折流板装配方式
（a）水平圆缺形；（b）垂直圆缺形

##### A 折流板间距

折流板间距的大小对壳程的流动影响很大。间距太大，不能保证流体垂直流过管束，使管外给热系数下降；间距太小，不便于制造和检修，阻力损失也较大。一般取折流板间距为壳体内径的 0.2 ~1.0 倍。折流板最小间距不应小于壳体内径的 20% 且不小于 50mm。由于折流板还有支撑换热管的作用，故其最大间距不得大于换热管最大无支撑跨距（见表 4-10）。我国系列标准中采用的挡板间距为：固定管板式有 100mm、150mm、200mm、300mm、450mm、600mm 和 700mm 等 7 种；浮头式有 100mm、150mm、200mm、250mm、300mm、350mm、450mm（或 480mm）、600mm 等 8 种。

表 4-10 换热管最大无支撑跨距

| 换热管外径/mm | 10 | 14 | 19 | 25 | 32 | 38 | 45 | 57 |
|---|---|---|---|---|---|---|---|---|
| 最大无支撑跨距/mm | 900 | 1100 | 1500 | 1850 | 2200 | 2500 | 2750 | 3150 |

具有折流板的换热器不需另设支撑板，但当工艺上无安装折流板要求时，则应考虑设置一定数量的支撑板，以防止因换热管过长而变形或发生振动。一般支撑板也为弓形，其圆形缺口高度是壳体内径的 25% ~45%。支撑板间距不得大于表 4-10 所列的换热管最大无支撑跨距。

B 折流板数量

折流板数量可按式（4-8）估算，计算结果取整。

$$N_B = \frac{l-100}{B} - 1 \tag{4-8}$$

式中 $N_B$——折流板数量；

$l$——换热管长度，mm；

$B$——折流板间距，mm。

### 4.4.3 传热计算

传热计算是以传热基本方程（也称传热速率方程）为核心展开的，其形式为：

$$Q = KA\Delta t_m \tag{4-9}$$

式中 $Q$——传热速率（即热负荷），W；

$K$——总传热系数，W/(m$^2$·℃)；

$A$——与 $K$ 值对应的换热器传热面积，m$^2$；

$\Delta t_m$——平均传热温差，℃。

4.4.3.1 传热速率

传热速率又可称为热负荷。

A 无相变传热

当换热器保温良好，忽略对环境的热损失时，有：

$$Q = q_{mH}c_{pH}(T_1 - T_2) = q_{mC}c_{pC}(t_2 - t_1) \tag{4-10}$$

式中 $q_{mH}$，$q_{mC}$——热流体和冷流体的质量流量，kg/s；

$c_{pH}$，$c_{pC}$——热流体和冷流体的平均定压比热容，J/(kg·℃)；

$T_1$，$t_1$——热流体和冷流体的进口温度，℃；

$T_2$，$t_2$——热流体和冷流体的出口温度，℃。

B 相变传热

若换热器中流体有相变，如饱和蒸汽冷凝，且冷凝液在饱和温度下排出，则：

$$Q = Wr = q_{mC}c_{pC}(t_2 - t_1) \tag{4-11}$$

式中 $W$——饱和蒸汽单位时间冷凝量，kg/s；

$r$——饱和蒸汽的冷凝潜热，J/kg。

4.4.3.2 平均传热温差

平均传热温差 $\Delta t_m$ 是换热器的传热推动力，其大小和计算方法，与冷、热流体的温度变化情况及流动方式有关。

就冷、热流体的温度变化情况而言，有恒温传热和变温传热。当换热器中间壁两侧的流体均存在相变时，两流体的温度可分别保持不变，这种传热称为恒温传热；若有一侧流体不发生相变，或者两侧流体均无相变，其传热温差势必沿流动方向不断变化，这种传热称为变温传热。

就冷、热流体的流动方式而言，有逆流、并流、错流和折流4种类型。

对恒温传热，不论其流动方式如何，平均传热温差均可表示为：

$$\Delta t_m = T - t \tag{4-12}$$

式中　$T$——热流体温度，℃；

　　$t$——冷流体温度，℃。

对变温传热，平均传热温差与冷、热流体的流动方式有关。

A　逆流和并流的平均传热温差

逆流和并流的平均传热温差均可由换热器两端流体温差的对数平均值表示，即：

$$\Delta t_m = \frac{\Delta t_1 - \Delta t_2}{\ln \dfrac{\Delta t_1}{\Delta t_2}} \tag{4-13}$$

式中　$\Delta t_1$，$\Delta t_2$——换热器两端冷、热流体的温差，℃。

逆流时：$\Delta t_1 = T_1 - t_2$，$\Delta t_2 = T_2 - t_1$，如图4-12(a)所示。

并流时：$\Delta t_1 = T_1 - t_1$，$\Delta t_2 = T_2 - t_2$，如图4-12(b)所示。

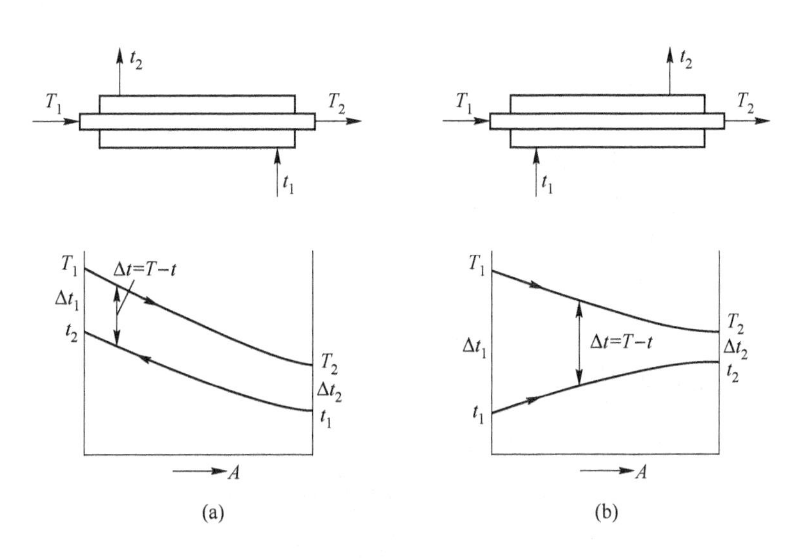


图4-12　变温传热时逆流和并流的温差
(a) 逆流；(b) 并流

在工程计算中，若换热器两端温差相差不大，即：

$$\frac{1}{2} < \frac{\Delta t_1}{\Delta t_2} < 2 \tag{4-14}$$

可用算数平均温差代替对数平均温差，即：

$$\Delta t_m = \frac{\Delta t_1 + \Delta t_2}{2} \tag{4-15}$$

B 错流和折流的平均传热温差

为了强化传热，常采用多管程或多壳程的管壳式换热器，此时的流体流动方式并非简单的逆流或并流，而是经过多次错流或折流后，再流出换热器，因而使平均传热温差的计算变得复杂。

图4-13(a)中两流体的流向相互垂直称为错流；图4-13(b)中一股流体只沿一个方向流动，而另一股流体反复折流，称为简单折流。若两股流体均作折流，或既有折流又有错流，则称为复杂折流。

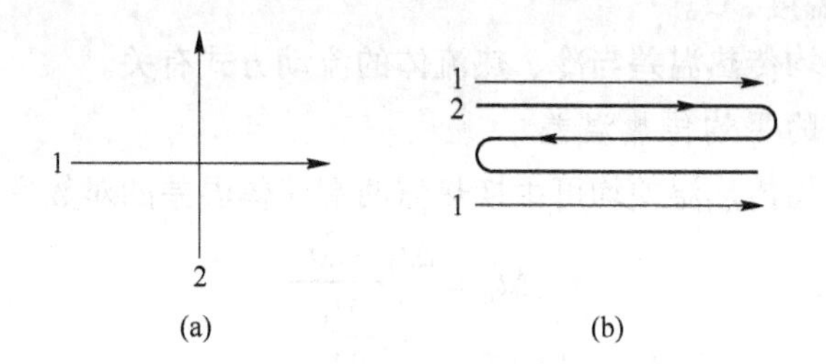


图4-13 错流和折流
（a）错流；（b）简单折流

对错流和折流时的平均传热温差，可采用安德伍德（Underwood）和鲍曼（Bowman）提出的图算法。该法是先按纯逆流计算对数平均温差 $\Delta t_{m逆}$，然后再根据实际流动情况乘以温差修正系数 $\varphi_{\Delta t}$，进而得到平均传热温差，即：

$$\Delta t_m = \varphi_{\Delta t} \Delta t_{m逆} \tag{4-16}$$

式中 $\Delta t_{m逆}$——纯逆流时的对数平均温差，℃；

$\varphi_{\Delta t}$——温差修正系数，无因次。

温差修正系数 $\varphi_{\Delta t}$ 与换热器内流体温度变化有关。对不同流动形式，可分别表示为两个参数 $P$ 和 $R$ 的函数，即：

$$\varphi_{\Delta t} = f(P, R) \tag{4-17}$$

式中，$P = \frac{t_2 - t_1}{T_1 - t_1}$，$R = \frac{T_1 - T_2}{t_2 - t_1}$。

温差修正系数 $\varphi_{\Delta t}$ 可根据 $P$ 和 $R$ 两参数由图4-14查取。

对1－2型（单壳程，双管程）换热器，$\varphi_{\Delta t}$ 还可用下式计算：

$$\varphi_{\Delta t} = \frac{\frac{\sqrt{R^2+1}}{R-1}\ln\left(\frac{1-P}{1-PR}\right)}{\ln\left(\frac{2/P - 1 - R + \sqrt{R^2+1}}{2/P - 1 - R - \sqrt{R^2+1}}\right)} \tag{4-18}$$

对1－2$n$型（如1－4，1－6，…）的换热器，也可近似用上式计算 $\varphi_{\Delta t}$。

由图4-14可见，温差修正系数 $\varphi_{\Delta t}$ 恒小于1，说明冷、热流体在换热器内错流或折流流动时的平均传热温差恒低于逆流流动时的平均传热温差。当 $\varphi_{\Delta t} < 0.8$ 时，换热器内出现温度交叉或逼近的现象，传热效率低，经济上不合理，操作不稳定。因此，在设计中，

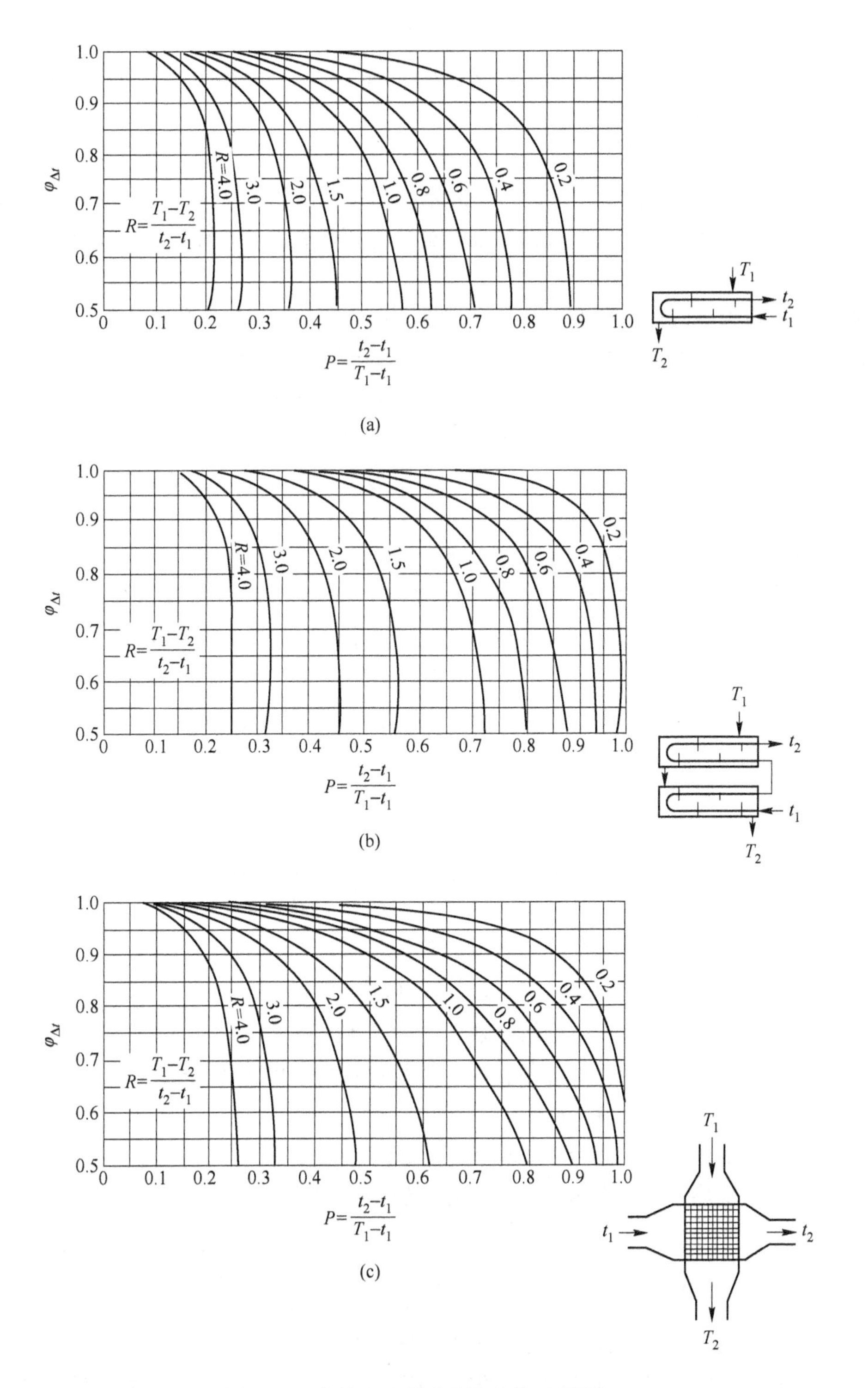


图 4-14 几种流动形式的温差修正系数 $\varphi_{\Delta t}$

（a）单壳程，两管程或两管程以上；（b）双壳程，四管程或四管程以上；（c）错流（两流体之间不混合）

除非出于必须降低壁温的目的，否则总要求 $\varphi_{\Delta t} \geqslant 0.8$，若达不到上述要求，则应改变流体流动形式，如采用多个换热器串联或多壳程结构。

由于在相同的流体进出口温度下，逆流流动具有较大的传热温差，所以在工程上若无其他特殊需要，均采用逆流操作。

4.4.3.3 总传热系数

总传热系数 $K$，或简称传热系数，是表示换热设备性能的极为重要的参数，也是对设备进行传热计算的依据。为计算流体被加热或冷却所需要的传热面积，必须知道传热系数的值。

不论是换热设备的性能研究，还是换热器的选型和设计，求算 $K$ 的数值都是最基本的要求，所以大部分有关传热的研究都是致力于求算 $K$ 值。$K$ 的取值取决于换热器的类型、流体的物性和传热过程的操作条件等。通常 $K$ 值的来源有以下 3 个方面。

（1）生产实际中的经验数据。在有关手册或传热的专业书籍中，都列有不同情况下 $K$ 的经验值，可供初步设计时参考。但要注意选用与工艺条件相仿、设备类似、且较为成熟的 $K$ 值。

（2）实验测定。对现有的换热器，通过实验测定有关数据，如设备尺寸、流体流量和温度等，再利用传热基本方程计算 $K$ 值。实测的 $K$ 值不仅可以为换热器选型和设计提供依据，而且可以从中了解换热设备的性能，从而寻求提高设备传热能力的途径。

（3）分析计算。实际上常将计算得到的 $K$ 值与前两种途径得到的 $K$ 值进行对比，以确定合适的 $K$ 值。

在工程上，一般以换热管外表面积为基准计算总传热系数，即：

$$K_2 = \frac{1}{\left(\frac{1}{\alpha_1} + R_1\right)\frac{d_2}{d_1} + \frac{\delta_W d_2}{\lambda_W d_m} + \frac{1}{\alpha_2} + R_2} = \frac{1}{\left(\frac{1}{\alpha_1} + R_1\right)\frac{d_2}{d_1} + \frac{d_2}{2\lambda_W}\ln\frac{d_2}{d_1} + \frac{1}{\alpha_2} + R_2} \quad (4\text{-}19)$$

式中 $K_2$——以换热管外表面积为基准的总传热系数，W/(m² · ℃)；

$\alpha_1$，$\alpha_2$——管内、外的对流给热系数，W/(m² · ℃)；

$R_1$，$R_2$——管内、外表面上的污垢热阻，m² · ℃/W；

$d_1$，$d_2$，$d_m$——换热管的内径、外径和内、外径的对数平均直径，m；

$\delta_W$——换热管的壁厚，m；

$\lambda_W$——换热管壁的热导率，W/(m · ℃)。

同理，若以换热管内表面为基准，则总传热系数的计算式为：

$$K_1 = \frac{1}{\frac{1}{\alpha_1} + R_1 + \frac{\delta_W d_1}{\lambda_W d_m} + \left(\frac{1}{\alpha_2} + R_2\right)\frac{d_1}{d_2}} = \frac{1}{\frac{1}{\alpha_1} + R_1 + \frac{d_1}{2\lambda_W}\ln\frac{d_2}{d_1} + \left(\frac{1}{\alpha_2} + R_2\right)\frac{d_1}{d_2}} \quad (4\text{-}20)$$

式中 $K_1$——以换热管内表面积为基准的总传热系数，W/(m² · ℃)。

在进行换热器的选型和设计时，首先要估算冷、热流体间的传热系数。管壳式换热器的总传热系数 $K$ 的大致范围如表 4-11 所示。

由表 4-11 可见，$K$ 值的变化范围很大，化工技术人员应对不同类型流体间换热时的 $K$ 值有一个数量级的概念。

表 4-11 管壳式换热器的总传热系数 $K$ 的大致范围

| 冷流体 | 热流体 | 总传热系数 $K$ /W·(m$^2$·℃)$^{-1}$ | 冷流体 | 热流体 | 总传热系数 $K$ /W·(m$^2$·℃)$^{-1}$ |
|---|---|---|---|---|---|
| 水 | 水 | 850~1700 | 水 | 水蒸气冷凝 | 1420~4250 |
| 水 | 气体 | 17~280 | 气体 | 水蒸气冷凝 | 30~300 |
| 水 | 有机溶剂 | 280~850 | 水 | 低沸点轻烃冷凝 | 450~1140 |
| 水 | 轻油 | 340~910 | 水沸腾 | 水蒸气冷凝 | 2000~4250 |
| 水 | 重油 | 60~280 | 轻油沸腾 | 水蒸气冷凝 | 450~1020 |
| 有机溶剂 | 有机溶剂 | 115~340 | 重油沸腾 | 水蒸气冷凝 | 140~425 |

#### 4.4.3.4 污垢热阻

换热器在经过一段时间运行后，壁面往往会沉积一层污垢，对传热过程形成附加热阻，称为污垢热阻。此污垢热阻不容忽视，其大小与流体的种类和性质、流速、温度、设备结构以及运行时间等因素有关。对一定的流体，增大流速，可以减少污垢在加热面上沉积的可能性和结垢速度，从而降低污垢热阻。由于污垢层的厚度及其热导率难以准确测定，通常只能根据污垢热阻的经验值作为参考来计算传热系数。常见流体的污垢热阻经验值可参见表 4-12~表 4-14。在设计换热器时，必须选取正确的污垢热阻数值，否则换热器的设计误差很大。

表 4-12 冷却水的壁面污垢热阻

| 条 件 | 热流体温度/℃ | <115 | | 115~205 | |
|---|---|---|---|---|---|
| | 水的温度/℃ | <52 | | >52 | |
| | 水的流速/m·s$^{-1}$ | <1 | >1 | <1 | >1 |
| 污垢热阻 /10$^{-4}$m$^2$·℃·W$^{-1}$ | 海水 | 0.86 | 0.86 | 1.72 | 1.74 |
| | 自来水、井水、软化水 | 1.72 | 1.72 | 3.44 | 3.44 |
| | 河水 | 5.16 | 3.44 | 6.88 | 5.16 |
| | 硬水 | 5.16 | 5.16 | 0.86 | 0.86 |
| | 蒸馏水 | 0.86 | 0.86 | 0.86 | 0.86 |
| | 处理的锅炉供水 | 1.72 | 0.86 | 1.74 | 1.74 |

表 4-13 工业用气体的壁面污垢热阻

| 气体名称 | 污垢热阻/10$^{-4}$m$^2$·℃·W$^{-1}$ | 气体名称 | 污垢热阻/10$^{-4}$m$^2$·℃·W$^{-1}$ |
|---|---|---|---|
| 有机化合物 | 0.86 | 溶剂蒸汽 | 1.72 |
| 水蒸气 | 0.86 | 天然气 | 1.72 |
| 空气 | 3.44 | 焦炉气 | 1.72 |

表 4-14　工业用液体的壁面污垢热阻

| 液体名称 | 污垢热阻/$10^{-4}m^2 \cdot ℃ \cdot W^{-1}$ | 液体名称 | 污垢热阻/$10^{-4}m^2 \cdot ℃ \cdot W^{-1}$ |
|---|---|---|---|
| 有机化合物 | 1.72 | 石脑油 | 1.72 |
| 盐水 | 1.72 | 煤油 | 1.72 |
| 熔盐 | 0.86 | 柴油 | 3.44～5.16 |
| 植物油 | 5.16 | 重油 | 8.6 |
| 原油 | 3.44～12.1 | 沥青油 | 1.72 |
| 汽油 | 1.72 | | |

污垢热阻往往对换热器的操作有很大影响，需要采取必要的措施防止污垢的累积。因此，在换热器使用过程中，应定期进行清洗，以降低污垢热阻。

4.4.3.5　对流给热系数

不同流动状态下的对流给热系数 $\alpha$ 的关联式不同，具体可参阅相关论著。这里主要介绍几个设计管壳式换热器中常用的对流给热系数关联式。

A　无相变流体在圆形直管内强制对流的给热系数

a　低黏度流体（流体黏度不大于常温下水黏度的 2 倍）

$$Nu = 0.023 Re^{0.8} Pr^{b} \tag{4-21}$$

式中　$Nu$——努塞尔数，$Nu = \frac{\alpha d}{\lambda}$，无因次；

$Re$——雷诺数，$Re = \frac{du\rho}{\mu}$，无因次；

$Pr$——普朗特数，$Pr = \frac{c_p \mu}{\lambda}$，无因次。

$$\alpha = 0.023\ \frac{\lambda}{d}\left(\frac{du\rho}{\mu}\right)^{0.8}\left(\frac{c_p\mu}{\lambda}\right)^{b} \tag{4-22}$$

式中　$\alpha$——对流给热系数，W/(m$^2$·℃)

$b$——流体被加热时，$b = 0.4$，流体被冷却时，$b = 0.3$；

$\rho$——流体的密度，kg/m$^3$；

$\mu$——流体的黏度，Pa·s；

$\lambda$——流体的热导率，W/(m·℃)；

$c_p$——流体的比热容，J/(kg·℃)；

$d$——圆管内径，m；

$u$——管内流速，m/s。

特征尺寸：圆管内径 $d$，m。

定性温度：流体进出口温度的算数平均值，℃。

式（4-21）和式（4-22）的应用范围：$Re > 10000$，$Pr = 0.7 \sim 160$，圆管长径比 $l/d > 30 \sim 40$。

b　高黏度流体（流体黏度大于常温下水黏度的 2 倍）

$$Nu = 0.027 Re^{0.8} Pr^{0.33}\left(\frac{\mu}{\mu_W}\right)^{0.14} \tag{4-23}$$

式中 $\mu_W$——流体在壁温下的黏度，Pa·s。

在工程上，对于壁温较难测定的情况，可用以下数值来简化计算：

液体被加热时：
$$\left(\frac{\mu}{\mu_W}\right)^{0.14}=1.05$$

液体被冷却时：
$$\left(\frac{\mu}{\mu_W}\right)^{0.14}=0.95$$

而对于气体，不论其被加热或冷却，均取：

$$\left(\frac{\mu}{\mu_W}\right)^{0.14}=1$$

特征尺寸：圆管内径 $d$，m。

定性温度：除 $\mu_W$ 按壁温取值外，其余物性参数均取流体进出口温度的算数平均值,℃。

式（4-23）的应用范围：$Re>10000$，$Pr=0.5\sim100$，圆管长径比 $l/d>30\sim40$，但不适用于金属液体。

B 无相变流体在管外强制对流的给热系数

管壳式换热器管外通常设有折流挡板，流体在壳程中横向穿过管束，流向不断变化，湍动增强，当 $Re>100$ 时即达到湍流状态。

管外给热系数的计算方法有很多种，当使用25%圆缺形挡板时，可用下式进行计算：

$$Nu=0.36Re^{0.55}Pr^{0.33}\left(\frac{\mu}{\mu_W}\right)^{0.14},\ Re>2000 \tag{4-24}$$

$$Nu=0.5Re^{0.507}Pr^{0.33}\left(\frac{\mu}{\mu_W}\right)^{0.14},\ Re=10\sim2000 \tag{4-25}$$

特征尺寸：管间当量直径 $d_e$，m。

定性温度：除 $\mu_W$ 按壁温取值外，其余物性参数均取流体进出口温度的算数平均值,℃。

当量直径 $d_e$ 可根据管子排列方式采用不同公式计算（参见图4-15）：

正方形排列时：
$$d_e=\frac{4\left(t^2-\frac{\pi}{4}d_2^2\right)}{\pi d_2}$$

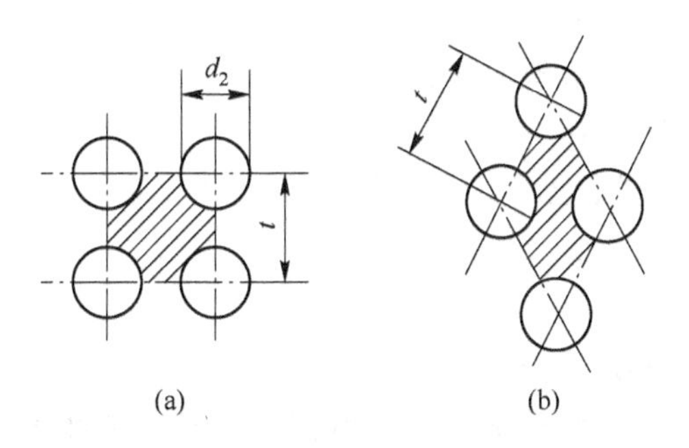


图4-15 管子不同排列时的流通面积

正三角形排列时：
$$d_e=\frac{4\left(\frac{\sqrt{3}}{2}t^2-\frac{\pi}{4}d_2^2\right)}{\pi d_2}$$

式中　$t$——相邻两管中心距，m；

$d_2$——圆管外径，m。

式（4-24）和式（4-25）中的管外流速 $u_2$ 可按最大流动截面积 $A'$ 计算：

$$A'=BD\left(1-\frac{d_2}{t}\right) \tag{4-26}$$

式中　$A'$——管外最大流动截面积，$m^2$；

$B$——两块挡板间的距离，m；

$D$——换热器壳体内径，m。

由式（4-24）和式（4-25）可知，减小挡板间距，提高流速或缩短管中心距，减小当量直径皆可提高管外对流给热系数。

若换热器的管间不设挡板，管外流体沿管束平行流动时，则 $\alpha$ 值仍可用管内强制对流的公式计算，但需将式（4-22）或式（4-23）中的管内径 $d$ 改为管间的当量直径 $d_e$。

C　蒸汽在管外冷凝的给热系数

蒸汽在传热壁面外冷凝时，冷凝液在壁面上或者形成一层凝液薄膜逐渐增厚而下落，这种情况称为膜状冷凝；或者形成很多珠状液滴，逐渐凝聚成较大的液滴而下落，这种情况称为滴状冷凝。通常凝液与传热表面间润湿性好，则形成膜状冷凝；如果传热表面有油污，润湿性不好则产生滴状冷凝。

由于滴状冷凝时，传热面大部分未被冷凝液覆盖，故传热阻力较小，因此滴状冷凝的传热系数一般比膜状冷凝要大十几倍。但滴状冷凝往往是暂时或局部生成，当壁面油层被蒸汽冲刷干净后还是形成膜状冷凝。受工艺条件等限制，滴状冷凝只能在某些特殊情况下应用。常见的冷凝器实际上均为膜状冷凝，故在冷凝器设计时，均按膜状冷凝处理。

a　蒸汽在垂直管外膜状冷凝

$$\alpha=1.13\left(\frac{\rho^2 g\lambda^3 r}{l\mu\Delta t}\right)^{1/4} \tag{4-27}$$

式中　$\rho$——冷凝液的密度，$kg/m^3$；

$\mu$——冷凝液的黏度，Pa·s；

$\lambda$——冷凝液的热导率，W/(m·℃)；

$r$——饱和蒸汽的冷凝潜热，J/kg；

$g$——重力加速度，$g=9.81m/s^2$；

$l$——垂直管的高度，m；

$\Delta t$——液膜两侧的温差，$\Delta t=t_S-t_W$，℃；

$t_S$——饱和蒸汽温度，℃；

$t_W$——壁温，℃。

特征尺寸：垂直管的高度 $l$，m。

定性温度：除冷凝潜热 $r$ 按冷凝温度 $t_S$ 取值外，其余物性参数均取膜温（$t_S$ 和 $t_W$ 的算数平均值），℃。

b 蒸汽在水平管束外膜状冷凝

$$\alpha = 0.725\left(\frac{\rho^2 g\lambda^3 r}{n^{2/3} d_2 \mu \Delta t}\right)^{1/4} \tag{4-28}$$

式中 $d_2$——圆管外径，m；

$n$——管束在垂直方向上的管排数。

在管壳式换热器中，若管束由相互平行的 $Z$ 列管子组成，一般各列管子在垂直方向的排数不相等，若分别为 $n_1$、$n_2$、…、$n_Z$，则垂直方向上的平均管排数可按下式估算：

$$n = \left(\frac{n_1 + n_2 + \cdots + n_Z}{n_1^{0.75} + n_2^{0.75} + \cdots + n_Z^{0.75}}\right)^4 \tag{4-29}$$

式中 $n_1$，$n_2$，…，$n_Z$——各列管子在垂直方向上的排数；

$Z$——换热管的总列数。

特征尺寸：$n^{2/3}d_2$，m。

定性温度：除冷凝潜热 $r$ 按冷凝温度 $t_S$ 取值外，其余物性参数均取膜温（$t_S$ 和 $t_W$ 的算数平均值），℃。

4.4.3.6 管壁与壳壁温度的核算

在某些情况下，如管外蒸汽冷凝，对流给热系数与壁温有关，此时，计算对流给热系数时需先假设壁温，待求得对流给热系数后，再核算壁温（计算框图见图 4-16）。另外，计算温差应力，检验所选换热器类型是否合适，是否需要加设温度补偿装置等均需核算壁温。

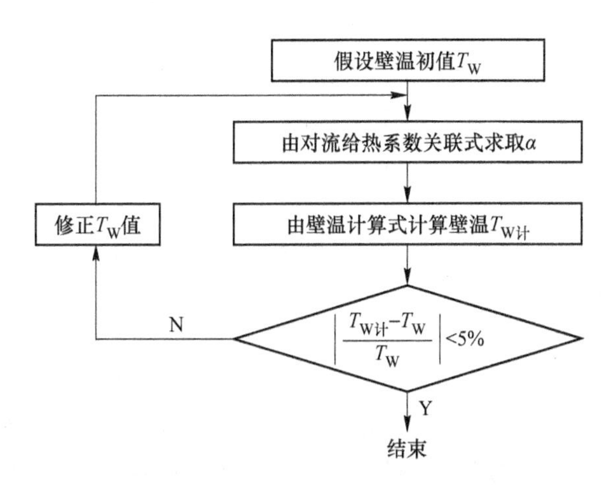


图 4-16 对流给热系数与壁温有关时的壁温核算框图

A 换热管壁温

热流体侧的壁温 $T_W$ 可按下式计算：

$$T_W = T_m - \frac{Q}{A_H}\left(\frac{1}{\alpha_H} + R_H\right) = T_m - K_H \Delta t_m \left(\frac{1}{\alpha_H} + R_H\right) \tag{4-30}$$

式中 $T_W$——热流体侧的壁温，℃；

$T_m$——热流体平均温度，取热流体进出口温度的算数平均值，℃；

$A_H$——热流体侧的传热表面积，$m^2$；

$\alpha_H$——热流体侧的对流给热系数，W/(m²·℃)；

$R_H$——热流体侧的污垢热阻，m²·℃/W；

$K_H$——以热流体侧传热表面积为基准的总传热系数，W/(m²·℃)。

冷流体侧的壁温 $t_W$ 可按下式计算：

$$t_W = t_m + \frac{Q}{A_C}\left(\frac{1}{\alpha_C} + R_C\right) = t_m + K_C \Delta t_m \left(\frac{1}{\alpha_C} + R_C\right) \tag{4-31}$$

式中　$t_W$——冷流体侧的壁温，℃；

$t_m$——冷流体平均温度，取冷流体进出口温度的算数平均值，℃；

$A_C$——冷流体侧的传热表面积，m²；

$\alpha_C$——冷流体侧的对流给热系数，W/(m²·℃)；

$R_C$——冷流体侧的污垢热阻，m²·℃/W；

$K_C$——以冷流体侧传热表面积为基准的总传热系数，W/(m²·℃)。

一般情况下，可取冷、热流体两侧壁温的算数平均值作为换热管壁平均温度。

若忽略管壁热阻，即 $T_W \approx t_W$，则管壁温度可按下式计算：

$$T_W = \frac{\dfrac{T_m}{d_C}\left(\dfrac{1}{\alpha_C} + R_C\right) + \dfrac{t_m}{d_H}\left(\dfrac{1}{\alpha_H} + R_H\right)}{\dfrac{1}{d_C}\left(\dfrac{1}{\alpha_C} + R_C\right) + \dfrac{1}{d_H}\left(\dfrac{1}{\alpha_H} + R_H\right)} \tag{4-32}$$

式中　$d_H$，$d_C$——热流体和冷流体侧的换热管管径，m。

若进一步忽略换热管壁厚，则管壁温度为：

$$T_W = \frac{T_m\left(\dfrac{1}{\alpha_C} + R_C\right) + t_m\left(\dfrac{1}{\alpha_H} + R_H\right)}{\left(\dfrac{1}{\alpha_C} + R_C\right) + \left(\dfrac{1}{\alpha_H} + R_H\right)} \tag{4-33}$$

B　壳体壁温

壳体壁温的计算方法与换热管壁温的计算方法相同。当不考虑外界条件的影响时，壳体壁温可取壳程流体的平均温度。

### 4.4.4　流动阻力（压降）计算

流体流经换热器，其阻力应在工艺允许的数值范围内。如果流动阻力过大，则应修改设计参数或重新选择其他型号的换热器。一般管壳式换热器合理的压降范围如表 4-15 所示。

**表 4-15　管壳式换热器合理压降范围**

| 操作情况 | 操作压力 $p/\times 10^5$ Pa | 合理压降/Pa |
|---|---|---|
| 减压操作 | 0~1（绝） | $\leqslant 0.1p$ |
| 低压操作 | 0~0.7（表）<br>0.7~11（表） | $\leqslant 0.5p$<br>$0.35\times 10^5$ |
| 中压操作 | 11~31（表） | $0.35\times 10^5 \sim 1.8\times 10^5$ |
| 较高压操作 | 31~81（表） | $0.7\times 10^5 \sim 2.5\times 10^5$ |

换热器内流体阻力的大小与多种因素有关，如流体有无相变化、换热器结构型式、流速大小等，且管程和壳程的计算方法有很大不同，计算中应根据实际情况选择相应的公式。

#### 4.4.4.1 管程阻力

管程总阻力等于各程直管摩擦阻力、单程回弯阻力和进、出口阻力之和，其中进、出口阻力常可忽略不计，因此有：

$$\Delta p_{ft}=(\Delta p_{f1}+\Delta p_{f2})f_t N_p \tag{4-34}$$

式中 $\Delta p_{ft}$——管程总阻力，Pa；

$\Delta p_{f1}$——单程直管阻力，Pa；

$\Delta p_{f2}$——单程回弯阻力，Pa；

$N_p$——管程数；

$f_t$——管程结垢校正系数，无因次。

$\phi$25mm×2.5mm 的换热管：$f_t=1.4$；

$\phi$19mm×2mm 的换热管：$f_t=1.5$。

其中，单程直管阻力和回弯阻力可分别计算如下：

$$\Delta p_{f1}=\lambda_1\frac{l}{d_1}\frac{\rho u_1^2}{2} \tag{4-35}$$

$$\Delta p_{f2}=3\frac{\rho u_1^2}{2} \tag{4-36}$$

式中 $\lambda_1$——管内摩擦系数，无因次；

$l$——换热管长度，m；

$d_1$——换热管内径，m；

$\rho$——流体的密度，kg/m$^3$；

$u_1$——管内流速，m/s。

#### 4.4.4.2 壳程阻力

用于计算壳程阻力的公式很多，由于壳程流动情况复杂，用不同公式计算的结果往往很不一致。这里主要介绍目前比较通用的埃索（Esso）法。该法是将壳程阻力损失看成是由流体横向通过管束的阻力损失和折流板缺口处的折流损失两部分组成，即：

$$\Delta p_{fs}=(\Delta p'_{f1}+\Delta p'_{f2})f_s N_s \tag{4-37}$$

式中 $\Delta p_{fs}$——壳程总阻力，Pa；

$\Delta p'_{f1}$——流体流过管束的阻力，Pa；

$\Delta p'_{f2}$——流体流过折流板缺口的阻力，Pa；

$N_s$——壳程数；

$f_s$——壳程结垢校正系数，无因次。

液体：$f_s=1.15$；

气体或可凝性蒸汽：$f_s=1.0$。

其中，流体流过管束的阻力和折流板缺口的阻力可分别计算如下：

$$\Delta p'_{f1}=F\lambda_2 n_c(N_B+1)\frac{\rho u_2'^2}{2} \tag{4-38}$$

$$\Delta p'_{f2}=N_B\left(3.5-\frac{2B}{D}\right)\frac{\rho u_2'^2}{2} \tag{4-39}$$

式中 $N_B$——折流板数目；

$n_c$——横过管束中心线的管数；

$B$——折流板间距，m；

$D$——壳体内径，m；

$u_2'$——按壳程流动面积 $A_2' = B(D - n_c d_2)$ 计算所得的壳程流速，m/s；

$F$——换热管排列形式对压降的校正系数，无因次；

$\lambda_2$——壳程流体摩擦系数，无因次。

正三角形排列：$F = 0.5$；

正方形直列：$F = 0.3$；

正方形错列：$F = 0.4$。

$\lambda_2$ 可由下式求出：

$$\lambda_2 = 5.0 Re'^{-0.228}_2,\ Re_2' > 500 \tag{4-40}$$

式中，$Re_2' = \dfrac{d_2 u_2' \rho}{\mu}$，无因次。

### 4.4.5 管壳式换热器工艺计算示例

**例 4-1** 某生产过程流程如图 4-17 所示。出反应器的混合气体与进料物流换热后，用循环冷却水将其从 110℃进一步冷却至 60℃，再进入吸收塔吸收其中的可溶组分。已知混合气体的流量为 35890kg/h，压力为 6.9MPa；循环冷却水的压力为 0.4MPa，入口温度为 29℃，出口温度拟定为 39℃。试设计一台管壳式换热器，完成该生产任务。

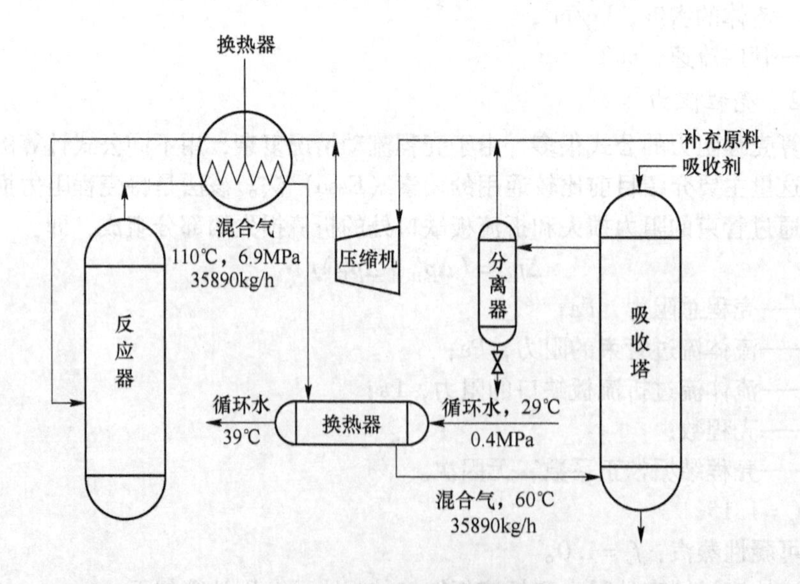


图 4-17 某生产过程流程

**解**：两流体均无相变，本设计按非标准系列换热器的一般设计步骤进行设计。

1. 试算并初选换热器规格

（1）选定换热器类型。

热流体（混合气体）定性温度：

$$T_m = \frac{110 + 60}{2} = 85℃$$

冷流体（冷却水）定性温度：

$$t_m = \frac{29 + 39}{2} = 34℃$$

两流体温差：

$$T_m - t_m = 85 - 34 = 51℃ > 50℃$$

可选用带温度补偿的固定管板式换热器。但考虑到该换热器用循环冷却水冷却，冬季操作时进口温度会降低，换热器管壁和壳壁温差可能较大，为安全起见，初步确定选用浮头式换热器。

（2）确定流体的物性数据。混合气体在定性温度85℃下的有关物性数据如下（来自生产中的实际值）：

密度 $\rho_H = 90kg/m^3$；比热容 $c_{pH} = 3.297kJ/(kg \cdot ℃)$，热导率 $\lambda_H = 0.0279W/(m \cdot ℃)$；黏度 $\mu_H = 1.5 \times 10^{-5} Pa \cdot s$。

循环冷却水在定性温度34℃下的有关物性数据如下（可查阅相关手册和文献，用线性内插的方法获取）：

密度 $\rho_C = 994.3kg/m^3$；比热容 $c_{pC} = 4.174kJ/(kg \cdot ℃)$，热导率 $\lambda_C = 0.624W/(m \cdot ℃)$；黏度 $\mu_C = 0.742 \times 10^{-3} Pa \cdot s$。

（3）计算热负荷，确定冷却水循环量：

$$Q = q_{mH} c_{pH} (T_1 - T_2) = 35890 \times 3.297 \times (110 - 60) = 5.92 \times 10^6 kJ/h = 1643.5kW$$

忽略热损失，冷却水的循环量为：

$$q_{mC} = \frac{Q}{c_{pC}(t_2 - t_1)} = \frac{1643.5}{4.174 \times (39 - 29)} = 39.4kg/s$$

（4）确定冷、热流体的流程和流动方式。因循环冷却水较易结垢，为便于污垢清洗，选定冷却水走管程，混合气走壳程。

由于目前管程数和壳程数未知，流动方式先按纯逆流考虑。

（5）计算平均传热温差：

$$\Delta t_{m逆} = \frac{\Delta t_1 - \Delta t_2}{\ln \frac{\Delta t_1}{\Delta t_2}} = \frac{(110 - 39) - (60 - 29)}{\ln \frac{110 - 39}{60 - 29}} = 48.3℃$$

（6）估算总传热系数 $K_{估}$。查阅相关手册和文献，参照总传热系数的大致范围，同时考虑到壳程气体压力较高，可选较大的传热系数，故假设 $K_{估} = 350W/(m^2 \cdot ℃)$。

（7）由传热基本方程计算传热面积初值 $A_{估}$：

$$A_{估} = \frac{Q}{K_{估} \Delta t_{m逆}} = \frac{1643.5 \times 10^3}{350 \times 48.3} = 97.2m^2$$

（8）确定换热器的工艺尺寸。换热管选用 $\phi 25mm \times 2.5mm$ 较高级冷拔碳钢管，取管内流速 $u_1 = 1.1m/s$。

单程换热管数为：

$$n_s = \frac{q_{VC}}{\frac{\pi}{4} d_1^2 u_1} = \frac{39.4/994.3}{0.785 \times 0.02^2 \times 1.1} = 114.7 \approx 115$$

按单管程计算，所需换热管总长为：

$$L=\frac{A_{估}}{n_s\pi d_2}=\frac{97.2}{115\times3.14\times0.025}=10.8\text{m}$$

按单管程设计，换热管过长，宜采用多管程结构，取换热管长 $l=6\text{m}$，则该换热器的管程数为：

$$N_p=\frac{10.8}{6}=1.8\approx2$$

换热器的总管数为：

$$N_T=N_p n_s=2\times115=230$$

按单壳程设计，计算流体实际流动状况下的平均传热温差：

$$P=\frac{t_2-t_1}{T_1-t_1}=\frac{39-29}{110-29}=0.123,\ R=\frac{T_1-T_2}{t_2-t_1}=\frac{110-60}{39-29}=5$$

单壳程、双管程属于1－2型换热器，可用式（4-18）计算温差修正系数：

$$\varphi_{\Delta t}=\frac{\sqrt{R^2+1}}{R-1}\ln\left(\frac{1-P}{1-PR}\right)\Bigg/\ln\left(\frac{2/P-1-R+\sqrt{R^2+1}}{2/P-1-R-\sqrt{R^2+1}}\right)$$

$$=\frac{\sqrt{5^2+1}}{5-1}\ln\left(\frac{1-0.123}{1-0.123\times5}\right)\Bigg/\ln\left(\frac{2/0.123-1-5+\sqrt{5^2+1}}{2/0.123-1-5-\sqrt{5^2+1}}\right)=0.962>0.8$$

温差修正系数大于0.8，说明按单壳程设计合理。

实际平均传热温差为：

$$\Delta t_m=\varphi_{\Delta t}\Delta t_{m逆}=0.962\times48.3=46.46℃$$

若通过查图获取温差修正系数，则 $P$、$R$ 的数值超出了图4-14绘制的范围，需对参数进行如下变换：令 $R'=1/R$，$P'=PR$，则 $R=1/R'$，$P=P'/R=P'R'$，代入式（4-18）：

$$\varphi_{\Delta t}=\frac{\sqrt{(1/R')^2+1}}{1/R'-1}\ln\left(\frac{1-P'R'}{1-P'}\right)\Bigg/\ln\left(\frac{2/P'R'-1-1/R'+\sqrt{(1/R')^2+1}}{2/P'R'-1-1/R'-\sqrt{(1/R')^2+1}}\right)$$

$$=\frac{\sqrt{R'^2+1}}{R'-1}\ln\left(\frac{1-P'}{1-P'R'}\right)\Bigg/\ln\left(\frac{2/P'-1-R'+\sqrt{R'^2+1}}{2/P'-1-R'-\sqrt{R'^2+1}}\right)$$

上式和式（4-18）的形式完全相同。因此，用 $R'$、$P'$ 替换 $R$、$P$ 后作图也与图4-14完全相同。

本例中，$R'=1/5=0.2$，$P'=0.123\times5=0.615$，在图4-14中同样可查得 $\varphi_{\Delta t}=0.962>0.8$。

换热管采用组合排列方式，即每程内按正三角形排列，隔板两侧按正方形排列。

查表4-7取换热管中心距 $t=32\text{mm}$，分程隔板槽两侧管心距 $c=44\text{mm}$。

采用多管程结构，壳体内径按式（4-7）进行估算，取管板利用率 $\eta=0.8$，可得：

$$D=1.05t\sqrt{N_T/\eta}=1.05\times32\times\sqrt{230/0.8}=569.7\text{mm}$$

圆整到标准值后取 $D=600\text{mm}$。

换热器的长径比为：

$$\frac{l}{D}=\frac{6000}{600}=10$$

长径比合适。

查表 4-8 和表 4-9，取拉杆直径为 16mm，数量为 4，画出排管图如图 4-18 所示。

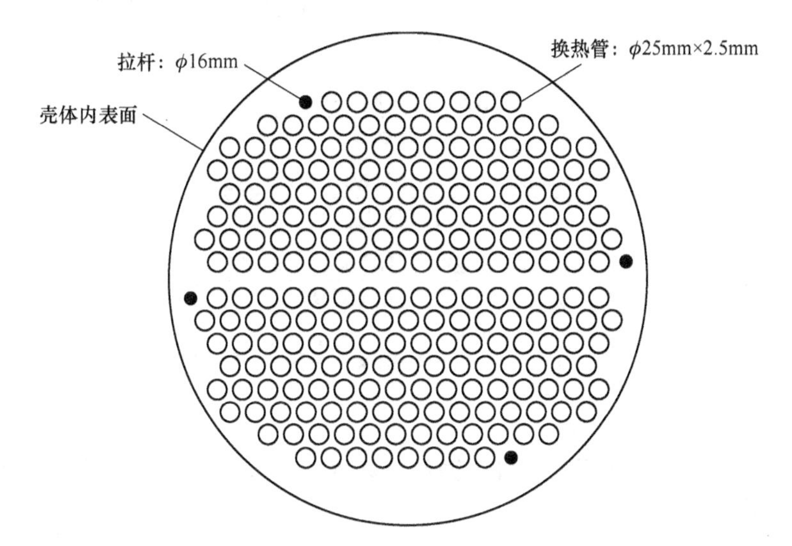


图 4-18 排管图

采用弓形折流板，取折流板圆缺高度为壳体内径的 25%，则切去的圆缺高度为：$0.25\times600=150\text{mm}$。

由于壳程气体压力较高，可取较小的折流板间距，取折流板间距 $B=0.3D=0.3\times600=180\text{mm}$。

折流板数量为：

$$N_B=\frac{l-100}{B}-1=\frac{6000-100}{180}-1=31.8\approx31$$

2. 核算传热面积

（1）计算管程对流给热系数。管内流体实际流速为：

$$u_1=\frac{q_{VC}}{\frac{\pi}{4}d_1^2n_s}=\frac{39.4/994.3}{0.785\times0.02^2\times115}=1.10\text{m/s}$$

$$Re_1=\frac{d_1u_1\rho_C}{\mu_C}=\frac{0.02\times1.10\times994.3}{0.742\times10^{-3}}=29480.6>10000$$

$$Pr_1=\frac{c_{pC}\mu_C}{\lambda_C}=\frac{4.174\times10^3\times0.742\times10^{-3}}{0.624}=4.96\in(0.7,160)$$

$$\alpha_1=0.023\frac{\lambda_C}{d_1}Re^{0.8}Pr^{0.4}=0.023\times\frac{0.624}{0.02}\times29480.6^{0.8}\times4.96^{0.4}=5125.1\text{W/(m}^2\cdot℃)$$

（2）计算壳程对流给热系数。换热管按正三角形排列，壳程当量直径为：

$$d_e=\frac{4\left(\frac{\sqrt{3}}{2}t^2-\frac{\pi}{4}d_2^2\right)}{\pi d_2}=\frac{4\left(\frac{\sqrt{3}}{2}\times0.032^2-\frac{\pi}{4}\times0.025^2\right)}{3.14\times0.025}=0.020\text{m}$$

壳程流通面积为：

$$A' = BD\left(1 - \frac{d_2}{t}\right) = 0.18 \times 0.6 \times \left(1 - \frac{0.025}{0.032}\right) = 0.023625\text{m}^2$$

壳程流体流速为：

$$u_2 = \frac{q_{VH}}{A'} = \frac{35890/(3600 \times 90)}{0.023625} = 4.69\text{m/s}$$

$$Re_2 = \frac{d_e u_2 \rho_H}{\mu_H} = \frac{0.02 \times 4.69 \times 90}{1.5 \times 10^{-5}} = 562800$$

$$Pr_2 = \frac{c_{pH}\mu_H}{\lambda_H} = \frac{3.297 \times 10^3 \times 1.5 \times 10^{-5}}{0.0279} = 1.77$$

$$\alpha_2 = 0.36\frac{\lambda_H}{d_e}Re_2^{0.55}Pr_2^{0.33}\left(\frac{\mu_H}{\mu_{HW}}\right)^{0.14} = 0.36 \times \frac{0.0279}{0.02} \times 562800^{0.55} \times 1.77^{0.33} \times 1$$

$$= 881.9\text{W/(m}^2 \cdot ℃)$$

（3）选择合适的污垢热阻。对管内循环冷却水，查表4-12，取硬水的污垢热阻 $R_1 = 0.000561\text{m}^2 \cdot ℃/\text{W}$；

对管外混合气，根据生产实际，取污垢热阻 $R_2 = 0.0004\text{m}^2 \cdot ℃/\text{W}$。

（4）计算总传热系数 $K_{计}$。取管壁碳钢的热导率 $\lambda_W = 45.4\text{W/(m} \cdot ℃)$：

$$K_{计} = \frac{1}{\left(\frac{1}{\alpha_1} + R_1\right)\frac{d_2}{d_1} + \frac{d_2}{2\lambda_W}\ln\frac{d_2}{d_1} + \frac{1}{\alpha_2} + R_2}$$

$$= \frac{1}{\left(\frac{1}{5125.1} + 0.000516\right)\frac{25}{20} + \frac{0.025}{2 \times 45.4}\ln\frac{25}{20} + \frac{1}{881.9} + 0.0004} = 402.5\text{W/(m}^2 \cdot ℃)$$

（5）计算所需传热面积和实际传热面积：

$$A_{计} = \frac{Q}{K_{计}\Delta t_m} = \frac{1643.5 \times 10^3}{402.5 \times 46.46} = 87.89\text{m}^2$$

$$A_{实} = N_T \pi d_2 l = 230 \times 3.14 \times 0.025 \times 6 = 108.33\text{m}^2$$

换热器的面积裕度为：

$$\frac{A_{实} - A_{计}}{A_{计}} = \frac{108.33 - 87.89}{87.89} = 23.3\%$$

面积裕度合适，满足设计要求。

3. 核算壁温

忽略管壁热阻和厚度，换热管壁温按式（4-33）计算：

$$T_W = \frac{T_m\left(\frac{1}{\alpha_C} + R_C\right) + t_m\left(\frac{1}{\alpha_H} + R_H\right)}{\left(\frac{1}{\alpha_C} + R_C\right) + \left(\frac{1}{\alpha_H} + R_H\right)}$$

$$= \frac{85 \times \left(\frac{1}{5125.1} + 0.000561\right) + 34 \times \left(\frac{1}{881.9} + 0.0004\right)}{\left(\frac{1}{5125.1} + 0.000561\right) + \left(\frac{1}{881.9} + 0.0004\right)} = 52.7℃$$

壳体壁温近似取壳程流体的平均温度，即85℃。

壳体壁温与换热管壁温之差为：85 - 52.7 = 32.3℃。

冬季操作时，取循环冷却水的进口温度为10℃，则其定性温度为：

$$t'_{m} = \frac{10 + 39}{2} = 24.5℃$$

且在操作初期，污垢热阻较小，壳体与管壁间温差较大。按最不利的条件考虑，取两侧污垢热阻为零计算壁温：

$$T'_{W} = \frac{85 \times \frac{1}{5125.1} + 24.5 \times \frac{1}{881.9}}{\frac{1}{5125.1} + \frac{1}{881.9}} = 33.4℃$$

此时，壳体壁温与换热管壁温之差为：85 - 33.4 = 51.6℃ > 50℃。

因此，选用浮头式换热器较为适宜。

4. 计算管、壳程压降

（1）计算管程压降。取换热管壁粗糙度 $\varepsilon = 0.2\text{mm}$，则相对粗糙度 $\varepsilon/d = 0.2/20 = 0.01$，由管程 $Re_1 = 29480.6$，查莫迪图得管内摩擦系数 $\lambda_1 = 0.04$，因此：

$$\Delta p_{f1} = \lambda_1 \frac{l}{d_1} \frac{\rho_C u_1^2}{2} = 0.04 \times \frac{6}{0.02} \times \frac{994.3 \times 1.10^2}{2} = 7218.6\text{Pa}$$

$$\Delta p_{f2} = 3 \frac{\rho_C u_1^2}{2} = 3 \times \frac{994.3 \times 1.10^2}{2} = 1804.7\text{Pa}$$

$$\Delta p_{ft} = (\Delta p_{f1} + \Delta p_{f2}) f_t N_p = (7218.6 + 1804.7) \times 1.4 \times 2 = 25265.2\text{Pa} < 0.35 \times 10^5\text{Pa}$$

（2）计算壳程压降：

$$n_c = 1.1\sqrt{N_T} = 1.1 \times \sqrt{230} = 16.7 \approx 17$$

$$A'_2 = B(D - n_c d_2) = 0.18 \times (0.6 - 17 \times 0.025) = 0.0315\text{m}^2$$

$$u'_2 = \frac{q_{VH}}{A'_2} = \frac{35890/(3600 \times 90)}{0.0315} = 3.52\text{m/s}$$

$$Re'_2 = \frac{d_2 u'_2 \rho_H}{\mu_H} = \frac{0.025 \times 3.52 \times 90}{1.5 \times 10^{-5}} = 528000$$

$$\lambda_2 = 5.0 Re_2'^{-0.228} = 5.0 \times 528000^{-0.228} = 0.248$$

$$\Delta p'_{f1} = F \lambda_2 n_c (N_B + 1) \frac{\rho u_2'^2}{2} = 0.5 \times 0.248 \times 17 \times (31 + 1) \times \frac{90 \times 3.52^2}{2} = 37611.3\text{Pa}$$

$$\Delta p'_{f2} = N_B \left(3.5 - \frac{2B}{D}\right) \frac{\rho u_2'^2}{2} = 31 \times \left(3.5 - \frac{2 \times 0.18}{0.6}\right) \times \frac{90 \times 3.52^2}{2} = 50125.4\text{Pa}$$

$$\Delta p_{fs} = (\Delta p'_{f1} + \Delta p'_{f2}) f_s N_s = (37611.3 + 50125.4) \times 1.0 \times 1 = 87736.7\text{Pa} < 2.5 \times 10^5\text{Pa}$$

管、壳程压降均在允许范围之内，故所设计的换热器合适。

5. 换热器主要工艺计算结果和工艺尺寸一栏表

换热器主要工艺计算结果和工艺尺寸一栏表如表4-16所示。

**表 4-16 换热器主要工艺计算结果和工艺尺寸一栏表**

| 物流参数 | | 管程 | 壳程 |
|---|---|---|---|
| 流量/$kg \cdot h^{-1}$ | | 141840 | 35890 |
| 温度(进/出)/℃ | | 29/39 | 110/60 |
| 压力/MPa | | 0.4 | 6.9 |
| 定性温度/℃ | | 34 | 85 |
| 密度/$kg \cdot m^{-3}$ | | 994.3 | 90 |
| 比热容/$kJ \cdot (kg \cdot ℃)^{-1}$ | | 4.174 | 3.297 |
| 黏度/Pa·s | | $0.742 \times 10^{-3}$ | $1.5 \times 10^{-5}$ |
| 热导率/$W \cdot (m \cdot ℃)^{-1}$ | | 0.624 | 0.0279 |
| 普朗特数 *Pr* | | 4.96 | 1.77 |
| 工艺尺寸 | | | |
| 形式 | 浮头式 | 管子排列 | 正三角形 |
| 台数/台 | 1 | 管心距/mm | 32 |
| 换热管规格/mm×mm | $\phi 25 \times 2.5$ | 拉杆直径/mm | 16 |
| 材质 | 碳钢 | 拉杆数量/根 | 4 |
| 总管数/根 | 230 | 传热面积/$m^2$ | 108.33 |
| 管长/mm | 6000 | 壳体内径/mm | 600 |
| 管程数 | 2 | 折流板间距/mm | 180 |
| 壳程数 | 1 | 折流板数量/块 | 31 |
| 主要工艺计算结果 | | 管程 | 壳程 |
| 流速/$m \cdot s^{-1}$ | | 1.10 | 4.69 |
| 对流给热系数/$W \cdot (m^2 \cdot ℃)^{-1}$ | | 5125.1 | 881.9 |
| 污垢热阻/$m^2 \cdot ℃ \cdot W^{-1}$ | | 0.000561 | 0.0004 |
| 压降/kPa | | 25.3 | 87.7 |
| 热负荷/kW | | 1643.5 | |
| 平均传热温差/℃ | | 46.46 | |
| 总传热系数/$W \cdot (m^2 \cdot ℃)^{-1}$ | | 402.5 | |
| 面积裕度/% | | 23.3 | |

# 5 管壳式换热器的结构设计

在换热器设计中，当完成了工艺计算后，换热器的工艺尺寸即可确定。若能用换热器标准系列选型，则所有结构尺寸随之而定，否则尽管在传热计算和流体阻力计算中已部分确定了结构尺寸，仍需进行专门的结构设计。这时的结构设计除应进一步确定那些尚未确定的尺寸以外，还应对那些已经确定的尺寸做某些校核和修正。

管壳式换热器的结构设计主要有两方面：

（1）确定有关部件的结构形式、结构尺寸和零件之间的连接等，如管板结构尺寸确定，折流板尺寸确定，换热管与管板的连接，管板与壳体、管箱的连接，管箱结构，折流板与分程隔板的固定，法兰与垫片，膨胀节、浮头结构等。

（2）换热器受力元件的应力计算和强度校核，以保证换热器安全、稳定运行，如封头、管箱、壳体、管板、换热管、膨胀节等。

作为化工原理课程设计，这里主要介绍前一方面内容。

## 5.1 设计参数简介

在结构设计中，各种强度尺寸的计算或查询均涉及多种设计参数，如设计压力、设计温度、公称直径、许用应力、焊接接头系数、厚度及其附加量等，使用时需按《压力容器》(GB/T 150—2011）及有关规定进行取值。现就各设计参数的基本概念作简单介绍。

### 5.1.1 压力参数

（1）工作压力 $p_w$。工作压力指在正常工作情况下，容器顶部可能达到的最高压力，也称最高工作压力。

（2）设计压力 $p$。设计压力指设定的容器顶部的最高压力，与相应的设计温度一起作为设计载荷条件，其值不得低于工作压力。通常取设计压力为工作压力的 1.1 ~ 1.5 倍，即 $p=(1.1\sim1.5)p_w$。

（3）计算压力 $p_c$。计算压力指相应设计温度下，用以确定元件厚度的压力，其中包括液柱静压力。通常情况下，计算压力等于设计压力 $p$ 加上液柱静压力 $p_{液}$，即 $p_c=p+p_{液}$。当元件所承受的液柱静压力小于5%设计压力时，可忽略不计，此时计算压力即为设计压力。

### 5.1.2 设计温度

设计温度 $t$ 是指容器在正常工作情况下，在相应设计压力下，设定的受压元件的金属温度（指沿元件金属截面的温度平均值）。对0℃以上的金属温度，设计温度不得低于元件金属在工作状态可能达到的最高温度；对0℃以下的金属温度，设计温度不得高于元件金属可能达到的最低温度。对工作温度在15~350℃范围内的容器，通常取设计温度为工作温度加15~30℃，即$t=t_w+(15\sim30)$℃。

设计温度与设计压力存在对应关系。当压力容器具有不同的操作工况时，应按最苛刻的工况条件下，压力与温度的组合设定容器的设计条件，而不能按其在不同工况下，各自的最苛刻条件确定设计温度和设计压力。

### 5.1.3 公称直径和公称压力

为了便于设计和批量生产，提高制造质量，增强零部件的互换性，降低生产成本，有关部门已经针对某些化工设备及容器零部件制定了系列标准。如储罐、换热器、封头、法兰、支座、人孔、手孔、视镜等都有相应的标准，设计时可采用标准件。容器零部件标准化的基本参数即是公称直径和公称压力。

#### 5.1.3.1 公称直径

规定公称直径的目的是使容器直径成为一系列规定的数值，以便零部件的标准化，以符号DN表示，单位为mm。用钢板卷制而成的筒体，其公称直径即等于内径，现行标准中规定的压力容器公称直径系列，封头的公称直径与筒体一致。例如，工艺计算得到的容器内径为1170mm，则应将其调整为最接近的标准值1200mm，这样便于选用公称直径为1200mm的各种标准零部件。

对管子来说，公称直径既不是管子的内径也不是管子的外径，而是比外径小的数值。只要管子的公称直径一定，管子的外径也就确定了，管子的内径因壁厚不同而有不同的数值。

若容器的直径较小，筒体可直接采用无缝钢管制作，此时，公称直径则是指钢管的外径。无缝钢管的公称直径、外径及无缝钢管作筒体的公称直径见表5-1。

**表5-1 无缝钢管的公称直径、外径及无缝钢管作筒体的公称直径**

| 公称直径/mm | 80 | 100 | 125 | 150 | 175 | 200 | 225 | 250 | 300 | 350 | 400 | 450 | 500 |
|---|---|---|---|---|---|---|---|---|---|---|---|---|---|
| 外径/mm | 89 | 108 | 133 | 159 | 194 | 219 | 245 | 273 | 325 | 377 | 426 | 480 | 530 |
| 无缝钢管作筒体的公称直径/mm | | | | 159 | | 219 | | 273 | 325 | 377 | 426 | | |

#### 5.1.3.2 公称压力

在设计过程中，选用标准零部件仅有公称直径一个参数是不够的，因为公称直径相同的零部件，若工作压力不同的话，它们的厚度等强度尺寸就不同。因此，把压力容器所承受的压力范围分成若干个标准压力等级，称为公称压力，以PN表示，并将其作为选用标准零部件的另一个基本参数。

目前我国制定的压力等级分为常压、0.25MPa、0.6MPa、1.0MPa、1.6MPa、2.5MPa、4.0MPa和6.4MPa。选用容器零部件时，必须将操作温度下的最高操作压力（或设计压力）调整为所规定的某一公称压力等级，然后再根据DN与PN选定该零部件的尺寸。

### 5.1.4 许用应力

许用应力$[\sigma]$是容器壳体、封头等受压元件的材料许用强度，它是根据材料各项强度性能指标分别除以相应的标准中所规定的安全系数来确定的。计算时必须合理选择材料的许用应力。若许用应力选择过大，会使计算出来的部件过于单薄，强度不足而发生损坏；若许用应力选择过小，则会使部件过于笨重而浪费材料。

### 5.1.5 焊接接头系数

采用焊接方式制成的容器，其焊缝是比较薄弱的，这是因为焊缝中可能存在夹渣、气孔、裂纹、未焊透而使焊缝及热影响区的强度受到削弱。因此，为了补偿焊接时可能出现的焊接缺陷对容器强度的影响，引入了焊接接头系数$\varphi$，它等于焊缝金属材料强度与母材强度的比值，反映了焊缝区材料强度的削弱程度，其大小与受压元件的焊接接头形式及无损检测的长度比例有关。

### 5.1.6 厚度参数

5.1.6.1 设计过程中的厚度参数

（1）计算厚度$\delta_c$。根据计算压力，按标准规定的方法计算得到的厚度。计算厚度是保证容器强度、刚度和稳定性所必需的元件厚度。

（2）设计厚度$\delta_d$。指计算厚度与腐蚀裕量之和。设计厚度是在确保容器强度、刚度和稳定性要求的同时，保证规定的设计寿命的厚度。

（3）腐蚀裕量$C_2$。指考虑材料在使用期内受到接触介质（包括大气）腐蚀而预先增加的厚度裕量。

（4）名义厚度$\delta_n$。指设计厚度加上钢材厚度负偏差后向上圆整至钢材标准规格的厚度。一般为标注在设计图样上的厚度，即图样厚度。

（5）钢材厚度负偏差$C_1$。钢板或钢管在轧制过程中，其厚度可能会出现偏差。若出现负偏差则会使实际厚度偏小，严重影响其强度，因此需要引入钢材厚度负偏差进行预先增厚。

（6）有效厚度$\delta_e$。指名义厚度减去厚度附加量。

（7）厚度附加量$C$。指钢材的厚度负偏差$C_1$和腐蚀裕量$C_2$之和，即$C(\mathrm{mm}) = C_1(\mathrm{mm}) + C_2(\mathrm{mm})$。

5.1.6.2 制造过程中的厚度参数

（1）加工减薄量。指制造厂家根据其设定的加工成形减薄量（如封头等）和机械加工裕量（如管板、金属件的机加工裕量）等在名义厚度的基础上再次向上圆整时所附加的厚度裕量。

（2）钢材厚度$\delta_s$。指实际用于制造容器壳体的材料厚度，是决定容器制造技术要求（如热处理、无损检测等）的厚度。

（3）成型厚度。指钢材厚度减去实际加工减薄量后的厚度，即出厂时容器的实际厚度。一般情况下，只要成型厚度大于设计厚度即可满足强度要求。

各厚度参数之间的关系如图 5-1 所示。

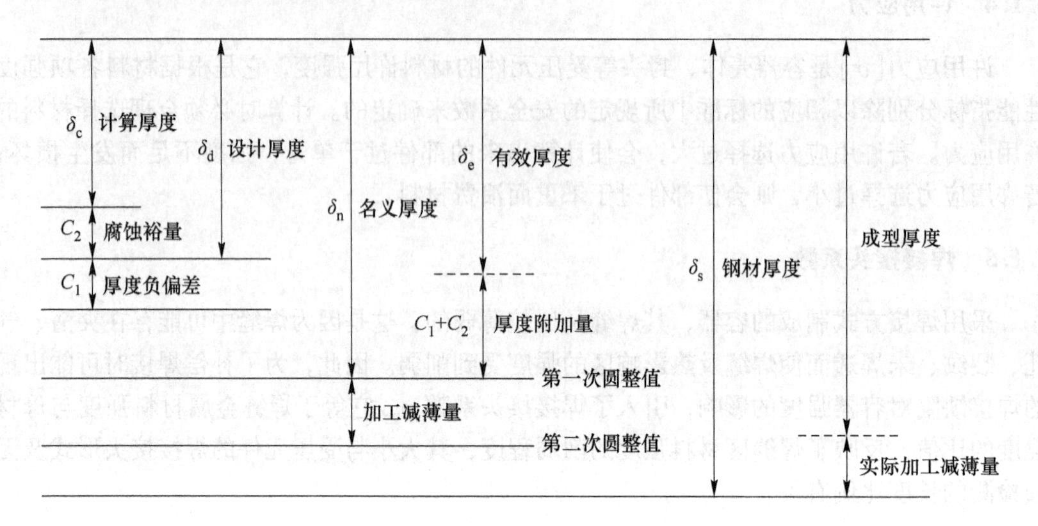


图 5-1 各厚度参数之间的关系

## 5.2 壁厚的确定

壳体、管箱壳体和封头的壁厚可按《压力容器》(GB/T 150—2011) 中的强度计算公式进行计算，也可查阅相关资料获取。设计中为了保证壳体具有足够的刚度，其厚度不得低于表 5-2 所列数据。一般情况下，换热器壳体的最小壁厚远大于普通压力容器。

**表 5-2 圆筒的最小厚度** (mm)

| 壳体公称直径/mm | | 碳素钢、低合金钢和复合板 | | 高合金钢 |
|---|---|---|---|---|
| | | 可抽管束 | 不可抽管束 | |
| 管制 | <100 | 5.0 | 5.0 | 3.2 |
| | ≥100～200 | 6.0 | 6.0 | 3.2 |
| | >200～400 | 7.5 | 6.0 | 4.8 |
| 板制 | ≥400～700 | 8 | 6 | 5 |
| | >700～1000 | 10 | 8 | 7 |
| | >1000～1500 | 12 | 10 | 8 |
| | >1500～2000 | 14 | 12 | 10 |
| | >2000～2600 | 16 | 14 | 12 |
| | >2600～3200 | — | 16 | 13 |
| | >3200～4000 | — | 18 | 17 |

注：1. 碳素钢、低合金钢制圆筒的最小厚度包含 1.0mm 腐蚀裕量；

2. 复合板的最小厚度指爆炸焊接复合板或内壁有堆焊层的总厚度；

3. 对可抽管束，当壳体公称直径 >2600mm 时，圆筒最小厚度由设计者自行确定。

# 5.3 接 管

## 5.3.1 接管的一般要求

（1）接管（含内焊缝）应与壳体内表面齐平，焊后要打磨光滑，以免妨碍管束的拆装。

（2）接管应尽量沿径向或轴向布置（4 管程的例外），以方便配管与检修。

（3）设计温度高于或等于300℃时，不得使用平焊法兰，必须采用长颈对焊法兰。

（4）对不能利用接管（或管口）进行放气和排液的换热器，应在管程和壳程的最高点设置放气口，最低点设置排液口，其最小公称直径为20mm。

（5）操作允许时，一般是在高温、高压或不允许介质泄漏的场合，接管与外部管线的连接亦可采用焊接。

（6）必要时可设置温度计、压力表及液面计接口。

另外，管程流体进出口接管不宜采用轴向接管，如必须采用轴向接管时，应考虑设置管程防冲挡板，以防流体分布不良或对管端的侵蚀。当壳程流体为加热蒸汽或高速流体时，常将壳程接管在入口处加以扩大，即将接管做成喇叭形，以起到缓冲的作用，或在流体进口处设置壳程防冲挡板。

## 5.3.2 接管直径的确定

流体进出口接管直径可由管、壳程处理量和适宜的流速进行计算：

$$d_{N1}=\sqrt{\frac{4q_V}{\pi v}} \tag{5-1}$$

式中 $d_{N1}$——接管内径，m；

$q_V$——接管中流体体积流量，$m^3/s$；

$v$——接管中流体流速，m/s。

选取接管中流体流速时应考虑以下因素：

（1）使接管内的流速为相应管、壳程流速的1.2～1.4倍；

（2）在压降允许的条件下，使接管内流速为以下值：管程接管：$\rho v^2<3300kg/(m\cdot s^2)$；壳程接管：$\rho v^2<2200kg/(m\cdot s^2)$。其中，$\rho$ 为接管中流体密度，$kg/m^3$；

（3）管、壳程接管内的流速也可参考表5-3和表5-4选取。

表5-3 管程接管流速

| 介 质 | 水 | | | 空气 | | 煤气 | 水蒸气 | |
|---|---|---|---|---|---|---|---|---|
| | 长距离 | 中距离 | 短距离 | 低压管 | 高压管 | | 饱和蒸汽 | 过热蒸汽 |
| 流速/$m\cdot s^{-1}$ | 0.5～0.7 | 约1.0 | 0.5～2.0 | 10～15 | 20～25 | 2～6 | 10～12 | 40～80 |

**表 5-4　壳程接管最大流速**

| 介质 | 液体 | | | | | | 气体 |
|---|---|---|---|---|---|---|---|
| 黏度/$10^{-3}$Pa·s | <1 | 1~35 | 35~100 | 100~500 | 500~1000 | >1500 | |
| 最大流速/m·$s^{-1}$ | 2.5 | 2.0 | 1.5 | 0.75 | 0.7 | 0.6 | 壳程最大流速的 1.2~1.4 倍 |

按以上方法计算管径后，应圆整到标准值，并按管、壳程的设计压力选取合适的壁厚，同时应考虑换热器外形结构的匀称、合理、协调以及强度要求，还应使接管外径 $d_{N2}$ 限制在 1/3~1/4 壳体内径 $D$ 之间，即 $d_{N2}=(1/3\sim1/4)D$。

由上述几方面因素定出的管径，有时是矛盾的，工艺上要求直径大流阻小，强度上要求直径小，而结构上又要求与壳体比例协调。尤其一些特殊情况，例如对多管程换热器，若管程接管直径按 $d_{N2}=(1/3\sim1/4)D$ 确定，则接管内流速可能远低于 1.2~1.4 倍的管、壳程流速范围，使管径偏大；相反若是单管程气体按接管内流速为 1.2~1.4 倍管、壳程流速确定管径，又远大于 $d_{N2}=(1/3\sim1/4)D$ 的范围。这就要求在综合考虑各种因素的基础上，合理定出接管内径，然后按相应钢管标准选定接管公称直径。

另一方面，壳体开孔后强度受到削弱，是否需要另行补强也与接管直径有关。具体补强计算和结构尺寸可参阅《压力容器》(GB/T 150—2011) 和相关资料。

### 5.3.3　接管高度的确定

接管高度（伸出长度）是指接管法兰的密封面至壳体（或管箱壳体）外壁的长度（见图 5-2 和图 5-3），主要由法兰形式、焊接操作条件、螺栓拆装、有无保温及保温层厚度等因素决定。其最短长度应符合以下计算值：

$$l_N \geqslant h_{Nf} + h_{Nf1} + \delta_1 + 15\text{mm} \qquad (5\text{-}2)$$

式中　$l_N$——接管伸出长度，mm；

$h_{Nf}$——接管法兰厚度，mm；

$h_{Nf1}$——接管法兰的螺母厚度，mm；

$\delta_1$——保温层厚度，mm。

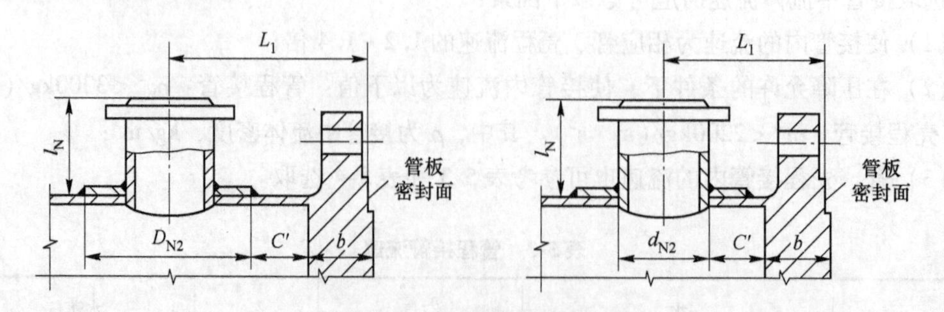


图 5-2　壳程接管位置

按上式计算后应圆整到标准尺寸，常见接管高度为 150mm、200mm、250mm、300mm、350mm 等，也可按表 5-5 和表 5-6 中的数据选取。

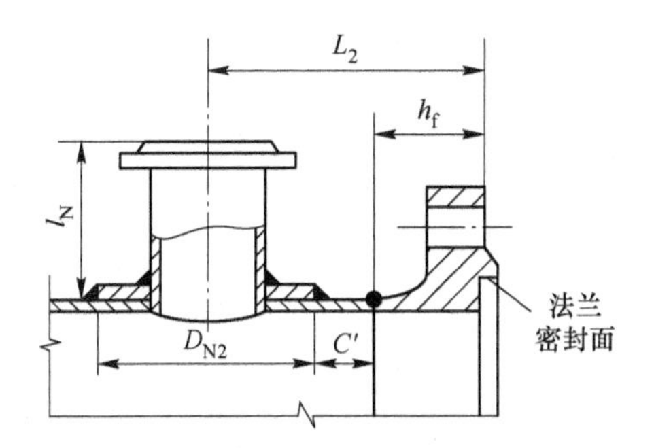


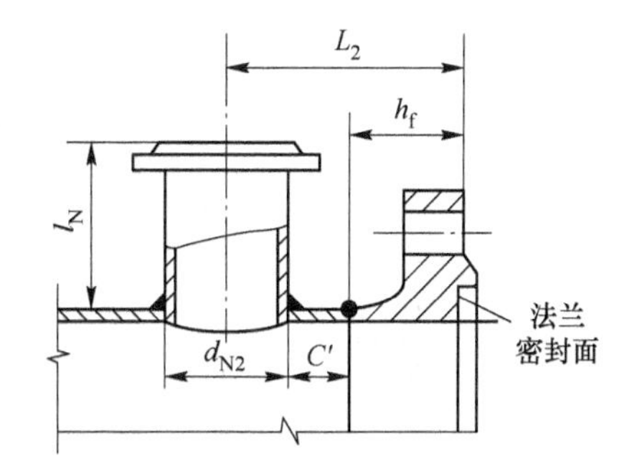


图 5-3　管箱接管位置

**表 5-5　PN≤4.0MPa 的接管伸出长度**　(mm)

| DN | $\delta_1$ | | | | | | |
|---|---|---|---|---|---|---|---|
| | 0~50 | 51~75 | 76~100 | 101~125 | 126~150 | 151~175 | 176~200 |
| 20 | 150 | 150 | 150 | 200 | 200 | 250 | 250 |
| 25 | 150 | 150 | 150 | 200 | 200 | 250 | 250 |
| 32 | 150 | 150 | 150 | 200 | 200 | 250 | 250 |
| 40 | 150 | 150 | 150 | 200 | 200 | 250 | 250 |
| 50 | 150 | 150 | 150 | 200 | 200 | 250 | 250 |
| 70 | 150 | 150 | 150 | 200 | 200 | 250 | 250 |
| 80 | 150 | 150 | 200 | 200 | 250 | 250 | 300 |
| 100 | 150 | 150 | 200 | 200 | 250 | 250 | 300 |
| 125 | 200 | 200 | 200 | 200 | 250 | 250 | 300 |
| 150 | 200 | 200 | 200 | 200 | 250 | 250 | 300 |
| 200 | 200 | 200 | 200 | 200 | 250 | 250 | 300 |
| 250 | 200 | 200 | 200 | 250 | 250 | 300 | 300 |
| 300 | 250 | 250 | 250 | 250 | 250 | 300 | 300 |
| 350 | 250 | 250 | 250 | 250 | 250 | 300 | 300 |
| 400 | 250 | 250 | 250 | 250 | 300 | 300 | 350 |
| 450 | 250 | 250 | 250 | 250 | 300 | 300 | 350 |
| 500 | 250 | 250 | 250 | 250 | 300 | 300 | 350 |

**表 5-6　PN=6.4MPa 的接管伸出长度**　(mm)

| DN | $\delta_1$ | | | | | | |
|---|---|---|---|---|---|---|---|
| | 0~50 | 51~75 | 76~100 | 101~125 | 126~150 | 151~175 | 176~200 |
| 20 | 150 | 150 | 150 | 200 | 200 | 250 | 250 |
| 25 | 150 | 150 | 150 | 200 | 200 | 250 | 250 |
| 32 | 150 | 150 | 200 | 200 | 250 | 250 | 300 |
| 40 | 150 | 150 | 200 | 200 | 250 | 250 | 300 |

续表 5-6

| DN | $\delta_1$ | | | | | | |
|---|---|---|---|---|---|---|---|
| | 0~50 | 51~75 | 76~100 | 101~125 | 126~150 | 151~175 | 176~200 |
| 50 | 150 | 150 | 200 | 200 | 250 | 250 | 300 |
| 70 | 150 | 150 | 200 | 200 | 250 | 250 | 300 |
| 80 | 150 | 150 | 200 | 200 | 250 | 250 | 300 |
| 100 | 200 | 200 | 200 | 200 | 250 | 250 | 300 |
| 125 | 200 | 200 | 200 | 200 | 250 | 250 | 300 |
| 150 | 200 | 200 | 200 | 250 | 250 | 300 | 300 |
| 200 | 200 | 200 | 200 | 250 | 250 | 300 | 300 |

### 5.3.4 接管位置最小尺寸的确定

在换热器设计中，壳程流体进、出口接管应尽量靠近两端管板，使传热面积得以充分利用，而管箱进、出口接管应尽量靠近管箱法兰，可缩短管箱长度，减轻设备重量。然而，考虑到设备的制造、安装和强度，接管位置受到最小尺寸的限制。

#### 5.3.4.1 壳程接管位置的最小尺寸

如图 5-2 所示，壳程接管位置的最小尺寸可按下述公式计算。

（1）带补强圈接管最小尺寸（mm）

$$L_1 \geqslant \frac{D_{N2}}{2} + (b-4) + C' \tag{5-3}$$

（2）无补强圈接管最小尺寸（mm）

$$L_1 \geqslant \frac{d_{N2}}{2} + (b-4) + C' \tag{5-4}$$

式（5-3）和式（5-4）中，取 $C' \geqslant 4\delta$（$\delta$ 为壳体壁厚，mm）且不小于 50mm。

#### 5.3.4.2 管箱接管位置的最小尺寸

如图 5-3 所示，管箱接管位置的最小尺寸可按下述公式计算。

（1）带补强圈接管最小尺寸（mm）

$$L_2 \geqslant \frac{D_{N2}}{2} + h_f + C' \tag{5-5}$$

（2）无补强圈接管最小尺寸（mm）

$$L_2 \geqslant \frac{d_{N2}}{2} + h_f + C' \tag{5-6}$$

式中 $L_1$——壳程接管位置尺寸（接管中心线至管板密封面的距离），mm；
$L_2$——管箱接管位置尺寸（接管中心线至管箱法兰密封面的距离），mm；
$D_{N2}$——补强圈外径，mm；
$d_{N2}$——接管外径，mm；
$b$——管板厚度，mm；
$h_f$——管箱对焊法兰高度（平焊法兰时，为平焊法兰厚度），mm；

$C'$——补强圈外边缘（无补强圈时，为接管外壁）至管板（或法兰）与壳体连接焊缝之间的距离，mm。

式（5-5）和式（5-6）中，取 $C'\geqslant 4\delta'$（$\delta'$为管箱壳体壁厚，mm）且不小于 50mm。

### 5.3.5 接管法兰的要求

（1）凹凸或榫槽密封面的法兰，密封面向下的，一般应设计成凸面或榫面，其他朝向的，则设计成凹面或槽面，且在同一设备上成对使用。

（2）接管法兰螺栓通孔不应和壳程主轴中心线相重合，应对称的分布在主轴中心线两侧，也即跨中布置法兰螺栓孔。

### 5.3.6 排气、排液管

为提高传热效率，排除或回收工作残气（液），凡不能借助其他接管排气、排液的换热器，应在其壳程和管程的最高、最低点分别设置排气、排液接管。排气、排液接管的端部必须与壳体或管箱壳体内壁齐平，其结构如图 5-4 所示。排气口和排液口的公称直径一般不小于 $\phi$20mm。

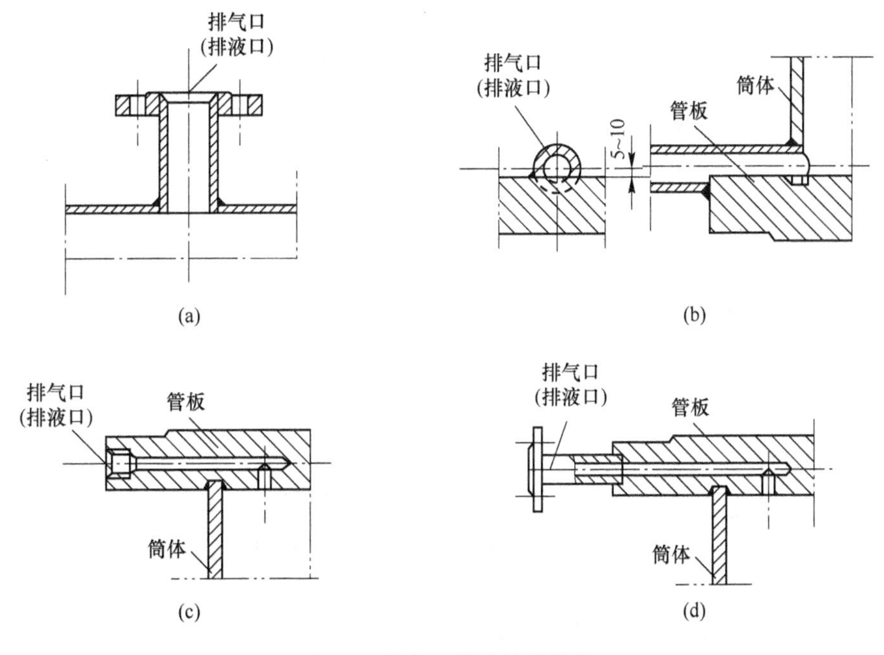


图 5-4 排气、排液接管结构

(a) 卧式换热器排气（液）管；(b) 立式换热器排气（液）管（PN≤2.5MPa）
(c) 立式换热器排气（液）管（PN>2.5MPa）；(d) 立式换热器排气（液）管（PN>2.5MPa）

卧式换热器的排气、排液口多采用图 5-4(a)的结构，设置的位置分别在筒体的上部和底部。立式换热设备中，当公称压力 PN≤2.5MPa 时，多采用图 5-4(b)的结构；而当公称压力 PN>2.5MPa 时，则选用图 5-4(c)、(d)结构，即在管板上开设小孔，管端采用螺塞或焊上接管法兰。图 5-4(c)结构，通道易堵塞，螺塞易锈死，对不清洁、有腐蚀的物料，不宜采用这种结构。

# 5.4　管　　板

管板是管壳式换热器中最重要的零部件之一，在换热器的制造成本中占有相当大的比重，其作用是将受热管束连接在一起，并将管程和壳程的流体分隔开来，是换热器内主要的受压元件。管板的正确设计对换热器的安全性和可靠性至关重要。

## 5.4.1　管板结构尺寸

### 5.4.1.1　管板结构

如图5-5和图5-6所示为固定管板式换热器兼作法兰的管板，管板与法兰连接的密封面为凸面。分程隔板槽拐角处，倒角45°，倒角宽度为分程垫片圆角半径 $R$ 加1～2mm。

图5-5为碳钢、低合金钢和不锈钢制整体管板。碳钢、低合金钢管板的隔板槽宽度为12mm，不锈钢管板为11mm，槽深一般不小于4mm。

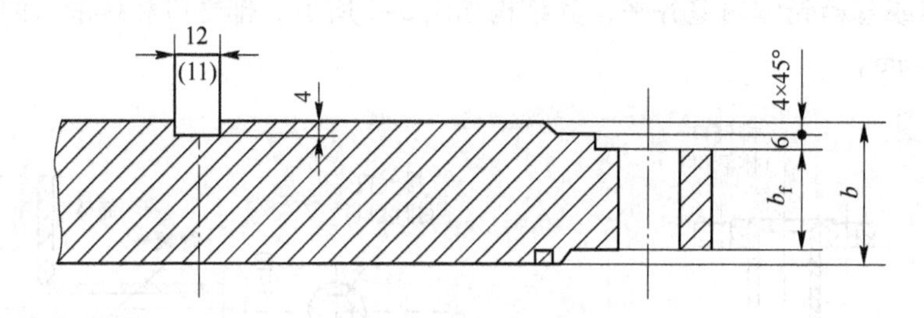


图5-5　整体管板结构
（注：括号内的尺寸仅用于不锈钢管板）

图5-6为堆焊不锈钢管板。堆焊管板应先堆焊，然后钻管孔。堆焊不锈钢，推荐采用带极堆焊。

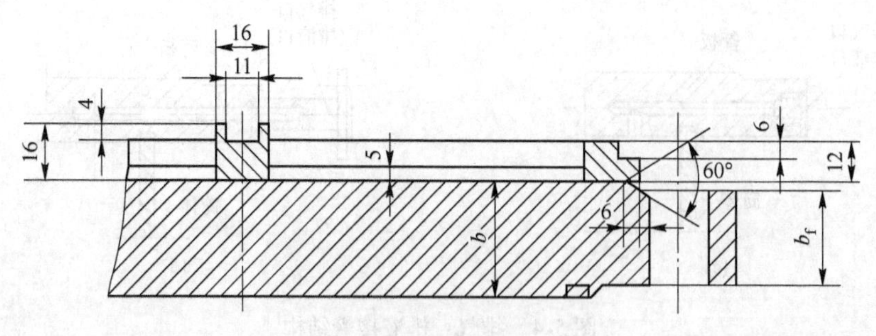


图5-6　堆焊管板结构

### 5.4.1.2　管板厚度

换热器对管板厚度的要求往往是矛盾的：当增大管板厚度时，可以提高承压能力，但当管板两侧流体温差很大时，管板内部沿厚度方向的热应力相应增大；当减薄管板厚度时，可以降低热应力，但是削弱了管板的承压能力。在换热器开、停车或介质温度发生变化时，由于厚的管板温度变化较换热管温度变化慢，在管板和换热管连接处会产生较大的热应力。快速开、停车或介质温度的突然变化往往导致管板和换热管连接处发生破裂。因此，在设计时必须选取合适的管板厚度。

管板的最小厚度（不包含腐蚀裕量和隔板槽深度）除满足强度计算要求外，还应满足结构设计和制造的要求。当管板和换热管采用焊接时，管板的最小厚度不小于12mm；当管板和换热管采用胀接时，管板的最小厚度应满足表5-7中的规定。

**表5-7　胀接时管板的最小厚度**

| 应用范围 | 换热管外径/mm | | | | | | | |
|---|---|---|---|---|---|---|---|---|
| | 10 | 14 | 19 | 25 | 32 | 38 | 45 | 57 |
| | 管板最小厚度/mm | | | | | | | |
| 炼油工业及易燃、易爆、有毒介质等场合 | 20 | | | 25 | 32 | 38 | 45 | 57 |
| 无害介质的一般场合 | 10 | 15 | | 20 | 24 | 26 | 32 | 36 |

5.4.1.3　管板尺寸

管板尺寸已形成系列标准，可通过管、壳程的设计压力和壳体的公称直径查阅相关资料获取。

5.4.1.4　管板管孔

管板的管孔中心距及其排列与换热管相同，管孔直径和允许偏差见表5-8。

**表5-8　管板管孔直径和允许偏差**

| 换热管外径/mm | | 10 | 14 | 19 | 25 | 32 | 38 | 45 | 57 |
|---|---|---|---|---|---|---|---|---|---|
| 管孔直径/mm | Ⅰ级 | 10.20 | 14.25 | 19.25 | 25.25 | 35.35 | 38.40 | 45.40 | 57.55 |
| | Ⅱ级 | 10.30 | 14.40 | 19.40 | 25.40 | 32.50 | 38.50 | 45.50 | 57.70 |
| 允许偏差/mm | Ⅰ级 | +0.15，0 | | | | +0.20，0 | | | +0.25，0 |
| | Ⅱ级 | +0.15，0 | | +0.20，0 | | +0.30，0 | | +0.40，0 | |

## 5.4.2　换热管与管板的连接

换热管与管板的连接是管壳式换热器制造中最主要的问题之一，它不但耗费大量工时，更主要的是这个部位是换热器的薄弱环节，若处理不当，将造成连接处的泄漏或开裂。因此，要正确选择换热管与管板的连接方式，设计合理的结构，保证换热管与管板连接的密封性和抗拉脱强度。

换热管与管板的连接有强度胀接、强度焊接和胀焊并用等形式。

5.4.2.1　强度胀接

胀接是用胀管器将管板中的管子强行胀大，使之发生塑性变形，并与仅发生弹性变形的管孔紧密结合，借助于胀接后管孔的收缩所产生的残余应力箍紧管子四周，从而实现管子与管板的连接。胀接分为强度胀接和贴胀。贴胀主要是为消除换热管与管孔之间缝隙的轻度胀接，一般不单独使用；而强度胀接是指换热管与管板连接处的密封性和抗拉脱强度均由胀接来保证的连接。强度胀接的特点是结构简单，管子更换和修补容易。但由于胀接靠的是残余应力，而残余应力会随着温度的升高而降低，使管子失去密封和紧固能力，所以强度胀接的使用温度不能大于300℃，设计压力不超过4MPa，且操作中应无剧烈的振动，无过大的温度变化及无严重的应力腐蚀。外径小于14mm的换热管与管板的连接也不宜采用强度胀接。

当换热管与管板采用强度胀接时，要求管板材料的硬度值大于换热管材料的硬度值，同时管板材料和换热管材料的线膨胀系数不宜相差过大。

强度胀接的管孔结构及尺寸见图5-7和表5-9。图5-7(a)的结构用于管板厚度 $b \leq 25$mm的换热器；图5-7(b)的结构用于管板厚度 $b \geq 25$mm的换热器；图5-7(c)的结构用于厚管板及避免间隙腐蚀的场合。

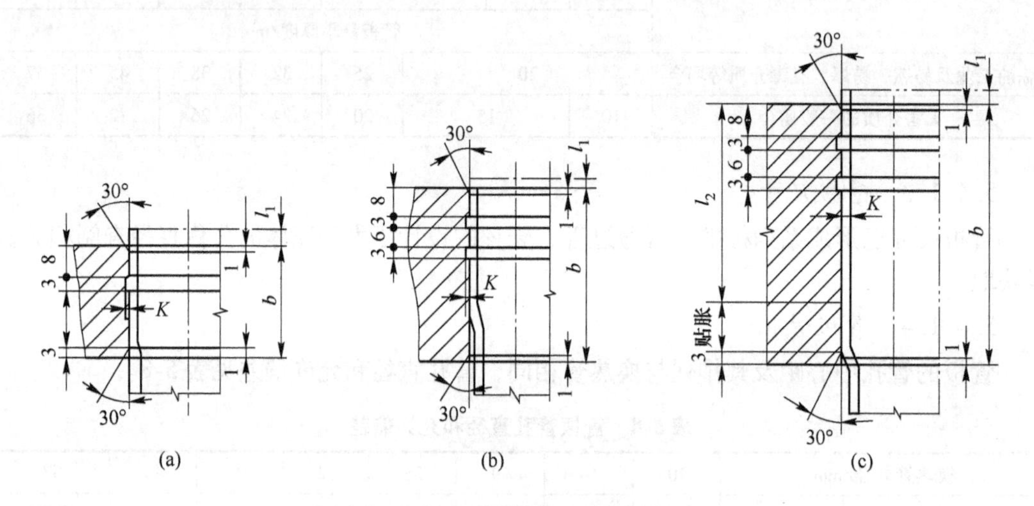


图5-7　强度胀接的管孔结构及尺寸

（a）用于 $b \leq 25$mm；（b）用于 $b \geq 25$mm；（c）用于厚管板及避免间隙腐蚀的场合

**表5-9　强度胀接结构尺寸**

| 项　　目 | 换热管外径/mm | | | | | | |
|---|---|---|---|---|---|---|---|
| | 14 | 19 | 25 | 32 | 38 | 45 | 57 |
| 换热管伸出长度 $l_1$/mm | $3^{+2}$ | | | $4^{+2}$ | | $5^{+2}$ | |
| 槽深 $K$/mm | 不开槽 | 0.5 | | 0.6 | | 0.8 | |

强度胀接的最小胀接长度 $l_2$ 取下列二者中的最小值：（1）管板名义厚度减去3mm；（2）50mm。

5.4.2.2　强度焊接

焊接分为强度焊接和密封焊接两种。密封焊是为了保证换热管与管板连接密封性的焊接，一般不单独使用；而强度焊接则是为了保证换热管与管板连接密封性和抗拉脱强度的焊接。强度焊接的应用较为广泛，其优点在于：（1）管孔不需要开槽且对其表面粗糙度要求不严格，管子端部不需退火和磨光，因此制造加工较简便；（2）强度高，抗拉脱力强，在高温高压下能保持连续的紧密性；（3）管子破漏需更换时，若有专用刀具，拆卸反而比胀接管子方便。缺点是：(1) 管子与管孔之间存在间隙，易造成间隙腐蚀；(2) 焊接残余应力和应力集中可能带来应力腐蚀和疲劳破坏。

强度焊接的管孔结构及尺寸见图5-8和表5-10。图5-8(a)的结构用于碳钢、低合金钢和整体不锈钢管板的换热器；图 5-8(b)的结构用于堆焊不锈钢管板的换热器。

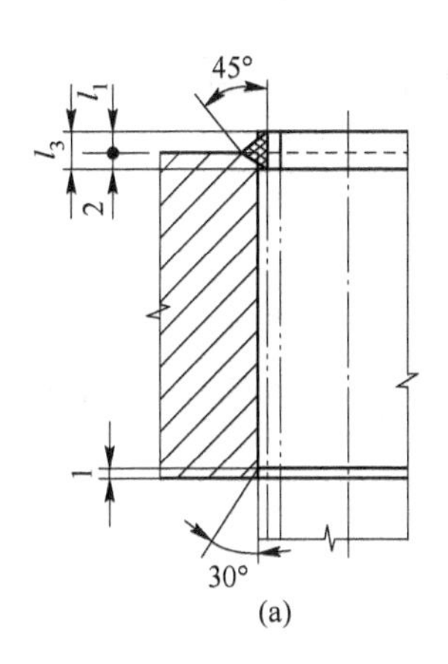


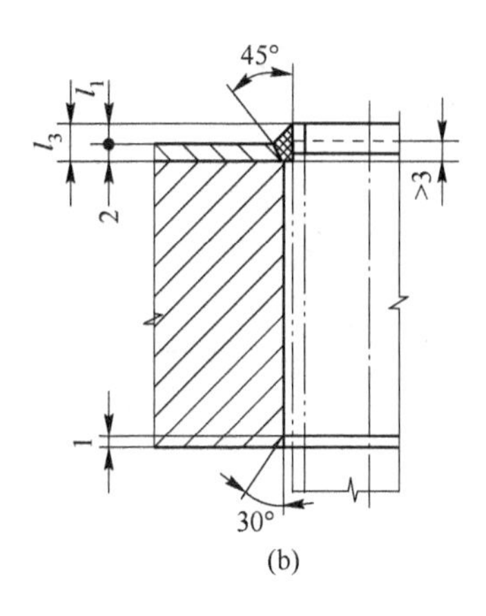


图 5-8　强度焊接的管孔结构及尺寸

（a）用于碳钢、低合金钢和整体不锈钢管板；（b）用于堆焊不锈钢管板

强度焊接的焊缝剪切断面应不低于管子横截面的 1.25 倍，即：

$$\pi d_2 l_3 \geqslant 1.25\left[\frac{\pi}{4}(d_2^2 - d_1^2)\right] \tag{5-7}$$

式中　$l_3$——焊脚高度，mm；

$d_2$——换热管外径，mm；

$d_1$——换热管内径，mm。

**表 5-10　强度焊接结构尺寸**

| 换热管规格/mm × mm | 10 × 1.5 | 14 × 2 | 19 × 2 | 25 × 1.5 | 32 × 3 | 38 × 3 | 45 × 3 | 57 × 3.5 |
|---|---|---|---|---|---|---|---|---|
| 换热管伸出长度 $l_1$/mm | $0.5^{+0.5}$ | $1^{+0.5}$ | | $1.5^{+0.5}$ | $2.5^{+0.5}$ | | | $3^{+0.5}$ |

注：1. 当工艺要求管端伸出长度小于表中所列值时，可适当加大管板焊缝坡口深度，以保证焊脚高度 $l_3$ 不小于 1.4 倍管壁厚度；

2. 换热管壁厚超标时，$l_1$ 值可适当调整。

### 5.4.2.3　胀焊并用

在高温、高压，载荷冲击，介质腐蚀、渗透等复杂操作条件下，要求换热管与管板连接处的密封性和强度要更高、更可靠。在强度胀接或强度焊接都难以满足要求的情况下，可采用胀焊结合的方法，能够达到取长补短的效果。这种连接方式适用于对密封性能要求较高，承受振动或疲劳载荷，有间隙腐蚀，或采用复合管板的场合。胀焊结合的形式主要有以下 3 种。

（1）强度焊 + 贴胀，如图 5-9 所示，主要目的是消除换热管和管孔间的环隙，防止发生间隙腐蚀并增强抗疲劳破坏能力。

（2）强度胀 + 密封焊，如图 5-10 所示，适用于温度不高，压力较高，或介质对密封性要求很高的场合。用强度胀来保证机械强度，用密封焊来增加密封的可靠性。

（3）强度焊 + 强度胀，适用于温度和压力均很高的场合，且消除间隙腐蚀及管子振动的可能性。结构可参照图 5-10，只是将焊缝尺寸按强度焊的结构取值。

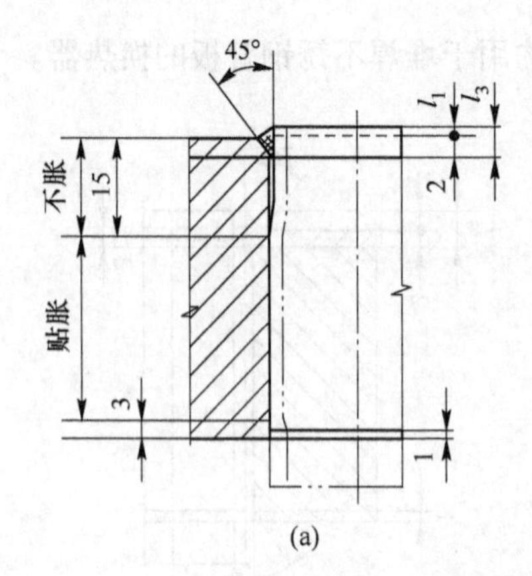

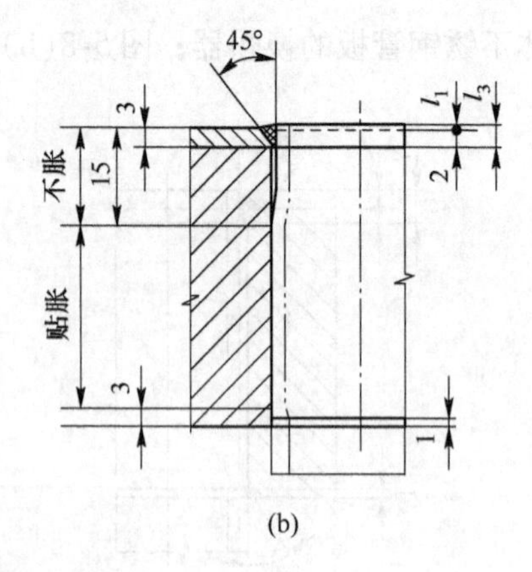


图 5-9　强度焊 + 贴胀的管孔结构及尺寸

（a）用于整体管板；（b）用于复合管板

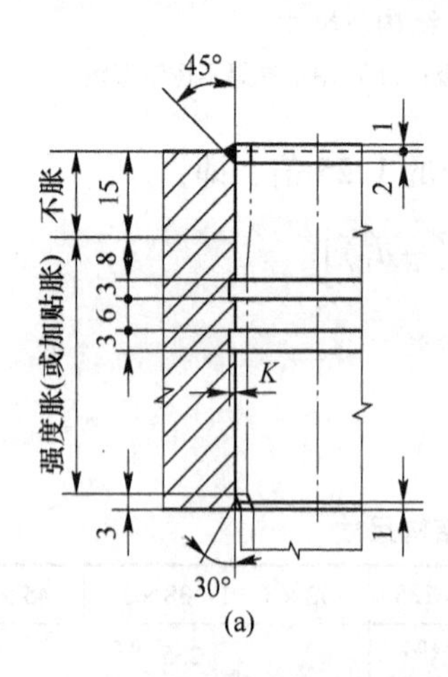

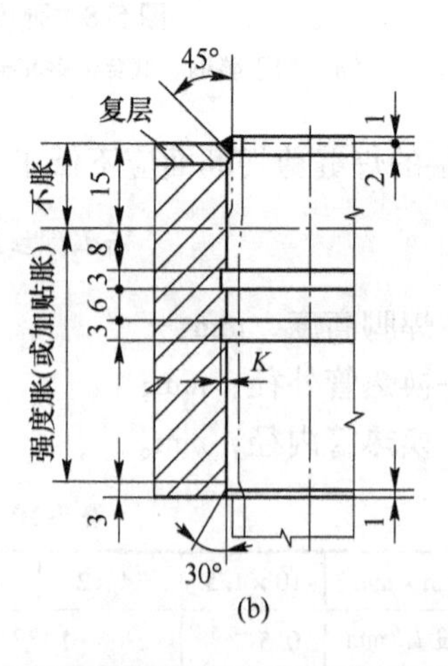


图 5-10　强度胀 + 密封焊的管孔结构及尺寸

（a）用于整体管板；（b）用于复合管板

除上述方法外，对于较厚的管板，在温度、压力都很高，介质腐蚀严重的情况下，可采用“强度胀 + 贴胀 + 密封焊”或“强度焊 + 强度胀 + 贴胀”的结构形式，如图 5-11 所示。

胀焊结合中，采用先胀后焊还是先焊后胀，目前没有统一规定，一般取决于各制造厂家的加工工艺和设备条件，但保证连接的质量要求是一致的。

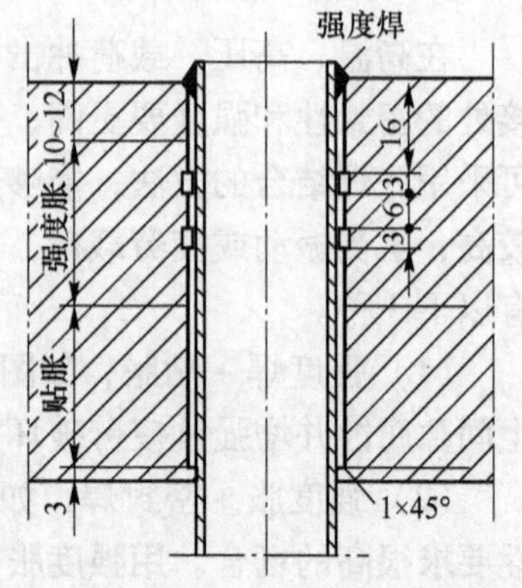


图 5-11　强度焊 + 强度胀 + 贴胀的管孔结构及尺寸

### 5.4.3　管板与壳体、管箱的连接

管板与壳体的连接分为不可拆卸和可拆卸两种形式。不可拆卸连接用于固定管板式换热器，其管板与壳体用焊接连接；可拆卸连接用于浮头式、U 形管式和填料函式换热器的固定端管板，其管板在壳体法兰和管箱法兰之间夹持固定。

5.4.3.1　固定管板式换热器

对不可拆卸连接的固定管板式换热器，结构上有两种形式，一种是管板兼作法兰，另一种是管板不兼作法兰。

A　管板兼作法兰的连接结构

图5-12为常见的兼作法兰的管板与壳体的连接结构。不同结构主要考虑的是焊缝的可焊透性及焊缝的受力，以适用不同的操作条件。图5-12(a)管板上开环槽，壳体嵌入槽内后施焊，壳体对中性好，适用于壳体壁厚$\delta$不大于12mm，壳程压力$p_s$不超过1MPa的场合，不宜用于易燃、易爆、易挥发及有毒介质的场合。图5-12(b)和图5-12(c)结构的焊缝坡口形式优于图5-12(a)，焊透性好，焊缝强度提高，使用压力相应提高，适用于设备直径较大，管板较厚的场合。图5-12(d)和图5-12(e)管板上带有凸肩，焊接形式由角接变为对接，改善了焊缝的受力，适用于压力更高的场合。

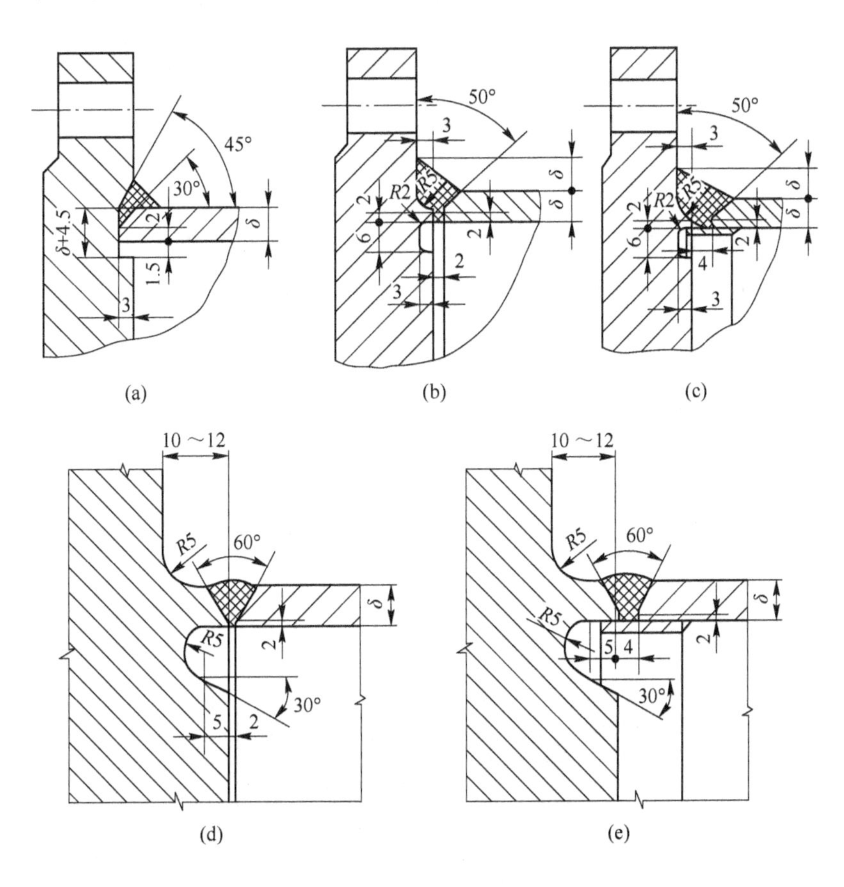


图5-12　兼作法兰的管板与壳体的连接结构

(a) $\delta \leqslant 12$mm，$p_s \leqslant 1$MPa；(b) 1MPa $< p_s \leqslant 4$MPa；(c) 1MPa $< p_s \leqslant 4$MPa；(d) $p_s > 4$MPa；(e) $p_s > 4$MPa

连接结构中，焊缝根部加垫板可提高焊缝的焊透性，若壳程介质无间隙腐蚀作用，应选择带垫板的焊接结构；若壳程介质有间隙腐蚀作用，则应选择不带垫板的结构。管板上的环形圆角则起到减小焊接应力的作用。

图5-13为常见的兼作法兰的管板与管箱法兰的连接结构。图5-13(a)为平面密封形

式，适用于管程压力小于1.6MPa，且对气密性要求不高的场合。图5-13(b)为榫槽密封面形式，适用于气密性要求较高的场合，一般中、低压下较少采用，当在较高压力下使用时，法兰的形式可改用长颈法兰。图5-13(c)为最常用的凹凸密封面形式，视压力的高低，法兰形式可为平焊法兰，更多的为长颈法兰。

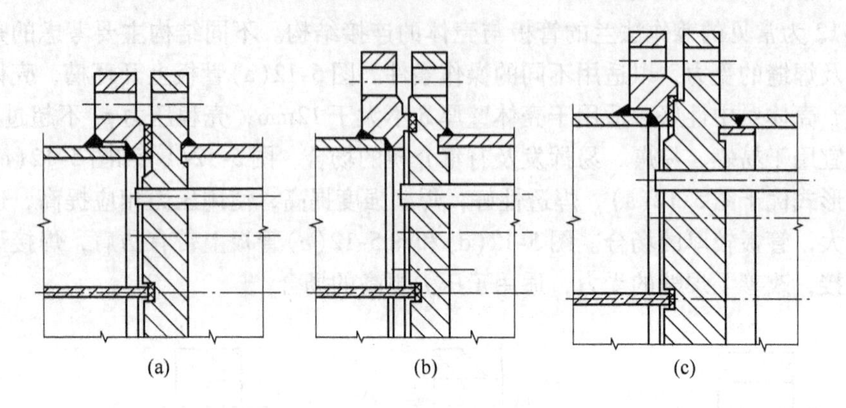


图5-13 兼作法兰的管板与管箱法兰的连接结构

B 管板不兼作法兰的连接结构

管板不兼作法兰的不可拆连接结构如图5-14所示，管板与壳体、管板与管箱的连接均采用焊接，适用于高温、高压及对密封性要求较高的场合。

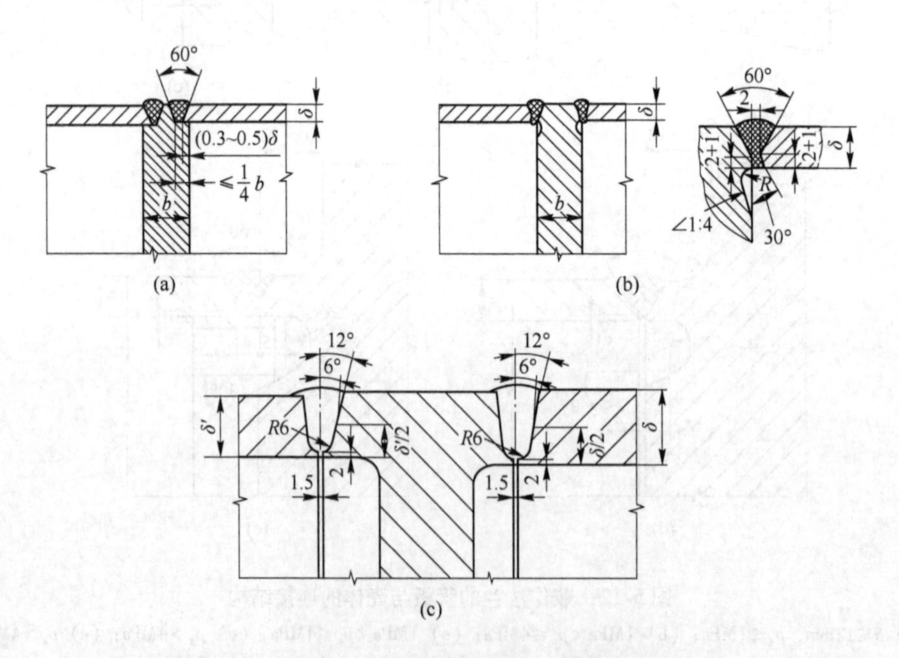


图5-14 不兼作法兰的管板与壳体、管箱的连接结构

(a) $p_s \leqslant 4$MPa；(b) $p_s < 6.4$MPa；(c) $p_s \geqslant 6.4$MPa

### 5.4.3.2 浮头式、U形管式、填料函式换热器

这类换热器的一端管板用壳体法兰和管箱法兰夹持固定，称为固定端管板，为可拆式

管板，另一端管板（U形管式换热器只有一个固定端管板，另一端无管板）可自由伸缩。图5-15为固定端管板的连接结构。图5-15(a)是采用较多的形式，管板与法兰的密封面为凹凸密封面，螺栓拆卸后管程和壳程都可以拆下清洗。图5-15(b)适用于管程需要经常清洗，壳程不用清洗的场合。带凸肩的螺柱结构可以只卸掉管箱侧的螺母，拆卸管箱，而壳程侧仍保持连接，这样壳程介质不必放空，有利于操作。图5-15(c)与图5-15(b)相似，只是适用于壳程需要经常拆卸，管程仍保持连接的场合。图5-15（d）适用于管程与壳程压力相差较大的场合，管板两侧采用不同的法兰密封面形式以及两组不同形式的紧固螺柱连接。图5-15(e)和图5-15(f)也适用于管、壳程压力相差较大而需要不同的密封形式和螺柱连接的场合。

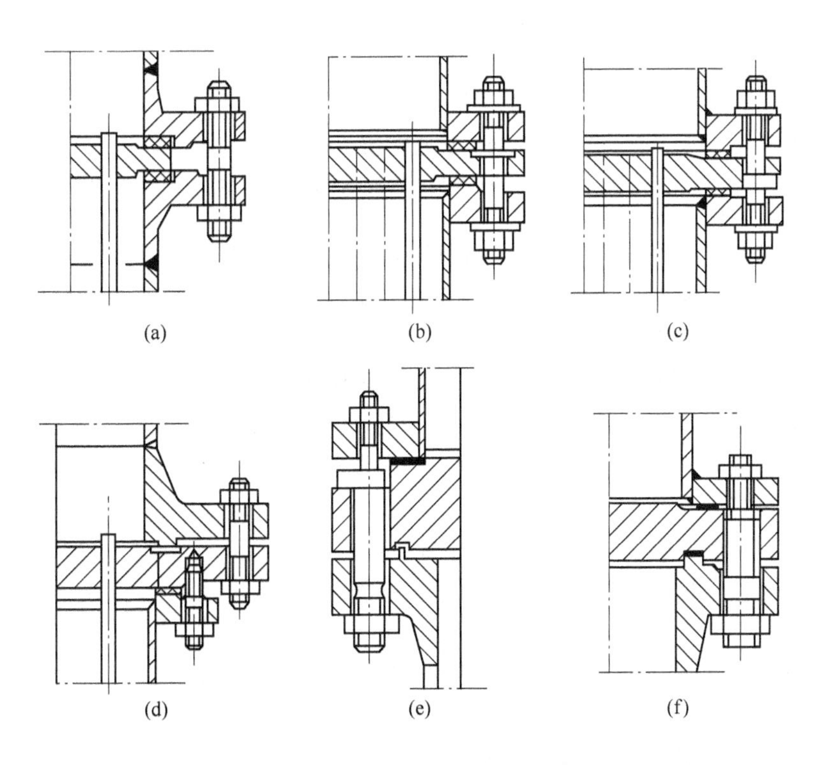


图5-15　固定端管板的可拆式连接结构

## 5.5 管　　箱

管箱是管程流体进出口的流道空间，其作用是将进口流体均匀分布到各换热管中，再将换热后的管内流体汇集送出换热器。对多管程换热器，管箱还起到改变流体流向的作用。

### 5.5.1 管箱结构

管箱结构形式如图4-6和图5-16所示。

(1) A型（平盖管箱）。如图4-6中前端管箱A和图5-16(a)所示，管箱装有平板盖

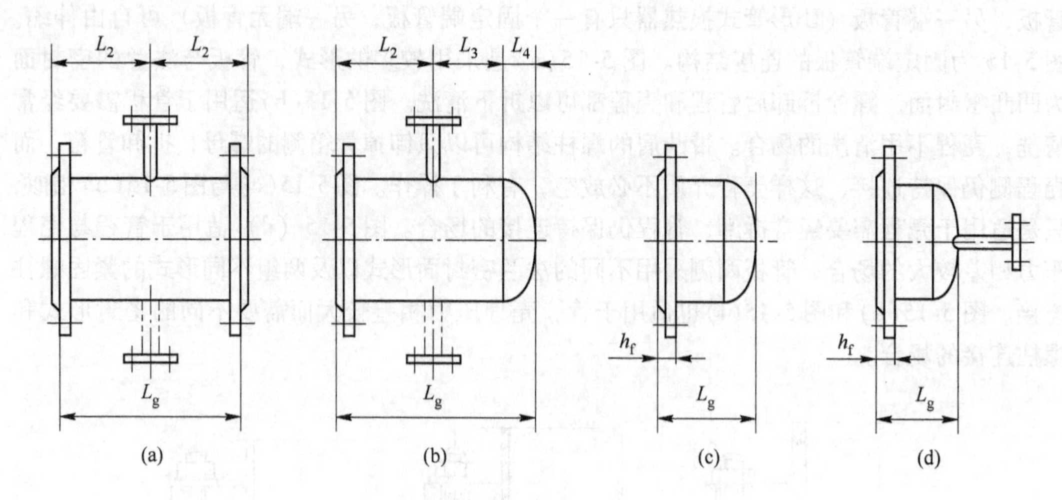


图 5-16　常见管箱结构形式

(a) A 型；(b) B 型；(c) 多程；(d) 单程

(或称盲板)，检修或清洗时只要拆开盲板即可，不需拆卸整个管箱和相连的管路，可用于单程或多程管箱。缺点是盲板加工用材多，并增加一道法兰密封。一般多用于壳体公称直径小于 900mm 的浮头式换热器中。

(2) B 型（封头管箱）。如图 4-6 中前端管箱 B 和图 5-16(b)所示，管箱端盖采用椭圆形封头焊接，结构简单，便于制造，适用于高压、清洁介质，可用于单程或多程管箱。缺点是检修或清洗时必须将管箱上的接管法兰和设备法兰都拆开，并取下整个管箱。目前这种形式用得最多。

(3) C 型、N 型管箱。如图 4-6 中前端管箱 C、N 所示，特点是管箱和管板焊成一体，可完全避免在管板密封处的泄漏，但管箱不能单独拆下，检修、清洗不方便，实际中很少采用。

(4) 多程返回管箱。如图 4-6 中的后端结构形式。图 5-16(c)结构为图 4-6 中的 M 型管箱。

(5) 轴向接管管箱。如图 5-16(d)所示，用于单管程换热器的管箱。

### 5.5.2　管箱尺寸

管箱尺寸主要包括管箱直径、管箱长度、分程隔板位置尺寸等。其中，管箱直径由壳体直径确定；管箱长度应保证流体分布均匀，流速合理，以强度因素限定其最小长度，以制造安装方便限定其最大长度；多管程管箱分程隔板的位置由排管图确定。

#### 5.5.2.1　管箱最小长度

A　确定原则

(1) 采用轴向接管的管箱，接管中心线处的最小深度不应小于接管内径的 1/3。

(2) 多程管箱的内侧深度应使相邻管程之间的最小流通面积不小于每程换热管流通面积的 1.3 倍；当阻力降允许时最小流通面积可适当减小，但不得小于每程换热管的流通面积。

（3）管箱上各相邻焊缝间的距离，必须大于或等于 4 倍管箱壳体壁厚 $\delta'$，且应大于或等于 50mm。

B　计算方法

管箱最小长度的计算，分别按介质流通面积计算和管箱上相邻焊缝间距计算，取两者中的较大值。

（1）对 A 型管箱，按流通面积计算［参见图 5-16(a)］：

$$L'_{g,\min} \geqslant \frac{1.3\pi d_1^2 N_{cp}}{4E} \tag{5-8}$$

式中　$L'_{g,\min}$——按流通面积计算所需的最小管箱长度，mm；

$d_1$——换热管内径，mm；

$N_{cp}$——各程平均管数；

$E$——各相邻管程间分程处介质流通的最小宽度，可由表 5-11 查取，mm。

按相邻焊缝间距计算：

$$L''_{g,\min} \geqslant 2L_2 \tag{5-9}$$

式中　$L''_{g,\min}$——按相邻焊缝间距计算所需的最小管箱长度，mm；

$L_2$——管箱接管位置尺寸，其值按式（5-5）或式（5-6）确定，mm。

**表 5-11　*E* 值表**

| 换热管外径/mm | | $\phi$19 | | $\phi$25 | |
|---|---|---|---|---|---|
| 进口/返回管箱 | | 进口 | 返回 | 进口 | 返回 |
| DN/mm | 管程数 | *E*/mm | | | |
| 273 | Ⅱ | — | 251 | — | 251 |
| 325 | Ⅱ | — | 299 | — | 299 |
| | Ⅳ | 299 | 274 | 299 | 285 |
| 400 | Ⅱ | — | 400 | — | 400 |
| | Ⅳ | 400 | 365 | 400 | 373 |
| 450 | Ⅱ | — | 450 | — | 450 |
| | Ⅳ | 450 | 419 | 450 | 426 |
| 500 | Ⅱ | — | 500 | — | 500 |
| | Ⅳ | 500 | 472 | 500 | 458 |
| 600 | Ⅱ | — | 600 | — | 600 |
| | Ⅳ | 600 | 563 | 600 | 566 |
| | Ⅵ | 146 | 261 | 154 | 256 |
| 700 | Ⅱ | — | 700 | — | 700 |
| | Ⅳ | 700 | 654 | 700 | 652 |
| | Ⅵ | 167 | 307 | 182 | 298 |
| 800 | Ⅱ | — | 800 | — | 800 |
| | Ⅳ | 800 | 744 | 800 | 737 |
| | Ⅵ | 189 | 352 | 210 | 340 |

| 换热管外径/mm | | $\phi$19 | | $\phi$25 | |
|---|---|---|---|---|---|
| 进口/返回管箱 | | 进口 | 返回 | 进口 | 返回 |
| DN/mm | 管程数 | *E*/mm | | | |
| 900 | Ⅱ | — | 900 | — | 900 |
| | Ⅳ | 900 | 835 | 900 | 844 |
| | Ⅵ | 232 | 385 | 210 | 397 |
| 1000 | Ⅱ | — | 1000 | — | 1000 |
| | Ⅳ | 1000 | 925 | 1000 | 930 |
| | Ⅵ | 254 | 430 | 238 | 439 |
| 1100 | Ⅱ | — | 1100 | — | 1100 |
| | Ⅳ | 1100 | 1015 | 1100 | 1016 |
| | Ⅵ | 276 | 475 | 265 | 481 |
| 1200 | Ⅱ | — | 1200 | — | 1200 |
| | Ⅳ | 1200 | 1105 | 1200 | 1101 |
| | Ⅵ | 297 | 520 | 293 | 523 |
| 1300 | Ⅱ | — | 1300 | — | 1300 |
| | Ⅳ | 1300 | 1196 | 1300 | 1209 |
| | Ⅵ | 341 | 553 | 321 | 565 |
| 1400 | Ⅱ | — | 1400 | — | 1400 |
| | Ⅳ | 1400 | 1304 | 1400 | 1295 |
| | Ⅵ | 362 | 598 | 348 | 606 |

续表 5-11

| 换热管外径/mm | | $\phi19$ | | $\phi25$ | | 换热管外径/mm | | $\phi19$ | | $\phi25$ | |
|---|---|---|---|---|---|---|---|---|---|---|---|
| 进口/返回管箱 | | 进口 | 返回 | 进口 | 返回 | 进口/返回管箱 | | 进口 | 返回 | 进口 | 返回 |
| DN/mm | 管程数 | $E$/mm | | | | DN/mm | 管程数 | $E$/mm | | | |
| 1500 | Ⅱ | — | 1500 | — | 1500 | 1800 | Ⅵ | 471 | 766 | 459 | 773 |
| | Ⅳ | 1500 | 1376 | 1500 | 1300 | | Ⅷ | 341 | 740 | 321 | 741 |
| | Ⅵ | 384 | 644 | 376 | 648 | 1900 | Ⅱ | — | 1900 | — | 1900 |
| 1600 | Ⅱ | — | 1600 | — | 1600 | | Ⅳ | 1900 | 1755 | 1900 | 1744 |
| | Ⅳ | 1600 | 1466 | 1600 | 1488 | | Ⅵ | 492 | 812 | 487 | 815 |
| | Ⅵ | 427 | 676 | 404 | 690 | | Ⅷ | 341 | 771 | 376 | 763 |
| 1700 | Ⅱ | — | 1700 | — | 1700 | 2000 | Ⅱ | — | 2000 | — | 2000 |
| | Ⅳ | 1700 | 1557 | 1700 | 1574 | | Ⅳ | 2000 | 1846 | 2000 | 1852 |
| | Ⅵ | 427 | 734 | 459 | 714 | | Ⅵ | 514 | 857 | 515 | 857 |
| 1800 | Ⅱ | — | 1800 | — | 1800 | | Ⅷ | 384 | 817 | 376 | 805 |
| | Ⅳ | 1800 | 1665 | 1800 | 1681 | | | | | | |

注：$E$ 值按隔板中心位置计算。

管箱最小长度 $L_{g,\min}$ 取 $L'_{g,\min}$ 和 $L''_{g,\min}$ 中的较大值。

（2）对 B 型管箱，按流通面积计算［参见图 5-16(b)］：

$$L'_{g,\min} \geqslant \frac{1.3\pi d_1^2 N_{cp}}{4E} + h_{F1} + \delta_F \tag{5-10}$$

式中 $h_{F1}$——封头内曲面高度，mm；

$\delta_F$——封头壁厚，mm。

此处计算只考虑管箱的直段部分，封头曲面部分因其随分程情况而变化，仅作为管箱长度的富余量。

按相邻焊缝间距计算：

$$L''_{g,\min} \geqslant L_2 + L_3 + L_4 \tag{5-11}$$

式中 $L_3$——接管中心线至壳体与封头连接焊缝之间的距离，mm；

$L_4$——封头总高度，mm。

当接管带补强圈时：
$$L_3 \geqslant \frac{D_{N2}}{2} + C'$$

当接管无补强圈时：
$$L_3 \geqslant \frac{d_{N2}}{2} + C'$$

式中，$C' \geqslant 4\delta'$（$\delta'$为管箱壳体壁厚，mm）且不小于 50mm。

$$L_4 = h_{F1} + h_{F2} + \delta_F$$

式中 $D_{N2}$——补强圈外径，mm；

$d_{N2}$——接管外径，mm；

$C'$——补强圈外边缘（无补强圈时，为接管外壁）至壳体与封头连接焊缝之间的距离，mm；

$h_{F2}$——封头直边高度，mm。

管箱最小长度 $L_{g,min}$ 取 $L'_{g,min}$ 和 $L''_{g,min}$ 中的较大值。

（3）对多程返回管箱，按流通面积计算[参见图 5-16(c)]：$L'_{g,min}$ 的计算式同式（5-10）。

按相邻焊缝间距计算：

$$L''_{g,min} \geqslant h_f + C' + L_4 \tag{5-12}$$

式中 $h_f$——管箱对焊法兰高度（平焊法兰时，为平焊法兰厚度），mm。

管箱最小长度 $L_{g,min}$ 的取值，应先按式（5-10）计算出 $L'_{g,min}$，再将其与 $L_4$ 进行比较，若 $L'_{g,min} < L_4$，管箱不需要加筒体短节，管箱长度即为封头总高度 $L_4$；否则，管箱需要加筒体短节，$L_{g,min}$ 取 $L'_{g,min}$ 和 $L''_{g,min}$ 中的较大值。

（4）对轴向接管管箱，按流通面积计算［参见图 5-16(d)］：

$$L'_{g,min} \geqslant \frac{1}{3} d_{N1} + \delta_F \tag{5-13}$$

式中 $d_{N1}$——接管内径，mm。

按相邻焊缝间距计算，$L''_{g,min}$ 的计算式同式（5-12）。

管箱最小长度 $L_{g,min}$ 的取值，应先按式（5-13）计算出 $L'_{g,min}$，再将其与 $L_4$ 进行比较，若 $L'_{g,min} < L_4$，管箱不需要加筒体短节，管箱长度即为封头总高度 $L_4$。否则，管箱需要加筒体短节，$L_{g,min}$ 取 $L'_{g,min}$ 和 $L''_{g,min}$ 中的较大值。

#### 5.5.2.2 管箱最大长度

管箱长度，除考虑流通面积，各相邻焊缝间的距离外，还应考虑管箱中内件的焊接和清理。因此，对带有分程隔板的多管程管箱，除限制最小长度外，还应限制其最大长度。

根据施焊的方便性，由可焊角度 $\alpha$ 和最小允许焊条长度的施焊空间 $H$，确定管箱最大长度 $L_{g,max}$。

焊条与管箱或分程隔板的可焊角度 $\alpha$ 的确定参照图 5-17 管箱壳体的横剖面图所示。图 5-17(a)为管箱壳体与分程隔板的焊接，图 5-17(b)为分程隔板之间的焊接。

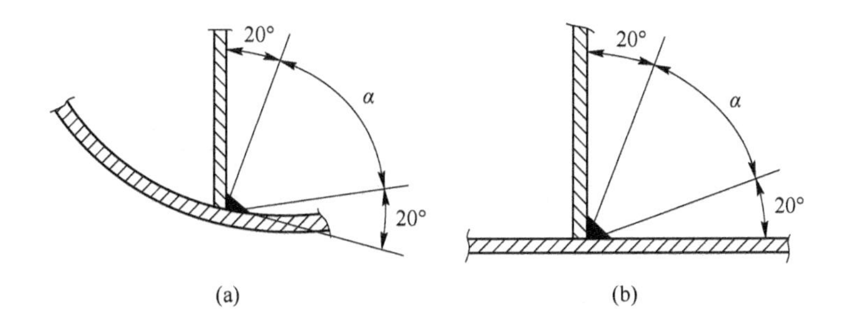


图 5-17 可焊角度 $\alpha$ 的确定

最小允许焊条长度的施焊空间 $H$ 由作图法确定，参照图 5-18 所示。根据 $H$ 值，在图 5-19 中查出管箱最大长度 $L_{g,max}$。

#### 5.5.2.3 管箱长度的确定

管箱长度 $L_g$ 一般应满足以下关系。

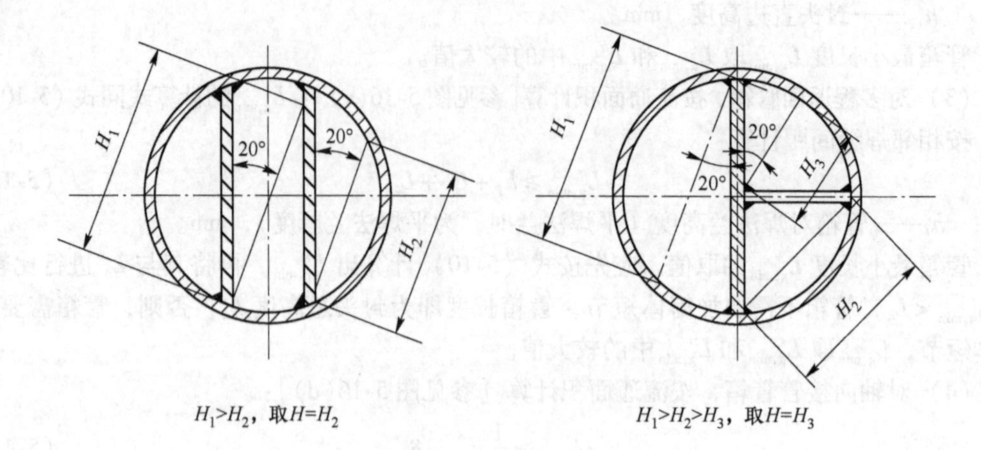


图 5-18　*H* 值的确定

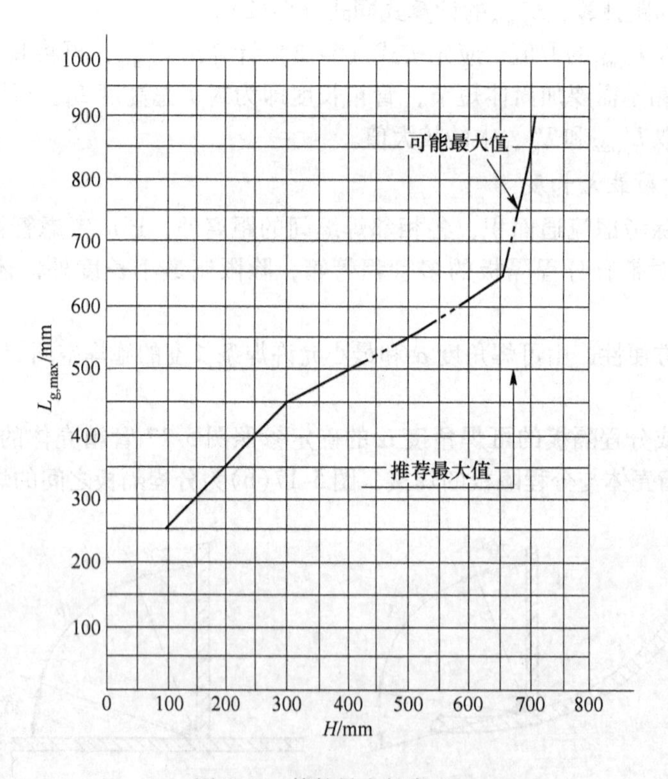


图 5-19　管箱最大长度 $L_{g,max}$

（1）对 A 型管箱：

$$L_{g,min} \leqslant L_g \leqslant 2L_{g,max} \tag{5-14}$$

（2）对 B 型管箱、多程返回管箱和轴向接管管箱：

$$L_{g,min} \leqslant L_g \leqslant L_{g,max} \tag{5-15}$$

在设计中，如果管箱的最小长度不能同时满足对最小长度 $L_{g,min}$ 和最大长度 $L_{g,max}$ 的要求，则应按满足对最小长度 $L_{g,min}$ 的要求来确定管箱长度。

# 5.6 分程隔板

在管壳式换热器中，不论是管内还是管外的流体，要提高他们的对流给热系数，通常采用设置隔板增加程数以提高流体流速实现其目的。习惯上将设置在管程的隔板称为分程隔板，设置在壳程的隔板称为纵向隔板。

## 5.6.1 管程分程隔板

管程分程隔板是用来将管内流体分程，“一个管程”意味着流体在管内走一次。分程隔板设置在管箱内，根据程数的不同有不同的组合方法，但都应遵循以下原则：尽量使各管程的换热管数大致相等；隔板形状简单，密封长度要短；程与程之间温差不宜过大，不超过28℃为宜。为便于制造、维修和操作，一般采用偶数管程。前后管箱中隔板形式和介质的流动顺序见表4-6。

### 5.6.1.1 分程隔板结构

分程隔板应采用与封头、管箱短节相同材料，除密封面（为可拆卸而设置）外，应满焊于管箱上（包括四管程以上浮头式换热器的浮头盖隔板）。在设计时要求分程隔板的密封面与管箱法兰密封面、管板密封面与分程隔板槽面必须处于同一基面。如图5-20所示，图(a)和图(b)为一般常用的结构形式;图(c)和图(d) 是用于换热器的管程与壳程分别采用不锈钢和碳钢时的结构处理方式；图(e)为具有隔热空间的双层隔板，可以防止两管程流体之间经隔板相互传热。为了保证隔板与管箱法兰的密封面处于同一基面，在制造上常将管箱法兰加工成半成品（密封面暂不加工），待管箱短节、封头、分程隔板与法兰焊接并检验合格后，再进行二次加工，以保证法兰密封面与隔板密封面处于同一基准。

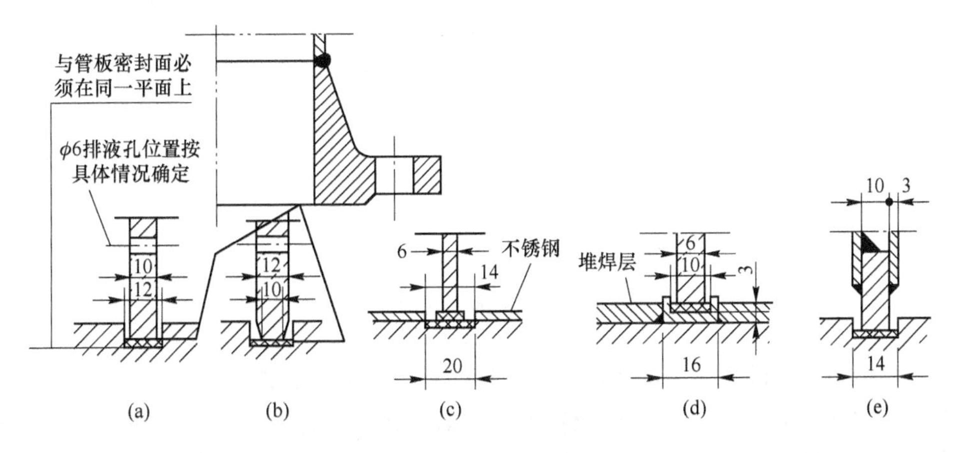


图5-20 分程隔板形式

### 5.6.1.2 分程隔板厚度及有关尺寸

分程隔板的名义厚度不应小于表5-12所列数值，当承受脉动流体或隔板两侧压差很大时，隔板应适当增厚。分程隔板端部的厚度应比对应的隔板槽宽度小2mm，超出时可按图5-20(b)所示，在距端部15mm处开始削成楔形，使端部宽度满足要求。

表 5-12　分程隔板的最小名义厚度　　(mm)

| 壳体公称直径 | 碳素钢和低合金钢 | 高合金钢 |
|---|---|---|
| ≤600 | 10 | 6 |
| >600 ~ 1200 | 12 | 10 |
| >1200 ~ 1800 | 14 | 11 |
| >1800 ~ 2600 | 16 | 12 |
| >2600 ~ 3200 | 18 | 14 |
| >3200 ~ 4000 | 20 | 16 |

当管程介质为易燃、易爆、有毒及腐蚀等情况下，为了停车、检修时排净残留介质，应当在处于水平位置的分程隔板上开设直径为 4 ~ 8mm 的排净液孔，如图 5-20(a)、(b)中所示。

### 5.6.2　纵向隔板

在壳程介质流量较小的情况下，在壳程内安装一平行于换热管的纵向隔板，如图 5-21 所示。

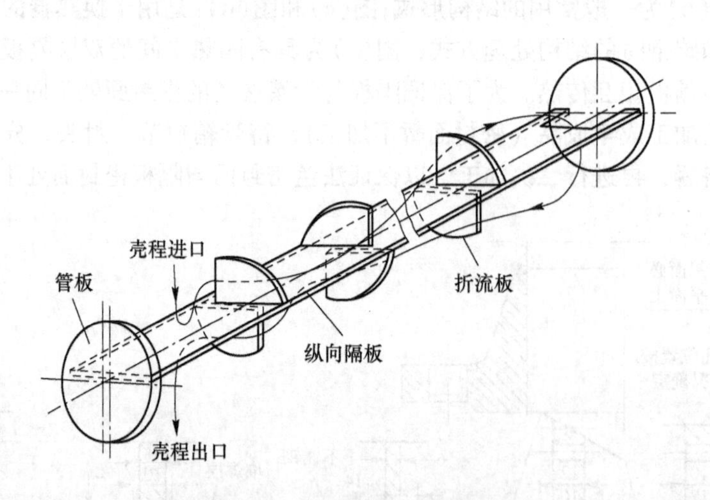


图 5-21　纵向隔板（双壳程）

纵向隔板是一充满壳体内的矩形平板，将壳程分为双程，即图 4-6 所示的 F 型壳体。由于在壳体内加进隔板，使隔板与壳体内壁及隔板与管板面接触部分存在间隙，介质容易产生短路，降低换热效率，所以纵向隔板与壳体内壁间要求严格密封。密封的方式如图 5-22 所示，图(a)为隔板直接与壳体内壁焊接，但必须考虑到施焊的可能性；图(b)是纵向隔板插入导向槽中；图(c)和图(d)分别是单、双向条形密封，对需要经常将管束抽出清洗者，采用此结构。单向密封结构的密封条就安装在壳程压力高的一侧。图 5-23 为纵向隔板与管板的连接形式，其中图(a)为隔板与管板焊接；图(b)为隔板用螺栓连接再焊于管板角铁上的可拆结构。

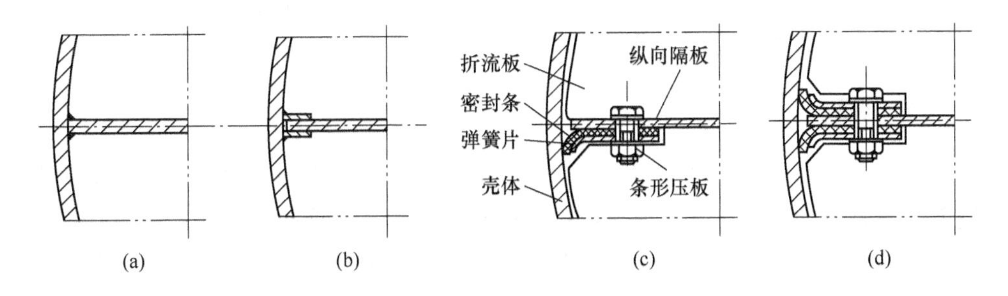


图 5-22 纵向隔板的密封方式

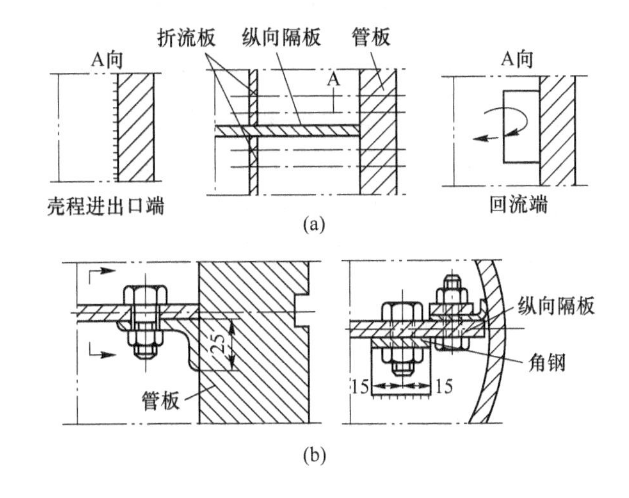


图 5-23 纵向隔板与管板的连接形式

纵向隔板的厚度应符合下列要求：与壳体之间采用密封板（垫）密封时，厚度不应小于6mm；与壳体之间采用焊接密封时，厚度不应小于8mm。

密封条材料一般采用多层氯丁橡胶，一般为两层，单层尺寸为50mm×3mm，或采用多层长条形不锈钢皮组成，厚度为0.1mm，宽度视具体情况而定。

采用纵向隔板结构的折流板，仍与弓形折流板的加工相同，只是将一块弓形折流板沿中间切除隔板厚度变为对称的两块，分别装于隔板的上下（见图5-21）。

纵向隔板的形式还有很多种。图4-6中，除F型壳体外，G型壳体也为双程，它们的不同之处在于壳侧流体进出口位置不同。G型壳体称为分流壳体，一般用于卧式热虹吸再沸器，壳程中的纵向隔板起着防止轻组分闪蒸与增强混合的作用。H型和G型壳体相似，只是进出口接管和纵向隔板数量均多一倍，称为双分流壳体。G型和H型均可用于压降作为主要控制因素的相变换热器中。

纵向隔板提高了壳程对流给热系数，但也增大了壳程阻力，更主要的是制造上的难度较大，因此只有在壳侧对流给热系数远小于管侧，壳侧流量太小且采用了最小的折流板间距仍不能改善上述状况时，以及壳侧可利用的压降很大，且壳径较大又能容易的安装纵向隔板时，才考虑采用。一般只考虑设一块纵向隔板将单壳程变为双壳程，若需要更多分程才能解决问题时，只能采用多台换热器串联的方式了。

### 5.6.3 分割流板

当在壳体上有对称的两个进口和一个出口时，如图4-6中的J型壳体，介质从壳程的两端进入，与管束换热后，气液混合物由中间出口流出。对应出口管中间位置在壳体上安装一块与壳体轴线垂直的整圆形挡板即为分割流板。分割流板将壳体平均分成两个壳程并联使用。

## 5.7 折流板和支持板

管壳式换热器中几种常用的折流板形式如图5-24所示。弓形折流板引导流体垂直流过管束，流经缺口处顺流经过换热管后进入下一板间，改变方向，流动中死区较少，能提供高度的湍动和良好的传热，一般标准换热器只采用这种形式。盘环形折流板制造不方便，流体在管束中为轴向流动，流动阻力和引起的管束振动较小，但传热效率也较低，且要求介质必须是清洁的，否则沉淀物将会沉积在圆环后面，使传热面积失效，应用较少。

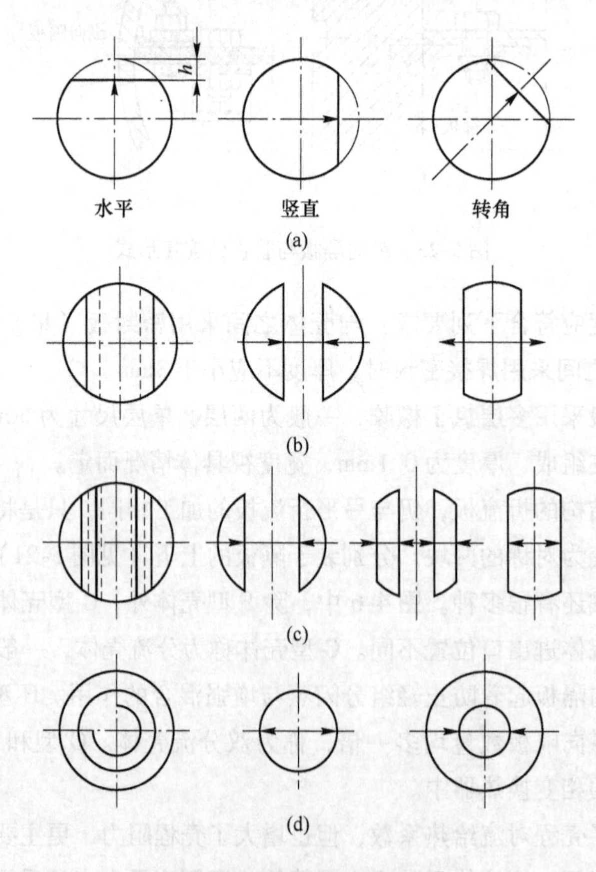


图5-24 常用的折流板形式

(a) 单弓形；(b) 双弓形；(c) 三弓形；(c) 圆盘-圆环形

## 5.7.1 折流板尺寸

### 5.7.1.1 弓形折流板缺口弦高

弓形折流板缺口大小应使流体通过缺口与横过管束的流速相近。单弓形折流板的缺口弦高一般是壳体内径的20% ~45%；当用于无相变的换热器时，取20% ~25%；当用于冷凝器时，取25% ~45%；当用于壳程沸腾的再沸器时，取45%。此外，考虑到制造、安装的方便，还应根据换热管排列，尽量使缺口弦高调整到使被切除管孔保留小于1/2孔位，或切于两排管孔的孔桥之间。如图5-25中，图(a)、图(b)均不合理，图(c)合理。

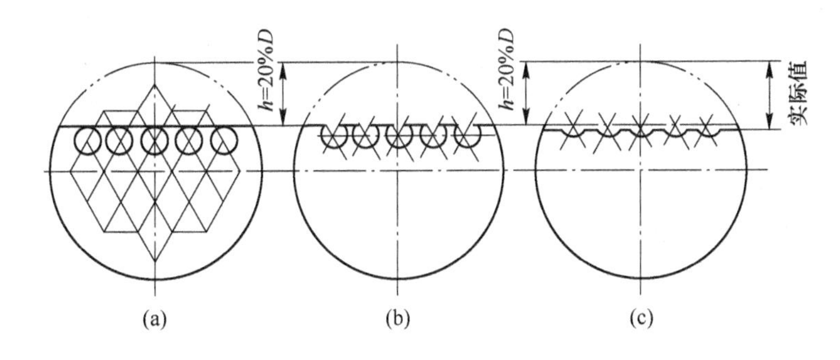


图5-25 单弓形折流板缺口弦高

### 5.7.1.2 折流板直径

折流板与壳体的间隙依据制造安装条件，在保证顺利装入的前提下，越小越好，以减少壳程中的旁路损失，一般浮头式和U形管式换热器由于管束经常拆装，间隙可允许比固定管板式大1mm，折流板的外圆直径和允许偏差见表5-13。

**表5-13 折流板外直径** (mm)

| 壳体公称直径DN | 折流板名义外径 | 允许偏差 |
|---|---|---|
| <400 | DN -2.5 | 0，-0.5 |
| 400 ~ <500 | DN -3.5 | |
| 500 ~ <900 | DN -4.5 | 0，-0.8 |
| 900 ~ <1300 | DN -6 | |
| 1300 ~ <1700 | DN -7 | 0，-1.0 |
| 1700 ~ <2100 | DN -8.5 | |
| 2100 ~ <2300 | DN -12 | 0，-1.4 |
| 2300 ~ ≤2600 | DN -14 | 0，-1.6 |
| >2600 ~3200 | DN -16 | 0，-1.8 |
| >3200 ~4000 | DN -18 | 0，-2.0 |

### 5.7.1.3 折流板厚度

折流板厚度与壳体公称直径和换热管无支撑跨距有关，其值不得小于表5-14的规定。

表 5-14 折流板最小厚度

| 壳体公称直径/mm | 换热管无支撑跨距/mm | | | | | |
|---|---|---|---|---|---|---|
| | ≤300 | >300~600 | >600~900 | >600~1200 | >1200~1500 | >1500 |
| | 折流板最小厚度/mm | | | | | |
| <400 | 3 | 4 | 5 | 8 | 10 | 10 |
| 400~700 | 4 | 5 | 6 | 10 | 10 | 12 |
| >700~900 | 5 | 6 | 8 | 10 | 12 | 16 |
| >900~1500 | 6 | 8 | 10 | 12 | 16 | 16 |
| >1500~2000 | — | 10 | 12 | 16 | 20 | 20 |
| >2000~2600 | — | 12 | 14 | 18 | 22 | 24 |
| >2600~3200 | — | 14 | 18 | 22 | 24 | 26 |
| >3200~4000 | — | — | 20 | 24 | 26 | 28 |

5.7.1.4 折流板管孔

折流板的管孔中心距及其排列与换热管相同，允许偏差为：相邻两孔 ±0.30mm，任意两孔 ±1.00mm。管孔直径和允许偏差见表 5-15。管孔加工后两端必须倒角 0.5mm×45°。

表 5-15 折流板管孔直径和允许偏差

| 换热管外径 $d_2$、最大无支撑跨距 $S_{max}$/mm | | $d_2 \leqslant 32$ 且 $S_{max} > 900$ | $d_2 > 32$ 或 $S_{max} \leqslant 900$ |
|---|---|---|---|
| 管孔直径/mm | Ⅰ级 | $d_2+0.40$ | $d_2+0.70$ |
| | Ⅱ级 | $d_2+0.50$ | $d_2+0.70$ |
| 允许偏差/mm | Ⅰ级 | +0.30，0 | |
| | Ⅱ级 | +0.40，0 | |

### 5.7.2 折流板布置

5.7.2.1 弓形缺口布置

卧式换热器设置弓形折流板时，缺口布置分为以下几种。

（1）水平缺口（缺口上下布置）。水平缺口使用最普遍，如图 5-26(a)和(b)所示，这种排列可造成流体激烈扰动，增大传热系数，一般用于壳程全是气相或全是液相的清洁物料，否则沉淀物会在每一块折流板底部聚集使下部传热面积失效。气体中有少量液体时，应在缺口朝上的折流板最低处开通液口，如图 5-26(a)所示；液体中有少量气体时，应在缺口朝下的折流板最高处开通气口，如图 5-26(b)所示。但在上方开口排气或在下方开口排液会造成流体的旁通泄漏，应尽量避免采用。

（2）垂直缺口（缺口左右布置）。如图 5-26(c)和(d)所示，这种形式一般用于带固体颗粒或结垢严重的流体，也宜用于气、液两相流体、冷凝器和再沸器。壳程中的蒸汽或不凝性气体沿壳内顶部流动或逸出，避免了在壳体上部的聚集或停滞。气、液相共存时，应在折流板最低处和最高处开通液口和通气口，如图 5-26(c)所示；液体中含有固体颗粒时，应在折流板最低处开通液口，如图5-26(d)所示。

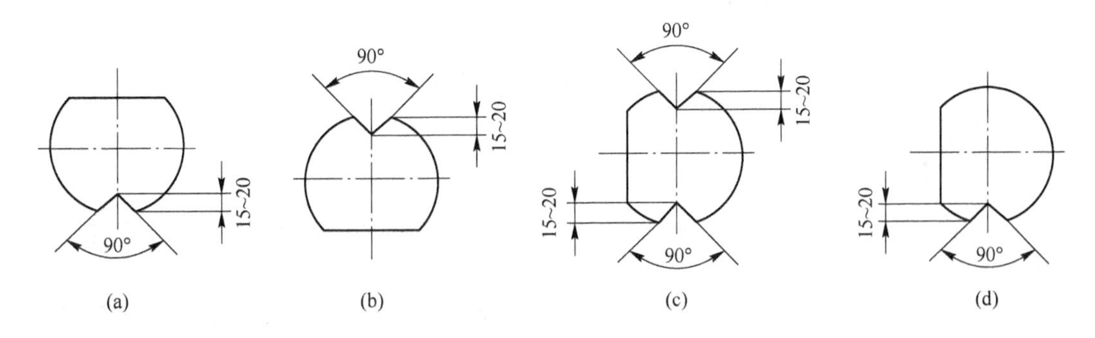


图5-26 折流板缺口位置

(3) 倾斜缺口。如图5-24(a)最右端所示，对正方形直列的管束，采用与水平面成45°的倾斜缺口折流板，可使流体横过正方形错列管束流动，有利于传热，但不适合于脏污流体。

(4) 双弓形缺口与双弓形板交替。如图5-24(b)所示，一般在壳程容许压降很小时才考虑采用。

在大型换热器中，折流板缺口部分常不装管子，尽管布管不紧凑，但可保证全面的横向流动，且每根管子都有众多的折流板支撑，对防止振动和弯曲是有利的。

5.7.2.2 折流板间距

请参见“4.4.2.6 折流板间距和数量”的内容。

5.7.2.3 折流板位置

折流板在壳体内的位置一般应使靠近管板的折流板尽可能靠近壳程进、出口接管，其余按等距离布置，靠近管板的折流板与管板间的距离如图5-27所示，其尺寸可按下式计算：

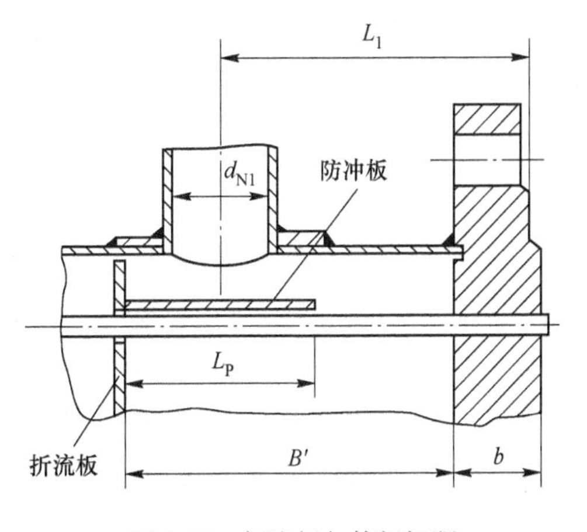


图5-27 折流板与管板间距

$$B' = \left(L_1 + \frac{L_P}{2}\right) + (b - 4) \tag{5-16}$$

式中 $B'$——靠近管板的折流板与管板间的距离，mm；

$L_1$——壳程接管位置尺寸，其值按式(5-3)或式(5-4)确定，mm；

$L_P$——防冲板长度，无防冲板时，可取 $L_P = d_{N1}$(接管内径)，mm；

$b$——管板厚度，mm。

## 5.7.3 支持板

当换热器壳程介质有相变化时，无须设置折流板，但当换热管无支撑跨距超过表4-10中的规定时，应设置支持板，用来支撑换热管，以防止换热管产生过大的挠度或诱导振动。支持板的形状和尺寸均按折流板一样来处理。

U形管式换热器弯管端、浮头式换热器浮头端宜设置加厚环形或整圆的支持板。

## 5.8 拉杆和定距管

### 5.8.1 拉杆的结构形式

折流板和支持板一般均采用拉杆和定距管等元件与管板固定，其固定形式有以下几种。

（1）拉杆定距管结构。拉杆一端用螺纹拧入管板，每两块折流板的间距用定距管固定，最后一块折流板用两个螺母锁紧固定，如图5-28(a)所示，是最常用的形式。适用于换热管外径 $d_2$ 不小于19mm的管束，且管板螺纹深度 $L_{d1}$ 应大于拉杆螺纹长度 $L_{r1}$。

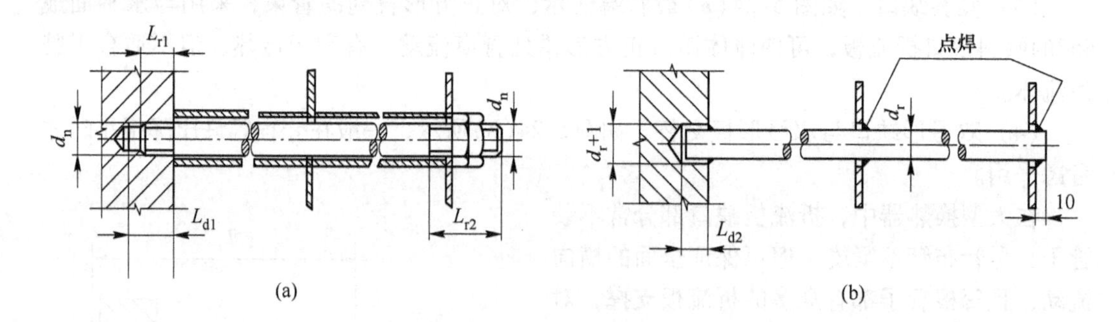


图5-28 拉杆的结构形式

（2）拉杆与折流板点焊结构。拉杆一端插入管板并与管板焊接，每块折流板与拉杆焊接固定，如图5-28(b)所示。适用于换热管外径 $d_2$ 不超过14mm的管束，且拉杆孔深度 $L_{d2}$ 宜大于拉杆直径 $d_r$，拉杆孔直径为 $d_r+1.0$(mm)。

（3）当管板较薄时，也可采用其他的连接结构。

### 5.8.2 拉杆的直径、数量和布置

参见"4.4.2.4 换热管排列"的内容。

### 5.8.3 拉杆的尺寸

拉杆的长度 $L_r$ 按需要确定。螺纹拉杆的结构尺寸可按图5-29和表5-16确定。

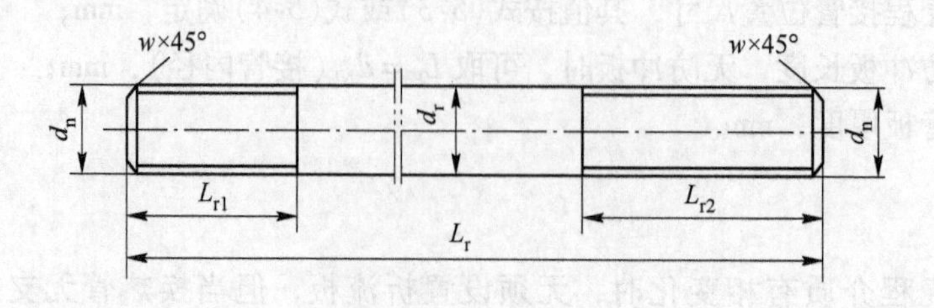


图5-29 螺纹拉杆

表 5-16 螺纹拉杆的结构尺寸 (mm)

| 拉杆直径 $d_r$ | 拉杆螺纹公称直径 $d_n$ | $L_{r1}$ | $L_{r2}$ | $w$ |
|---|---|---|---|---|
| 10 | 10 | 13 | ≥40 | 1.5 |
| 12 | 12 | 16 | ≥50 | 2.0 |
| 16 | 16 | 22 | ≥60 | 2.0 |

### 5.8.4 定距管的尺寸

定距管的尺寸，一般与所在换热器的换热管规格相同。其长度按实际需要确定，上偏差为0.0，下偏差为-1.00mm。

## 5.9 防 冲 板

### 5.9.1 防冲板的用途和设置条件

为了防止壳程进口处流体对换热管表面的直接冲刷，引起侵蚀及振动，应在流体入口处设置防冲板，以保护换热管。其设置条件为符合下列场合之一：

（1）非磨蚀的单相流体，$\rho v^2 > 2230\text{kg}/(\text{m} \cdot \text{s}^2)$；

（2）有磨蚀的液体，包括沸点下的液体，$\rho v^2 > 740\text{kg}/(\text{m} \cdot \text{s}^2)$；

（3）有磨蚀的气体、蒸汽（气）及气液混合物。

其中，$\rho$ 为壳程进口管的流体密度，kg/m³；$v$ 为壳程进口管的流体速度，m/s。

### 5.9.2 防冲板形式

常见的防冲板形式如图 5-30 所示，其中图(a)、(b)和(c)为防冲板焊在拉杆或定距

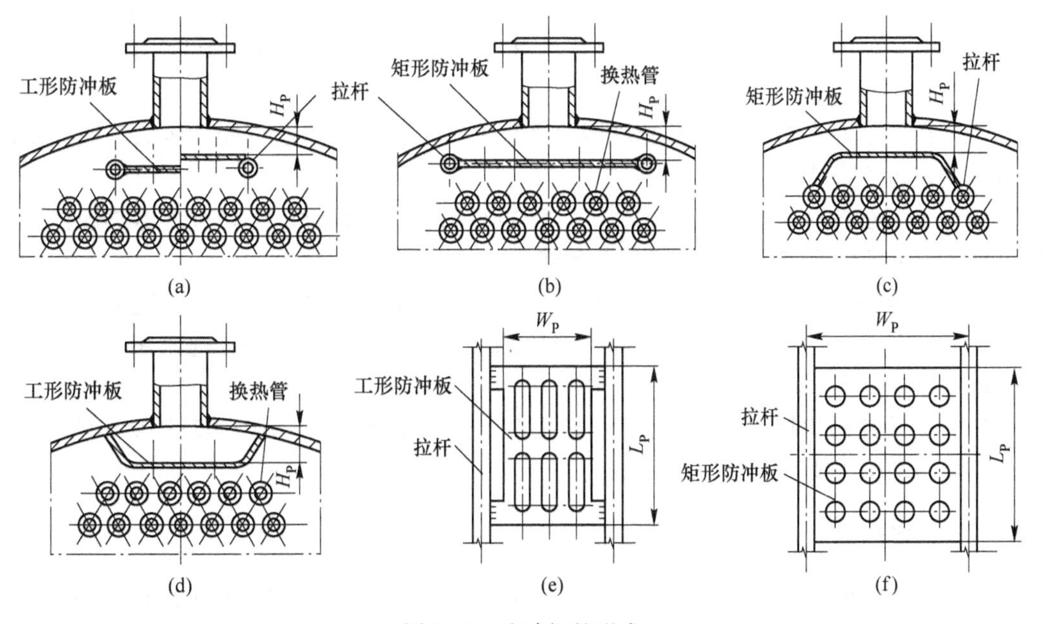


图 5-30 防冲板的形式

管上，也可同时焊在靠近管板的第一块折流板上。这种形式常用于壳体公称直径不小于700mm、折流板上下缺口的换热器。其中图5-30(a)和(b)是拉杆位于换热管上方时的结构。当两拉杆间距较大时，可采用图5-30(b)的形式，以保证防冲板四周中的流体分布均匀及足够的流通面积。图5-30(c)是拉杆位于换热管两侧的结构。图5-30(d)为防冲板焊接在壳体上，这种形式常用于壳体公称直径不小于325mm、折流板左右缺口和壳体公称直径不超过600mm、折流板上下缺口换热器。图5-30(e)和(f)为防冲板的开槽、开孔形式，但防冲板一般不宜开孔，若由于结构限制使防冲板与壳壁间的流通面积太小需要开孔扩大时，应通过计算确定开孔的数量和孔径大小，且注意不能将所开孔直接对准最上排管子。

### 5.9.3 防冲板的位置和尺寸

防冲板在壳体内的位置，应使防冲板周边与壳体内壁形成的流通面积（即接管处壳体内表面与防冲板平面间所夹的圆柱形侧面积）为壳程进口接管截面积的1～1.25倍。当接管管径确定后，即要满足防冲板外表面与壳体内壁的间距 $H_P$ 大于1/4 接管外径。

防冲板的直径（对圆形防冲板）或边长 $L_P$、$W_P$[参见图5-30(e)、(f)]应大于接管内径50mm。

防冲板的最小厚度：当壳程进口接管直径不超过300mm时，碳素钢和低合金钢取4.5mm，不锈钢取3mm；当壳程进口接管直径大于300mm时，碳素钢和低合金钢取6mm，不锈钢取4mm。

## 5.10 防短路结构

在换热器壳程，由于管束边缘和分程隔板附近都不能排满换热管，所以在这些部位存在较大间隙，形成旁路。为防止壳程流体大量流经旁路，造成短路，降低换热效率，可在壳程设置防短路结构，增大旁路阻力，迫使壳程流体通过管束进行换热。

防短路结构是否需要，需要数量及安装部位等，应根据使用条件和工艺计算来确定。一般应考虑以下因素：

（1）卧式、左右缺边折流板换热器，壳程物料从旁路短路的可能性较大，应根据需要考虑安装防短路结构。

（2）当壳程的对流给热系数远小于管程的对流给热系数时，壳程对流给热起控制作用，此时安装防短路结构能显著提高总传热系数。

（3）旁路面积与壳程流通面积之比愈大，旁路的泄漏就愈大，安装防短路结构效果也愈显著；在较小壳体直径（DN≤400mm）的换热器中安装防短路结构比在较大壳体直径的换热器中更有效。

（4）防短路结构超过一定数量后，对提高传热系数的作用下降，而对压降影响较大。

防短路结构主要有以下几种形式。

### 5.10.1 旁路挡板

旁路挡板可用钢板或扁钢制成，加工成规则的长条形，厚度可取与折流板相同，长度等于折流板间距，对称布置，两端焊在折流板上，如图5-31所示。

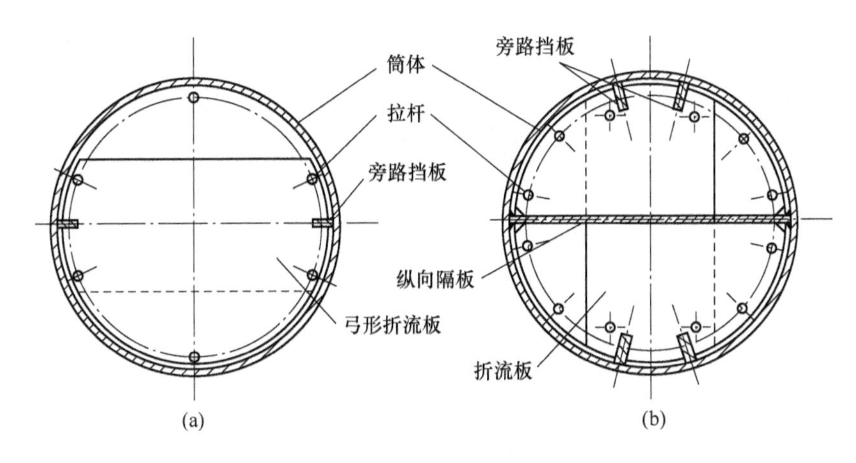


图 5-31 旁路挡板的布置
(a) 一对；(b) 两对

旁路挡板的数量推荐为：当壳体公称直径 DN≤500mm 时，一对挡板；500mm < DN < 1000mm 时，两对挡板；DN≥1000mm 时，不少于三对挡板。

### 5.10.2 挡管

挡管（也称假管），为两端堵死的换热管，设置在分程隔板槽背面的两管板之间而不穿越管板，挡管一般与换热管规格相同，可分段与折流板点焊固定，也可用拉杆（带定距管或不带定距管）代替，用来防止分程部位缺管短路。挡管应每隔 3 ~ 4 排换热管设置一根，但不应设置在折流板缺口处。挡管伸出第一块及最后一块折流板或支持板的长度不宜大于 50mm，如图 5-32 所示。

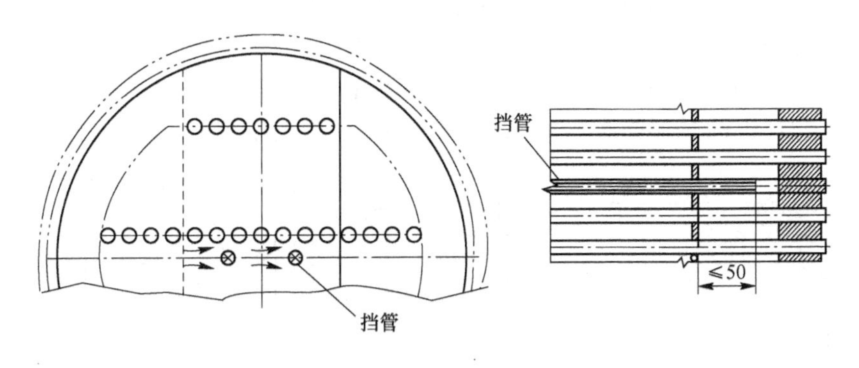


图 5-32 挡管的布置

### 5.10.3 中间挡板

在 U 形管换热器中，由于受最小弯管半径的限制，U 形管最中间两排管的间距过大，从而形成无阻力的流体通道。为了减少这种短路，可在 U 形管束的中间通道处设置中间挡板，并与折流板点焊固定，如图 5-33(a)所示；也可把最里面一排的 U 形弯管倾斜布置，使中间通道变窄，并加挡管，如图 5-33(b)所示。

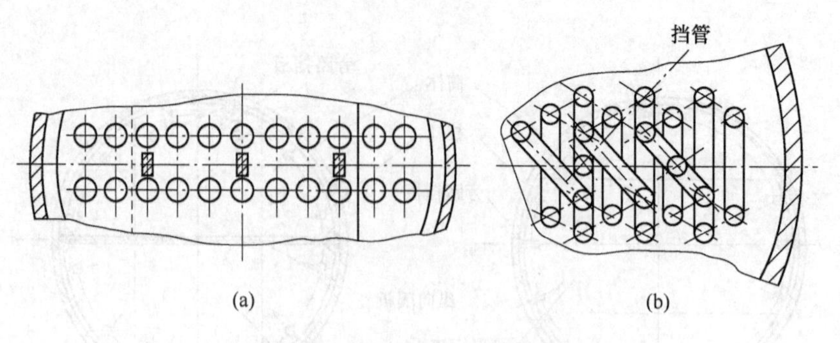


图5-33　中间挡板、挡管的布置

中间挡板的数量推荐为：当壳体公称直径 DN≤500mm 时，一块挡板；500mm < DN < 1000mm 时，两块挡板；DN≥1000mm 时，不少于三块挡板。

## 5.11　膨　胀　节

固定管板式换热器换热过程中，管束与壳体有一定的温差存在，而管板、管束和壳体之间是刚性的连接在一起的，当温差达到某一个温度值时，由于过大的温差应力往往会造成壳体的破坏或管束的弯曲。当温差很大时，可选用浮头式、U 形管式或填料函式换热器。然而这些换热器的造价较高，若管间不需要清洗时，亦可采用固定管板式换热器，但需要设置温度补偿装置，如膨胀节。

膨胀节是安装在固定管板式换热器壳体上的挠性构件，依靠其变形对管束与壳体间的热膨胀差进行补偿，以此来减小或消除壳体与管束间因温差而引起的温差应力。

膨胀节的形式较多，通常有波形膨胀节、平板膨胀节、Ω 形膨胀节等。在实际生产中，因波形膨胀节结构紧凑简单、补偿性能好、价格便宜，故应用最为广泛，已有标准《压力容器波形膨胀节》(GB/T 16749—2018) 可供选用。平板膨胀节结构简单，但热补偿能力较弱，只适用于常压和低压的场合。Ω 形膨胀节多用于压力较高的场合。

波形膨胀节(也称 U 形膨胀节)如图 5-34 所示,一般适用于设计压力不超过 2.5MPa 的

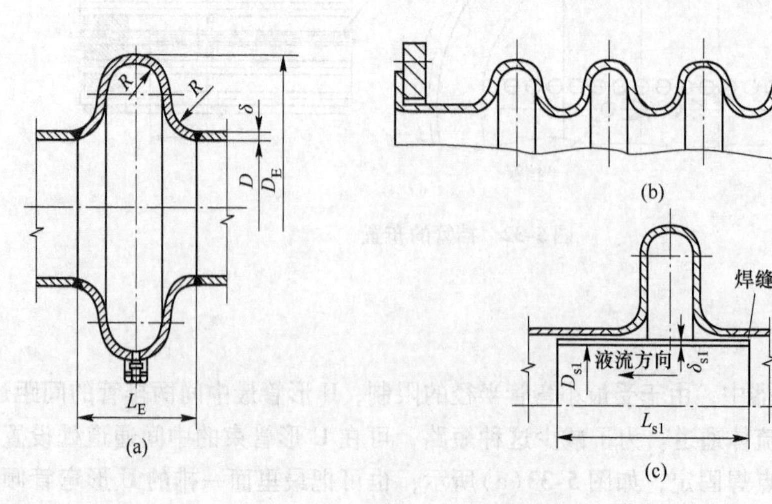


图5-34　波形膨胀节

场合，其壁厚不宜大于6mm，若一个波形[图5-34(a)]不能满足补偿量的要求，可采用多波[图5-34(b)]，但波数一般不超过5。波形膨胀节可做成多层，与单层相比，其优点是弹性好、补偿能力强，疲劳强度高，使用寿命长。多层膨胀节的层数一般为2～4层，每层厚度为0.5～1.5mm。为了减少膨胀节的磨损、防止振动及降低流体阻力，可在膨胀节内侧沿流体流动方向焊接一作导流用的内衬套，如图5-34(c)所示。

在波形膨胀节中，每一个波形的补偿能力与使用压力、波高、波距及材料等因素有关，如波高越低，耐压性能越好，补偿能力越差；波高越高，波距越大，则补偿量越大，但耐压性能越差。波形膨胀节规格系列表如表5-17所示。

表5-17　波形膨胀节规格系列表

<table>
<tr><th colspan="2" rowspan="3">膨胀节类型</th><th colspan="7">公称压力 PN/MPa</th></tr>
<tr><th>0.25</th><th>0.6</th><th>1.0</th><th>1.6</th><th>2.5</th><th>4.0</th><th>6.4</th></tr>
<tr><th colspan="7">公称直径 DN/mm</th></tr>
<tr><td rowspan="2">ZX 型膨胀节</td><td>单层</td><td colspan="2" rowspan="2">150～2000</td><td colspan="2" rowspan="2">150～1200</td><td rowspan="2">150～800</td><td rowspan="2">150～350</td><td rowspan="2">—</td></tr>
<tr><td>多层</td></tr>
<tr><td>ZD 型膨胀节</td><td rowspan="3">单层</td><td colspan="5" rowspan="3">150～2000</td><td rowspan="3">150～1200</td><td rowspan="3">150～350</td></tr>
<tr><td>HF 型膨胀节</td></tr>
<tr><td>HZ 型膨胀节</td></tr>
</table>

# 5.12　法兰和垫片

## 5.12.1　法兰

法兰连接由一对法兰、一个垫片、数个螺栓、螺母和垫圈所组成（图5-35）。法兰连接是一种可拆卸连接，垫片较软，在螺栓预紧力的作用下，垫片变形后填平法兰两个密封面表面的不平处，阻止介质泄漏，达到密封的目的。法兰按其用途可分为压力容器法兰和管法兰两大类。

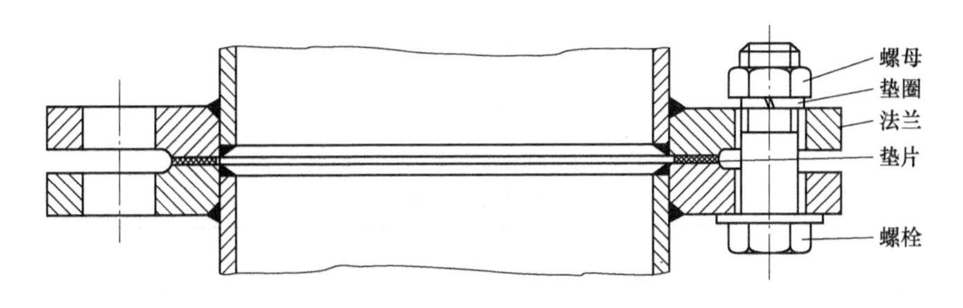


图5-35　法兰连接结构

（1）压力容器法兰。压力容器法兰（也称设备法兰）用于筒体与筒体、筒体与封头或封头与管板之间的连接。压力容器法兰按结构形式可分为甲型平焊法兰、乙型平焊法兰和长颈对焊法兰三类，按密封面形式又可分为平面型、凹凸型和榫槽型三种。

（2）管法兰。管法兰用于设备上的接管与管道、管道与管道、管道与管件或阀门之间的连接。管法兰按结构形式可分为板式平焊法兰、带颈平焊法兰和带颈对焊法兰三类，按密封面形式又可分为突面、凹凸面、全平面、榫槽面和环连接面五种。

法兰的具体类型和尺寸应根据介质特性、设计压力、设计温度和公称直径等因素查阅相关标准确定。设备法兰优先采用 NB/T 47021 ~ 47023—2012、GB/T 29465—2012 中的法兰；接管法兰优先采用 HG/T 20592—2009、HG/T 20615—2009 中的法兰。

## 5.12.2　垫片

### 5.12.2.1　垫片结构

换热器中使用的垫片主要用于设备法兰与管板、分程隔板与管板之间的密封。根据管程数的不同，垫片的结构形式也不相同，并有不同的组合方式。垫片的结构形式如图 5-36 所示。不同管程数时，前、后管箱垫片的组合方式列于表 5-18（表中字母与图 5-36 中分图号字母相对应）。

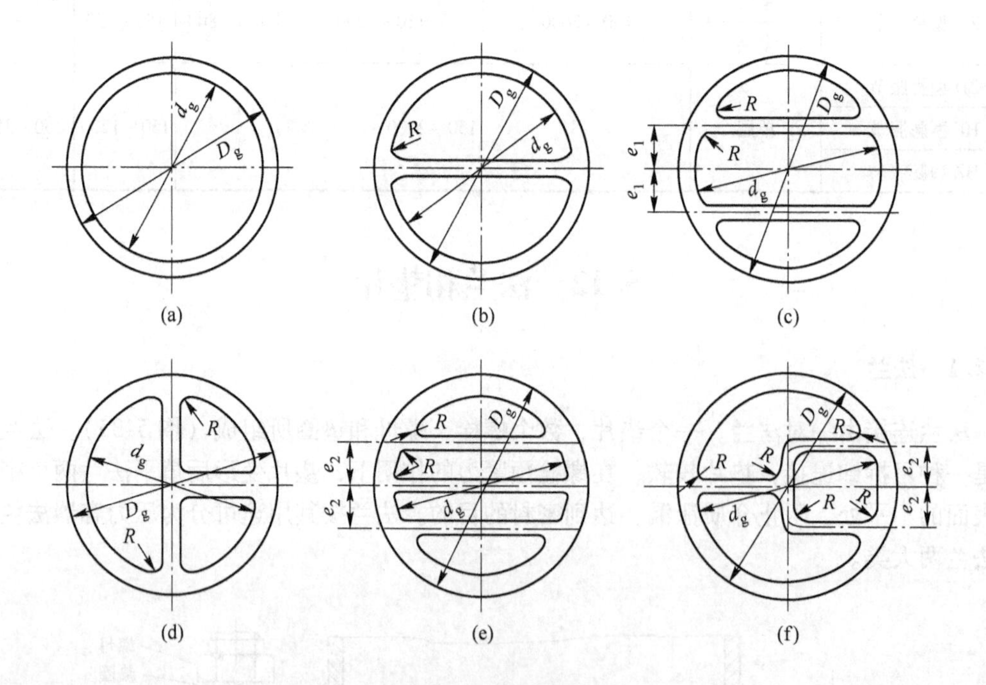


图 5-36　垫片结构形式

表 5-18　垫片组合方式

| 管程数 | Ⅰ | | Ⅱ | | Ⅳ | | Ⅵ | |
|---|---|---|---|---|---|---|---|---|
| 管箱位置 | 前 | 后 | 前 | 后 | 前 | 后 | 前 | 后 |
| 垫片结构形式 | (a) | (a) | (b) | (a) | (c)或(d) | (b) | (e) | (f) |

### 5.12.2.2　垫片类型

垫片的类型有非金属垫片、金属垫片以及非金属与金属的组合垫片。选择时要综合考虑各种因素，包括介质的性质、操作压力、操作温度、要求的密封程度，以及垫片性能、压紧面形式、螺栓力大小等。一般性原则为：高温、高压多采用金属垫片；中温、中压可采用金属与非金属组合垫片或非金属垫片；中、低压多采用非金属垫片；高真空或深冷温度下采用金属垫片为宜。

5.12.2.3　垫片尺寸

管法兰垫片可按有关标准选用。管箱垫片、管箱侧垫片、浮头垫片、外头盖垫片和头盖垫片可按下列标准选用：

（1）《管壳式换热器用垫片第 1 部分：金属包垫片》(GB/T 29463.1—2012)；

（2）《管壳式换热器用垫片第 2 部分：缠绕式垫片》(GB/T 29463.2—2012)；

（3）《管壳式换热器用垫片第 3 部分：非金属软垫片》(GB/T 29463.3—2012)。

## 5.13 支　　座

### 5.13.1　卧式换热器支座

卧式换热器采用双鞍式支座，按《鞍式支座》(JB/T 4712.1—2007）标准选用。鞍式支座的布置如图 5-37 所示，尺寸按下列原则确定：

（1）两支座应安放在换热器管束长度范围内的适当位置。

1）换热器公称长度不大于 3m 时，鞍座间距 $L_B$ 宜取 0.4 倍 ~0.6 倍换热器公称长度，即：

$$L_B = (0.4 \sim 0.6)l \tag{5-17}$$

式中　$L_B$——两支座底板螺栓孔中心线距离，mm；

$l$——换热器公称长度，mm。

2）换热器公称长度大于 3m 时，鞍座间距 $L_B$ 宜取 0.5 倍 ~0.7 倍换热器公称长度，即：

$$L_B = (0.5 \sim 0.7)l \tag{5-18}$$

3）尽量使 $L_C$ 和 $L'_C$ 相近。

（2）与壳程接管相邻的支座应满足壳程接管焊缝与支座焊缝之间的距离要求，如图 5-37 中的 $L_C$，应满足：

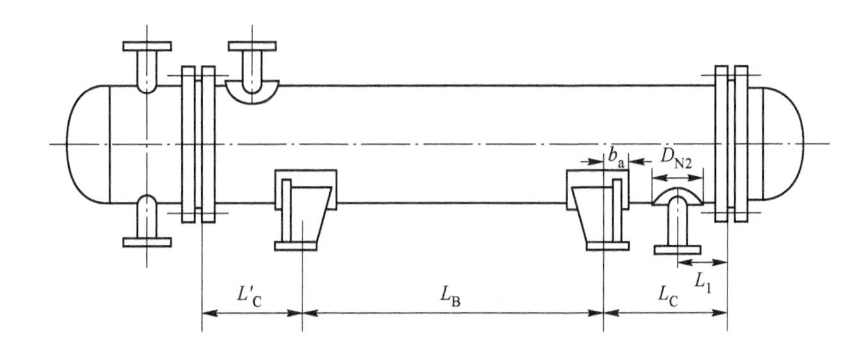


图 5-37　鞍式支座布置

1）带补强圈接管

$$L_{C} \geqslant L_{1} + \frac{D_{N2}}{2} + b_{a} + C'(\mathrm{mm}) \tag{5-19}$$

2）无补强圈接管

$$L_{C} \geqslant L_{1} + \frac{d_{N2}}{2} + b_{a} + C'(\mathrm{mm}) \tag{5-20}$$

式（5-19）和式（5-20）中，取 $C' \geqslant 4\delta$（$\delta$ 为壳体壁厚，mm）且不小于 50mm。

式中 $L_C$——支座底板螺栓孔中心线至管板密封面的距离，mm；

$L_1$——壳程接管位置尺寸，其值按式（5-3）或式（5-4）确定，mm；

$D_{N2}$——补强圈外径，mm；

$d_{N2}$——接管外径，mm；

$b_a$——支座底板螺栓孔中心线至支座与壳体连接焊缝之间的距离，其值可由支座标准中的尺寸获取，mm；

$C'$——补强圈外边缘（无补强圈时，为接管外壁）至支座与壳体连接焊缝之间的距离，mm。

### 5.13.2 立式换热器支座

立式换热器采用耳式支座，按 JB/T 4712—2007 标准选用。耳式支座的布置按下列原则确定：

（1）壳体公称直径 DN≤800mm 时，至少应设置 2 个支座，且应对称布置；

（2）壳体公称直径 DN＞800mm 时，至少应设置 4 个支座，且应均匀布置。

# 6 利用 Aspen EDR 进行管壳式换热器设计

Aspen Exchanger Design & Rating（Aspen EDR）是传热系统领域应用最为广泛的一款换热器设计软件。Aspen EDR 通过技术手段将工艺流程模拟软件和综合工具进行整合，可以在流程模拟计算之后直接无缝集成转入换热器的设计计算，使 Aspen Plus、Aspen H YSYS 流程计算与换热器设计一体化，用户能够很方便地进行数据传递并对换热器详细尺寸在流程中带来的影响进行分析，大大降低了人工输入数据导致的错误率，保证了计算结果的可信度，有效提高了设计效率。Aspen EDR 中包含的 Shell & Tube、Plate、Air Cooled 和 Fired Heater 等主要设计程序可以实现管壳式换热器、板式换热器、空冷器和加热炉等多种换热设备的工艺设计，Shell & Tube Mechanical 还能对管壳式换热器进行专门的机械结构设计。这里将结合具体示例介绍利用 Shell & Tube 设计程序进行管壳式换热器的工艺设计与校核。

**例 6-1** 用30℃的水作冷却剂将苯从92℃冷却至53℃，苯的流量为20.9kg/s，进口压力为550kPa，水的进口压力为450kPa，出口温度拟定为42℃，试设计一台管壳式换热器。

**解：** Ⅰ. 采用 EDR 软件初步设计

A 新建文件

启动 Aspen Exchanger Design & Rating V10.0，点击 New 新建模板，选择 Shell & Tube，如图 6-1 所示。

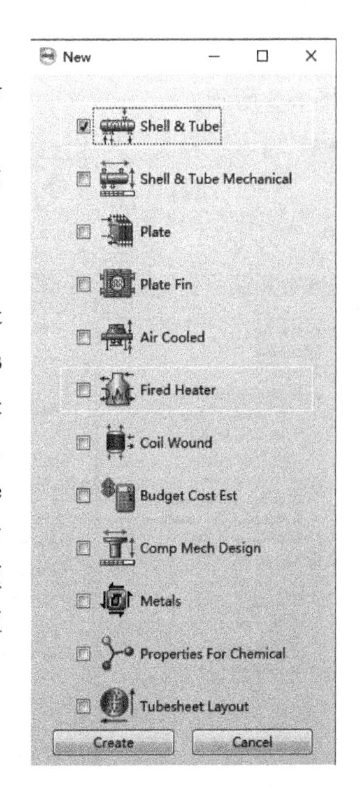

图 6-1 新建和选择模板

点击 Create，然后对文件进行保存。点击菜单栏中的 File-Save，选择保存路径，将文件保存为 Example 6-1. bkp。

B 设置应用选项

将单位设为 SI（国际单位制）。点击进入 Input | Problem Definition | Application Options | Application Options 页面，在 General 框下，选择冷、热流体的流程。由于苯是易燃、易爆且有毒的液体，适合走管程，冷却水走壳程，因此将 Location of hot fluid（热流体流程）选项设为 Tube side（管程）。在 Hot Side 框下，将 Application 选项设为 Liquid，no phase change（液态，无相变）。在 Cold Side 框下，将 Application 选项设为 Liquid，no phase change（液态，无相变）。其余选项保持默认设置，如图 6-2 所示。

C 输入工艺数据

点击进入 Input | Problem Definition | Process Data | Process Data 页面，根据题中工艺条件、允许压降和污垢热

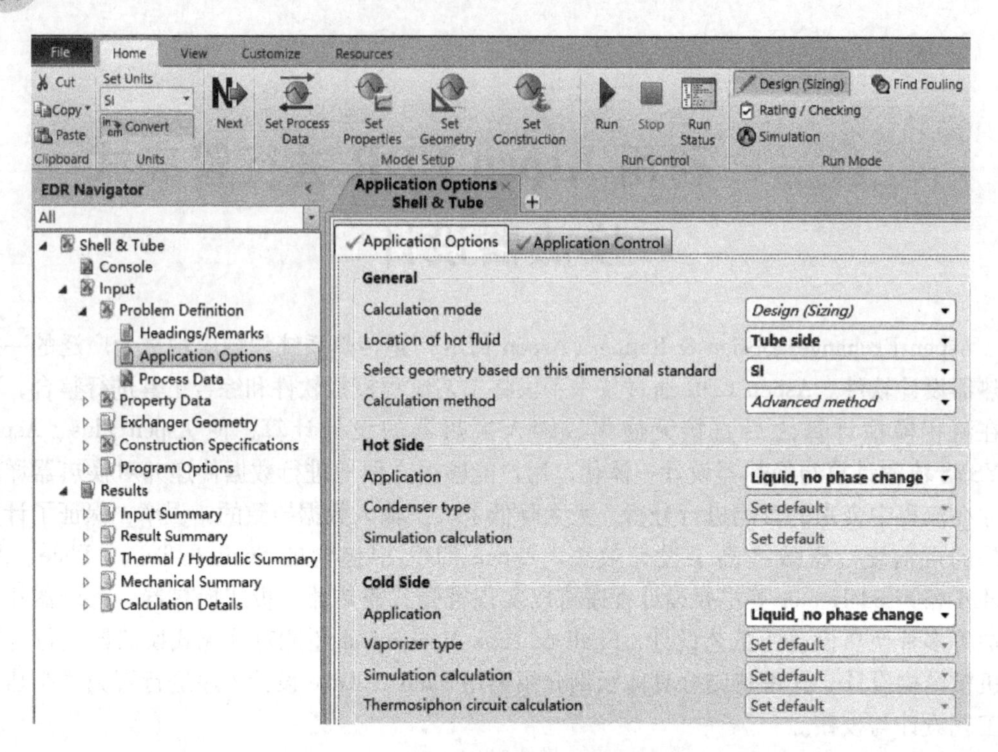


图 6-2　设置应用选项

阻输入冷、热流体信息。其中，压力只需输入进口压力和允许压降，程序默认估计压降即为允许压降，出口压力自动计算得出。污垢热阻按表 4-12 和表 4-14 选取，冷却水取软化水的污垢热阻 $1.72\times10^{-4}\ m^2\cdot℃/W$，苯取有机化合物的污垢热阻 $1.72\times10^{-4}m^2\cdot℃/W$，如图 6-3 所示。

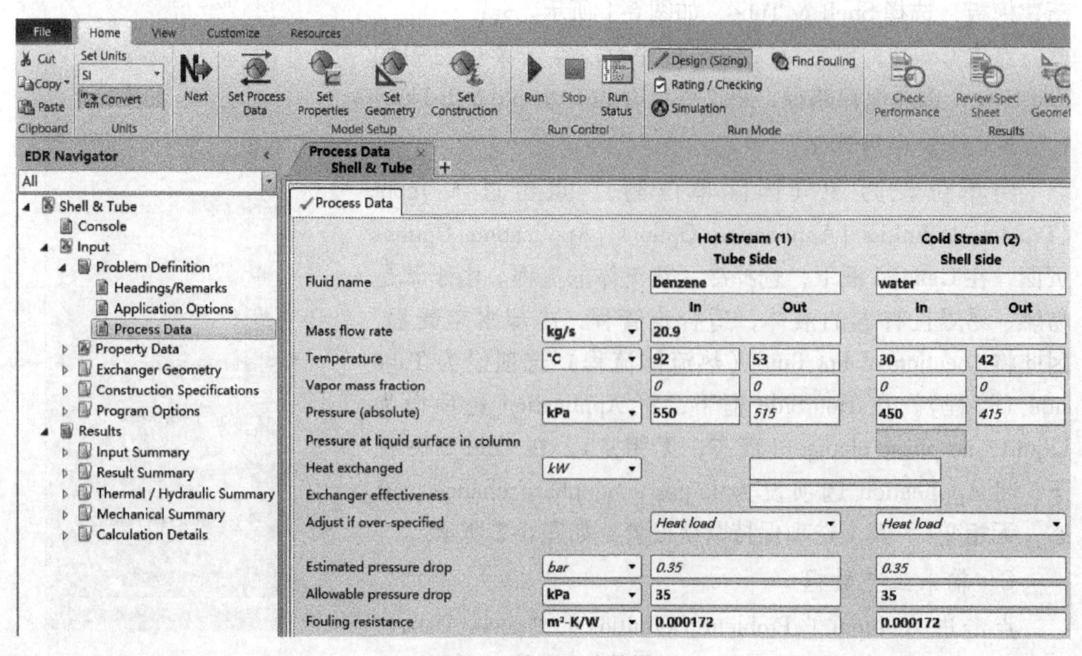


图 6-3　输入工艺数据

D　输入物性数据

点击进入 Input | Property Data | Hot Stream（1） Compositions | Composition 页面，选择 Physical property package（物性包）为 Aspen Properties，点击 Search Databank 进入组分添加页面，查找并选择组分 benzene（苯），依次点击 Add Selected Compounds 和 Use Selected Compounds，如图 6-4 所示。

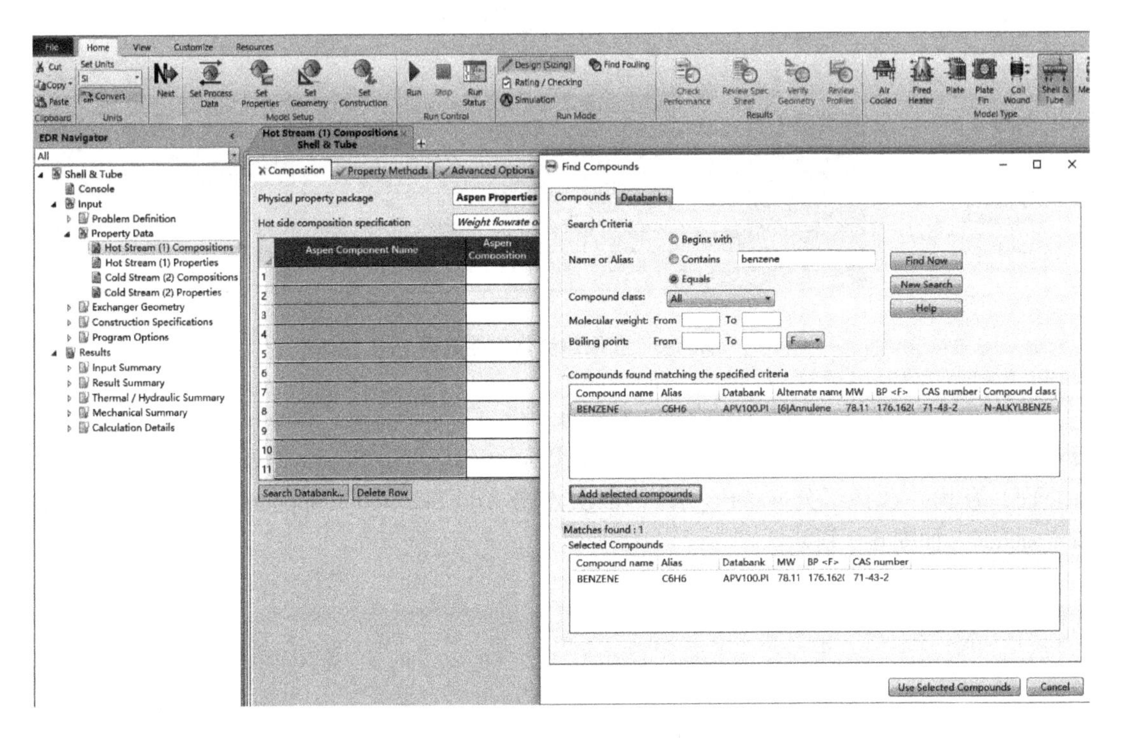


图 6-4　选择物性包并添加热流体组分

点击进入 Input | Property Data | Hot Stream（1） Compositions | Property Methods 页面，选择 Aspen property method（物性方法）为 NRTL，如图 6-5 所示。

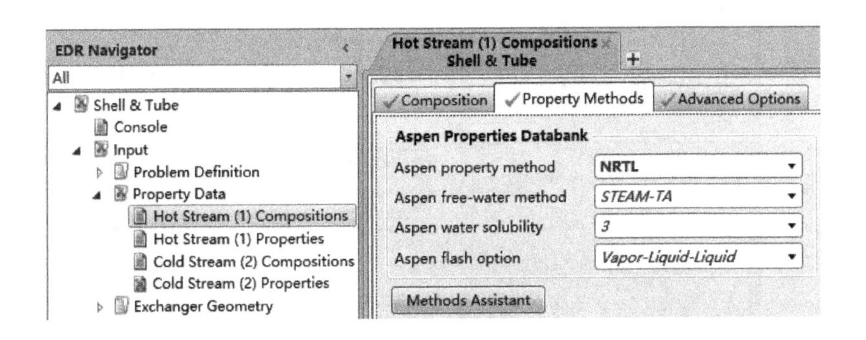


图 6-5　选择热流体物性方法

点击进入 Input | Property Data | Hot Stream（1） Properties | Properties 页面，点击 Get Properties 获取热流体物性数据，如图 6-6 所示。

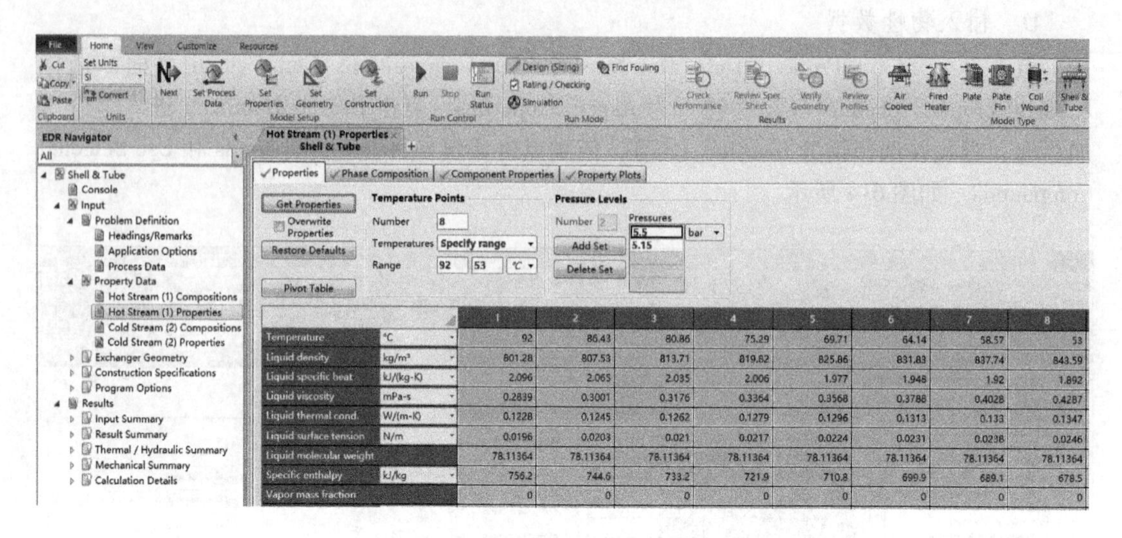

图 6-6　获取热流体物性数据

点击进入 Input | Property Data | Cold Stream（2）Compositions | Composition 页面，选择 Physical property package（物性包）为 Aspen Properties，点击 Search Databank 进入组分添加页面，查找并选择组分 water（水），依次点击 Add Selected Compounds 和 Use Selected Compounds，如图 6-7 所示。

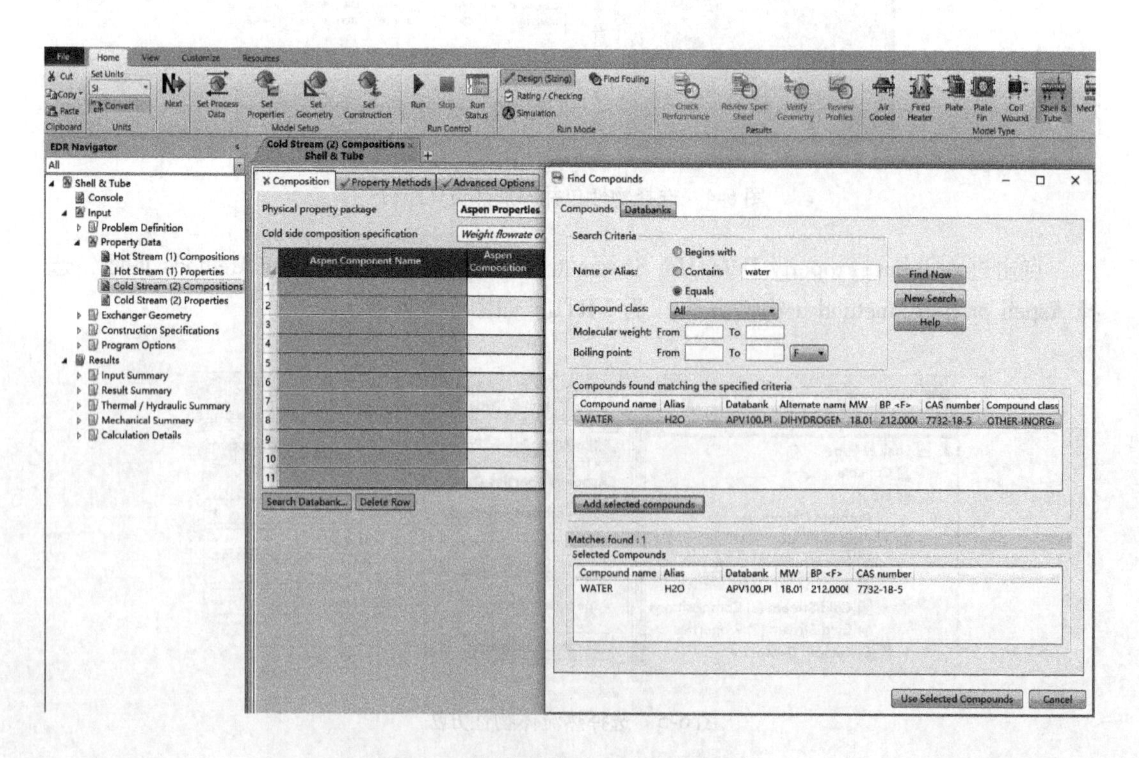

图 6-7　选择物性包并添加冷流体组分

点击进入 Input | Property Data | Cold Stream（2）Compositions | Property Methods 页面，选

择 Aspen property method（物性方法）为 STEAM-TA，如图 6-8 所示。

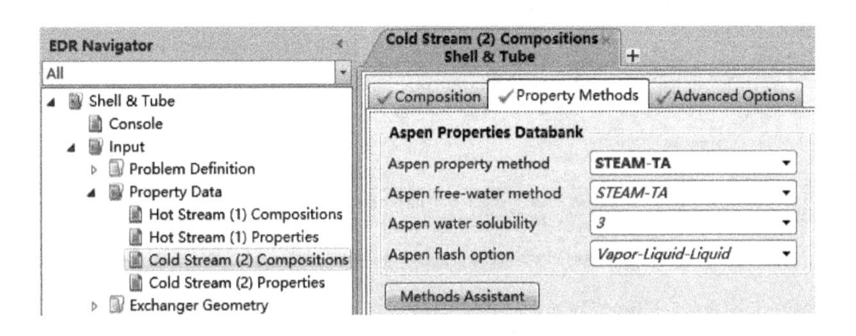


图 6-8 选择冷流体物性方法

点击进入 Input | Property Data | Cold Stream（2） Properties | Properties 页面，点击 Get Properties 获取热冷体物性数据，如图 6-9 所示。

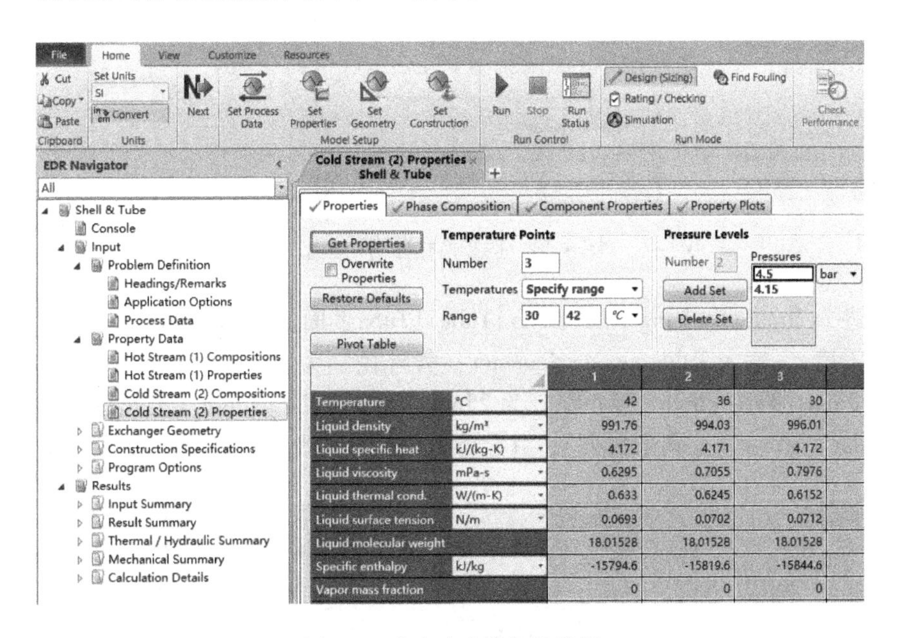


图 6-9 获取冷流体物性数据

E 输入结构参数

点击进入 Input | Exchanger Geometry | Shell/Heads/Flanges/Tubesheets | Shell & Heads 页面，选择换热器结构类型。

热流体（苯）定性温度：$T_m = \dfrac{92+53}{2} = 72.5℃$；

冷流体（冷却水）定性温度：$t_m = \dfrac{30+42}{2} = 36℃$；

两流体温差：$T_m - t_m = 72.5 - 36 = 36.5℃ < 50℃$。

故选择固定管板式换热器，Front head type（前端管箱）选择 B 型，Shell type（壳体类型）选择 E 型，Rear head type（后端管箱）选择 M 型，其余选项保持默认设置，如图 6-10 所示。

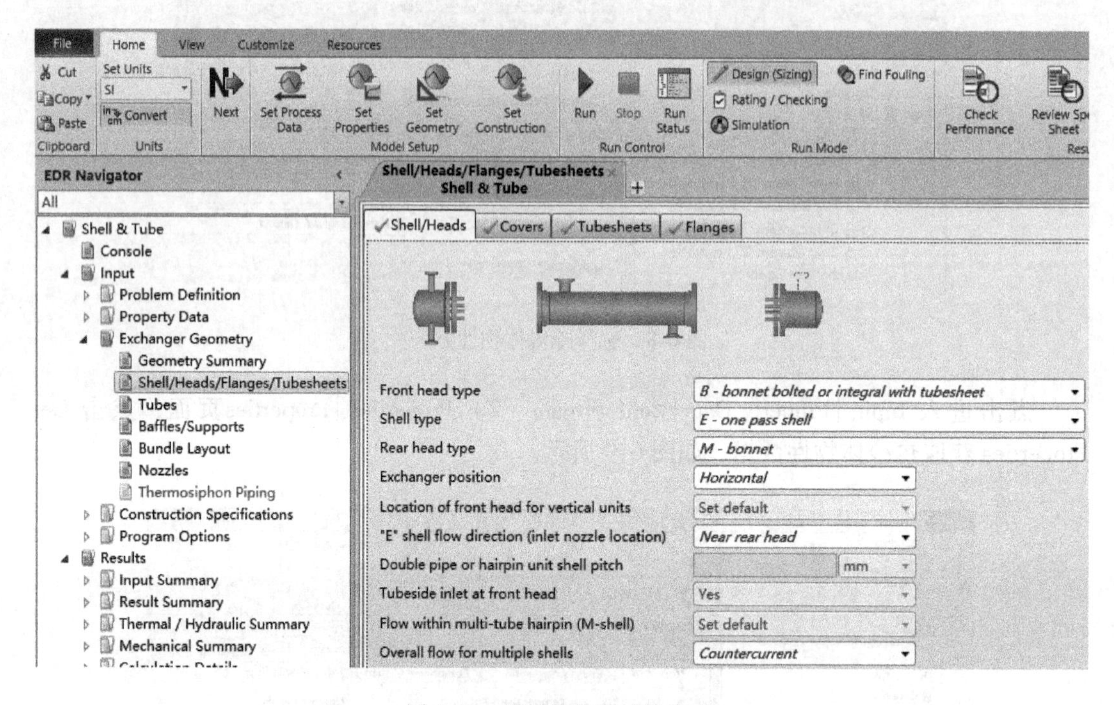


图 6-10　选择换热器结构类型

点击进入 Input | Exchanger Geometry | Tubes | Tube页面，选择 Tube type（管类型）为 Plain（光滑管），输入 Tube outside diameter（管外径）为 19mm，Tube wall thickness（管壁厚）为 2mm，Tube pitch（管心距）为 25mm，选择 Tube pattern（换热管排列方式）为 30-Triangular（30° - 正三角形排列），其余参数保持默认设置，如图 6-11 所示。

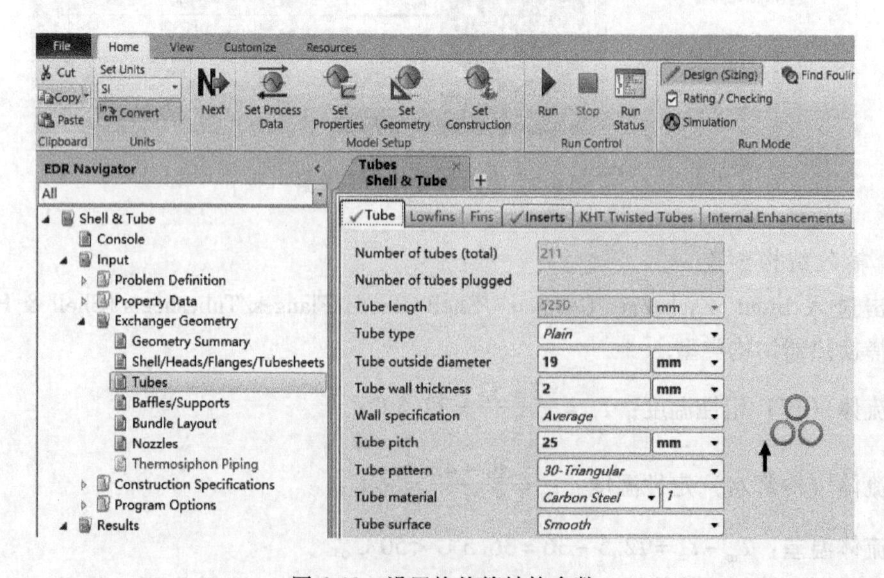


图 6-11　设置换热管结构参数

点击进入 Input | Exchanger Geometry | Baffles/Supports 页面，选择 Baffle type（折流板类型）为 Single segmental（单弓形折流板），选择 Baffle cut orientation（折流板缺口方向）为 Horizotal（水平缺口），如图 6-12 所示。

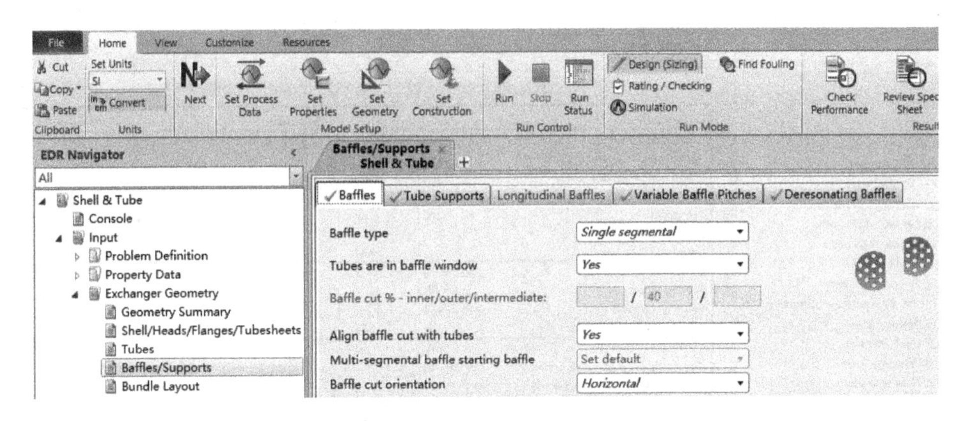


图 6-12 设置折流板结构参数

F 运行程序并查看结果

点击 Run 运行程序，在 Results | Result Summary | Warning & Messages 页面查看错误和警告信息，如图 6-13 所示。信息显示无错误与警告。

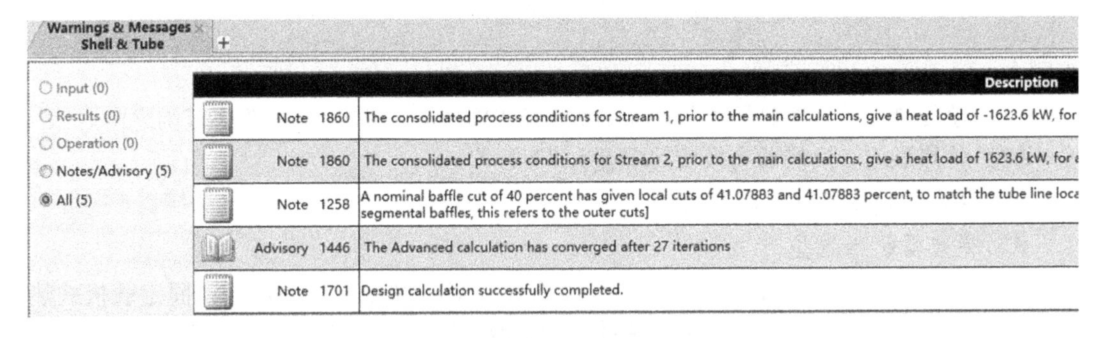


图 6-13 查看设计错误和警告信息

点击进入 Results | Thermal/Hydraulic Summary | Performance | Overall Performance 页面，查看所设计的换热器的主要性能，如图 6-14 所示。

（1）结构参数。换热器结构类型为 BEM，管程数为 2，串联台数为 1，并联台数为 1，壳体内径 438mm，管长 4800mm，管子数 211，管外径 19mm，管壁厚 2mm，管子排列方式为 30° - 正三角形排列，管心距 25mm，折流板形式为单弓形折流板，圆缺率为 41.08%。

（2）面积裕度。换热器有效面积为 59.5$m^2$，面积裕度为 0，偏小，可在校核模式下调整。

（3）冷却水用量。冷却水用量为 32.5kg/s。

（4）压降。壳程压降为 0.128bar，管程压降为 0.173bar，均小于允许压降。

（5）流速。壳程流体最高流速为 0.61m/s，管程流体最高流速为 1.42m/s，均在合理

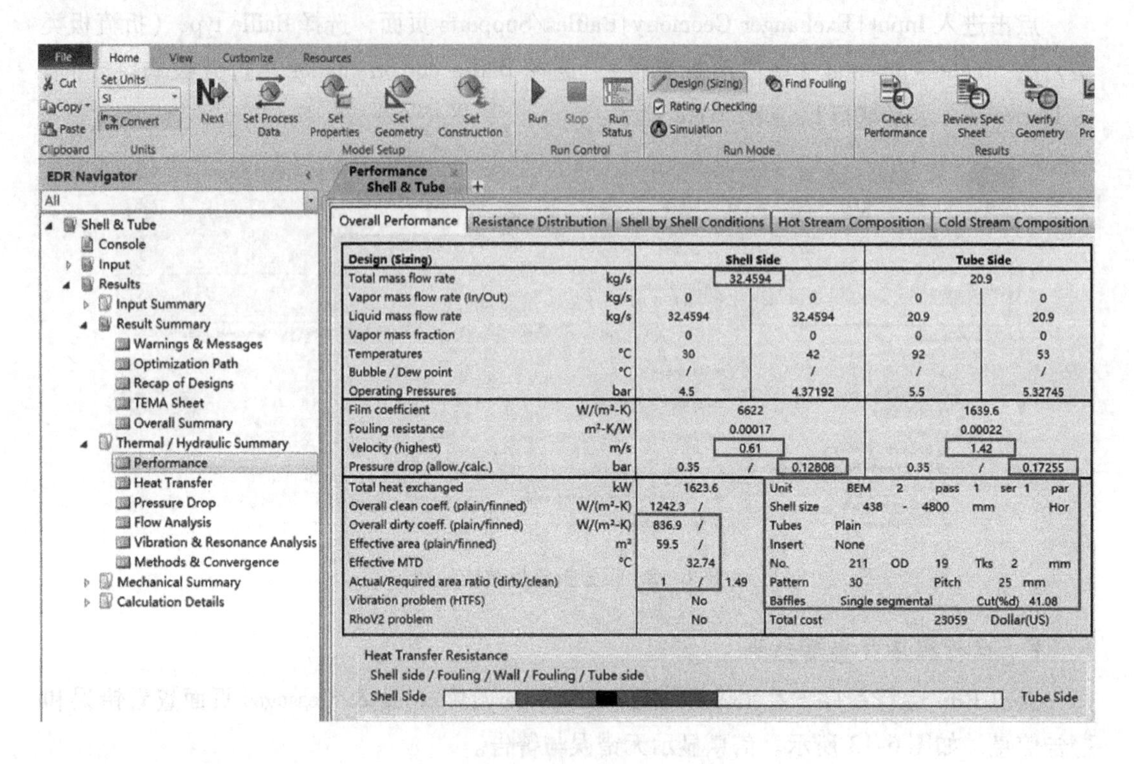


图 6-14　查看换热器设计结果

范围内。

（6）总传热系数。换热器总传热系数为 836.9W/($m^2$·K)，在经验值范围之内。

（7）传热温差。换热器有效传热温差为 32.74℃。

Ⅱ. 换热器标准选型与 EDR 核算

A　换热器标准选型

根据 EDR 初步设计结果，在《热交换器型式与基本参数　第 2 部分：固定管板式热交换器》(GB/T 28712.2—2012）中选择接近的标准值进行圆整，公称直径（壳体内径）为 600mm，管程数为 2，管子根数为 416，管长 4500mm，折流板圆缺率 25%，折流板间距 450mm。接管选择无缝钢管，根据《输送流体用无缝钢管》(GB/T 8163—2018)，壳程进口尺寸为 $\phi$219mm × 6mm，出口尺寸为 $\phi$159mm × 4.5mm，管程进口尺寸为 $\phi$108mm × 4mm，出口尺寸为 $\phi$159mm × 4.5mm。

B　输入标准结构参数

点击进入 Input | Problem Definition | Application Options | Application Options 页面，将 Calculation mode（计算模式）更改为 Rating/Checking（校核模式），如图 6-15 所示。

点击进入 Input | Exchanger Geometry | Geometry Summary 页面，输入 Shells ID（壳体内径）600mm，Tubes Number（管子根数）416，Tubes Length（管长）4500mm，Baffles Spacing (center-center)（折流板间距）450mm，将 Spacing at inlet（折流板入口间距）、Number（折流板数量）和 Spacing at outlet（折流板出口间距）框内的值删除，输入 BafflesCut（%d）（折流板圆缺率）25，如图 6-16 所示。

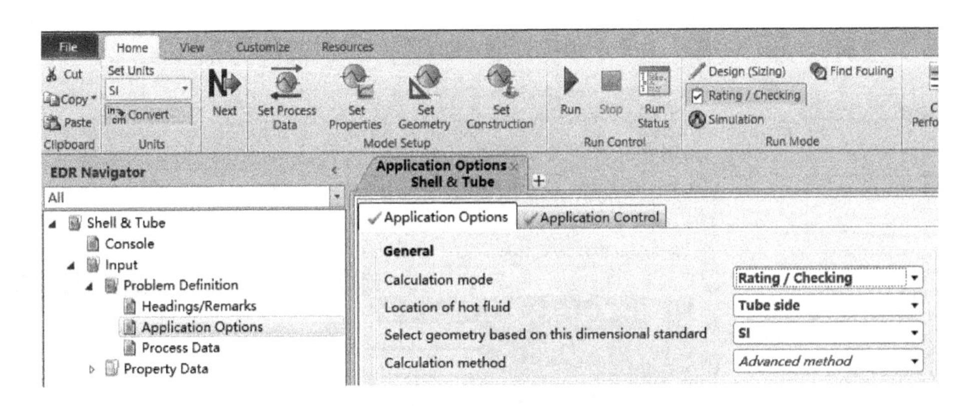


图 6-15 更改计算模式为校核模式

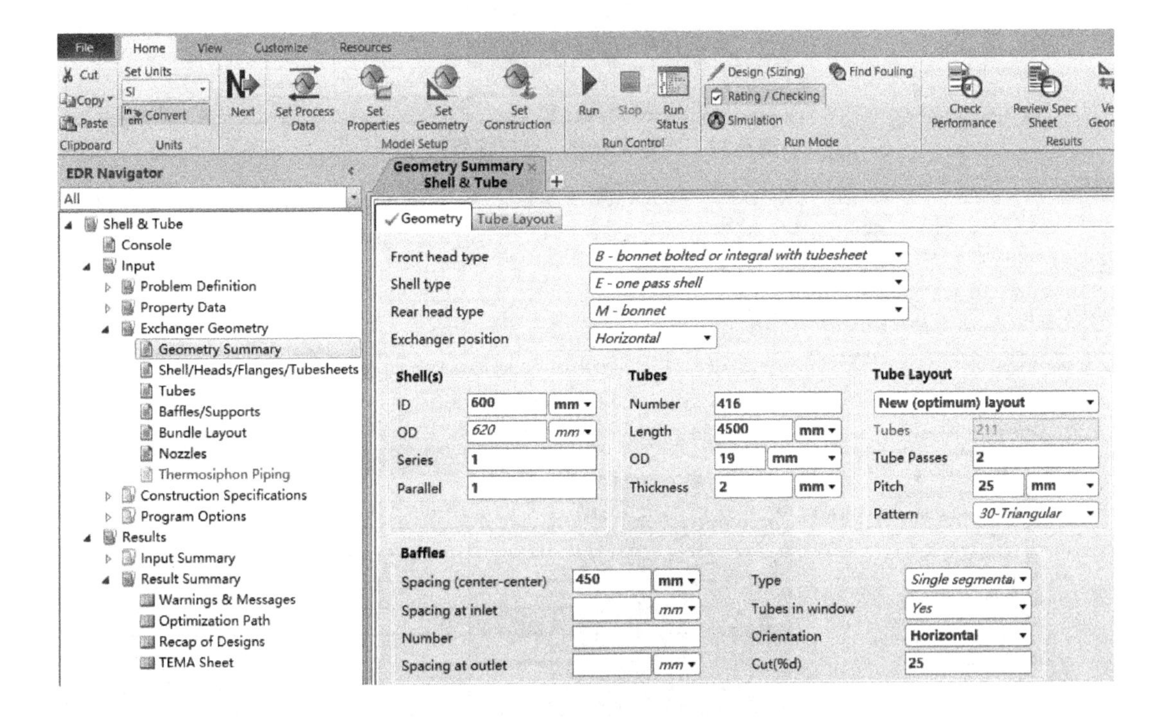


图 6-16 输入换热器标准结构参数

点击进入 Input | Exchanger Geometry | Nozzles | Shell Side Nozzles 页面，将壳程进、出口接管内外径圆整到标准值，如图 6-17 所示。

点击进入 Input | Exchanger Geometry | Nozzles | Tube Side Nozzles 页面，将管程进、出口接管内外径圆整到标准值，如图 6-18 所示。

C 运行程序并查看结果

点击 Run 运行程序，在 Results | Result Summary | Warning & Messages 页面查看错误和警告信息，如图 6-19 所示。信息显示无错误，但有 3 条警告。第 1 条警告显示未定义折流板数；第 2 条警告显示计算出的折流板数与接管方向不一致，可将折流板数定义为 7 或

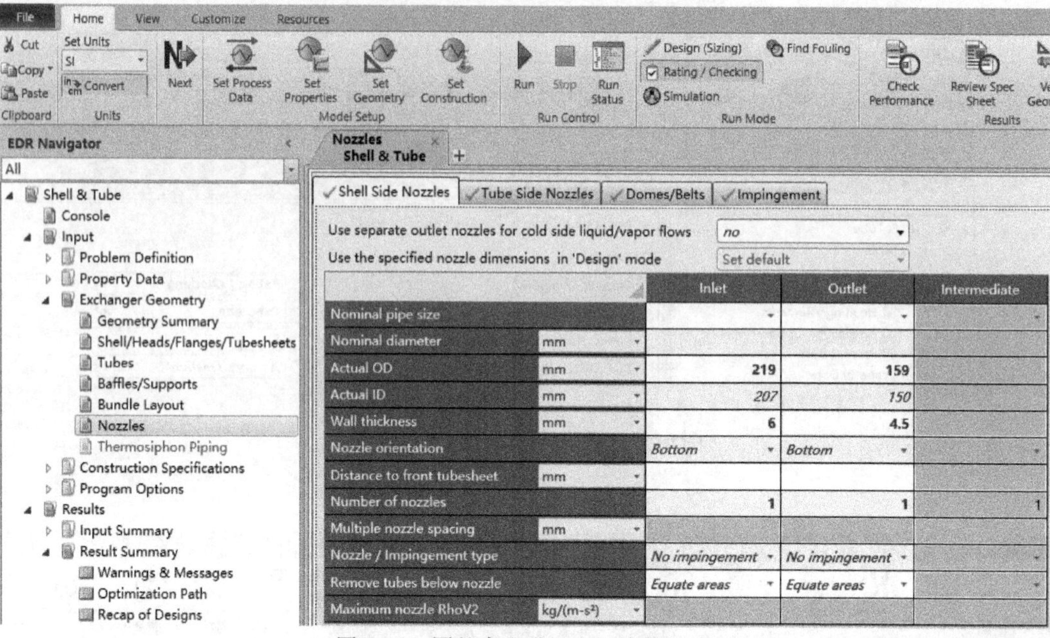


图 6-17 圆整壳程进、出口接管尺寸

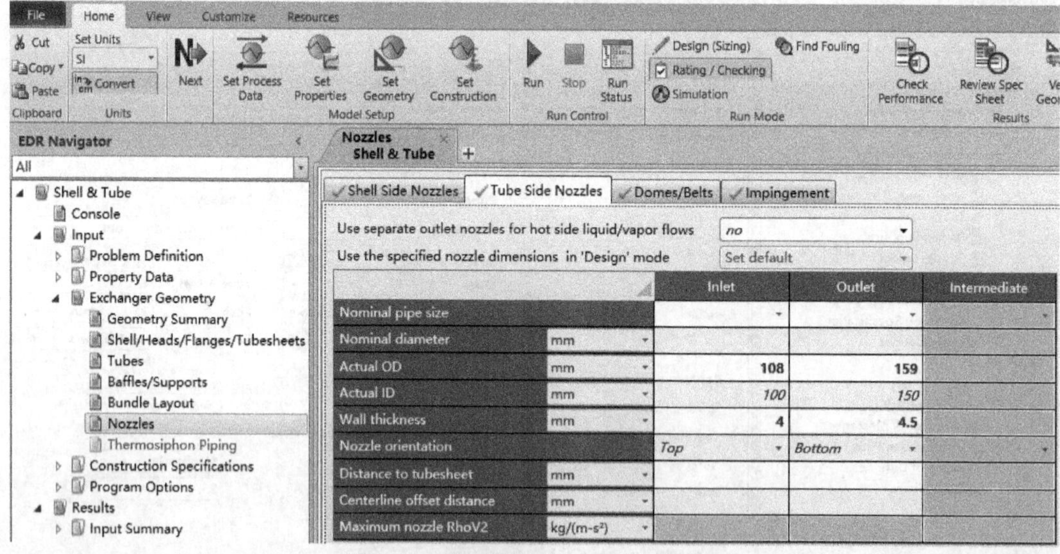


图 6-18 圆整管程进、出口接管尺寸

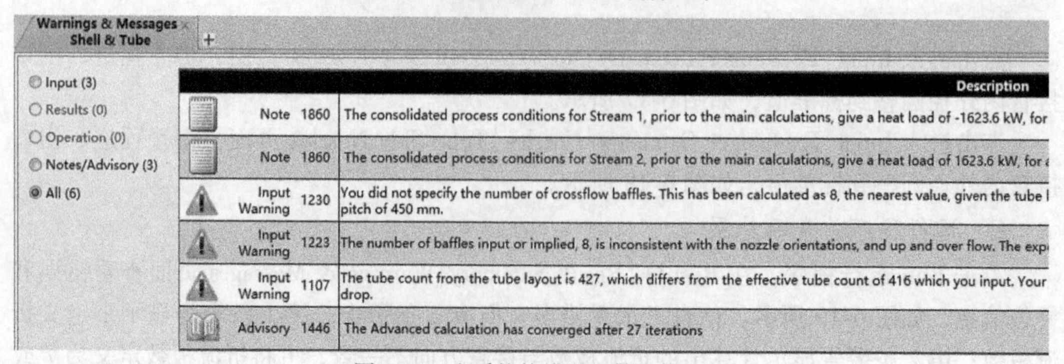


图 6-19 查看校核错误和警告信息

9 来消除前 2 条警告；第 3 条警告显示程序排出的管数（427）与输入的管数（416）不同，但传热和压降计算均是以输入的管数（416）进行计算的，因此可忽略该警告。

点击进入 Input | Exchanger Geometry | Geometry Summary 页面，输入 Baffles Number（折流板数量）7，如图 6-20 所示。

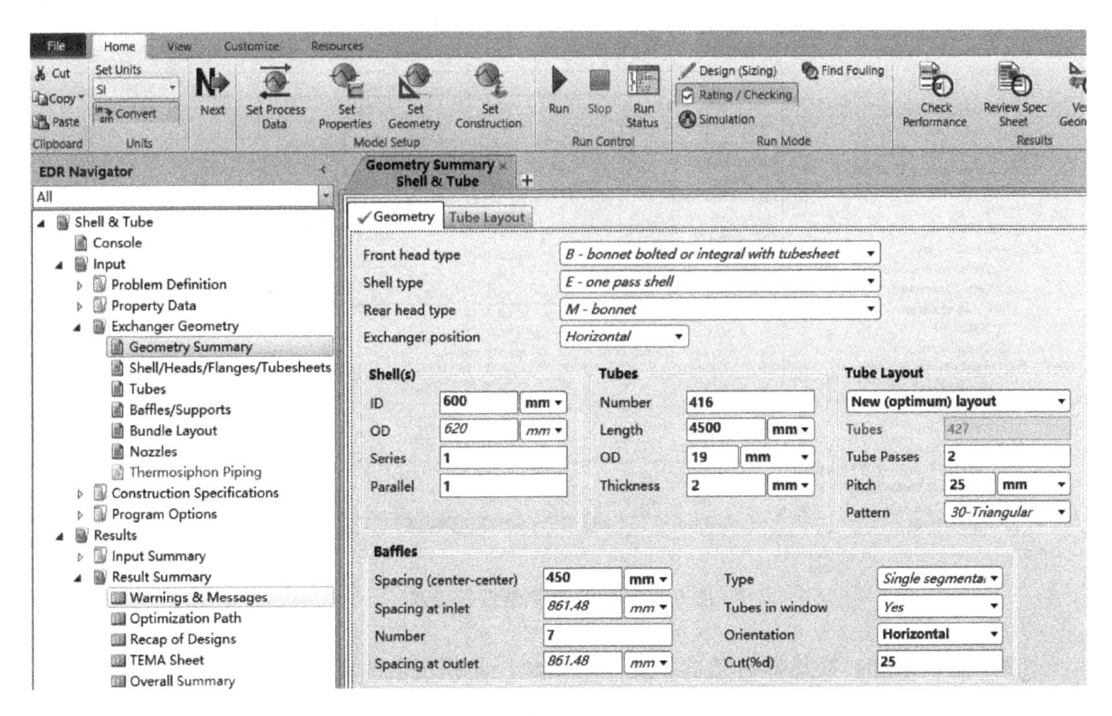


图 6-20　输入折流板数量

再次运行程序，在 Results | Result Summary | Warning & Messages 页面查看错误和警告信息，如图 6-21 所示。信息显示前 2 条警告已消除。

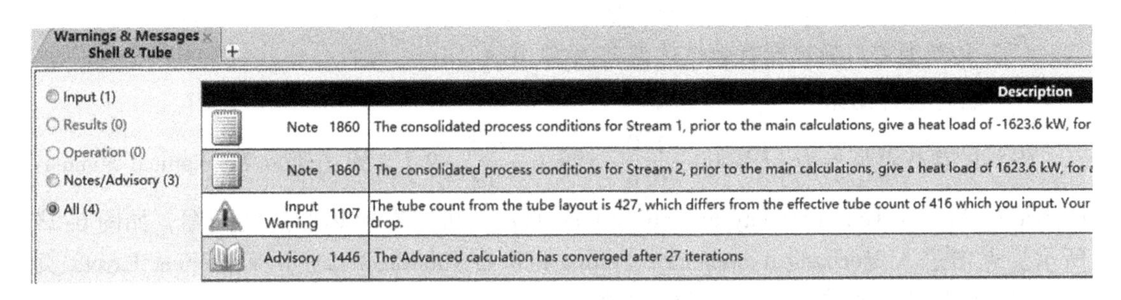


图 6-21　再次运行后查看校核错误和警告信息

点击进入 Results | Thermal/Hydraulic Summary | Performance | Overall Performance 页面，查看校核后的换热器信息，如图 6-22 所示。

（1）结构参数。换热器结构类型为 BEM，管程数为 2，串联台数为 1，并联台数为 1，壳体内径 600mm，管长 4500mm，管子数 416，管外径 19mm，管壁厚 2mm，管子排列方式为 30°－正三角形排列，管心距 25mm，折流板形式为单弓形折流板，圆缺率程序根据排管情况调整为 25.44%。

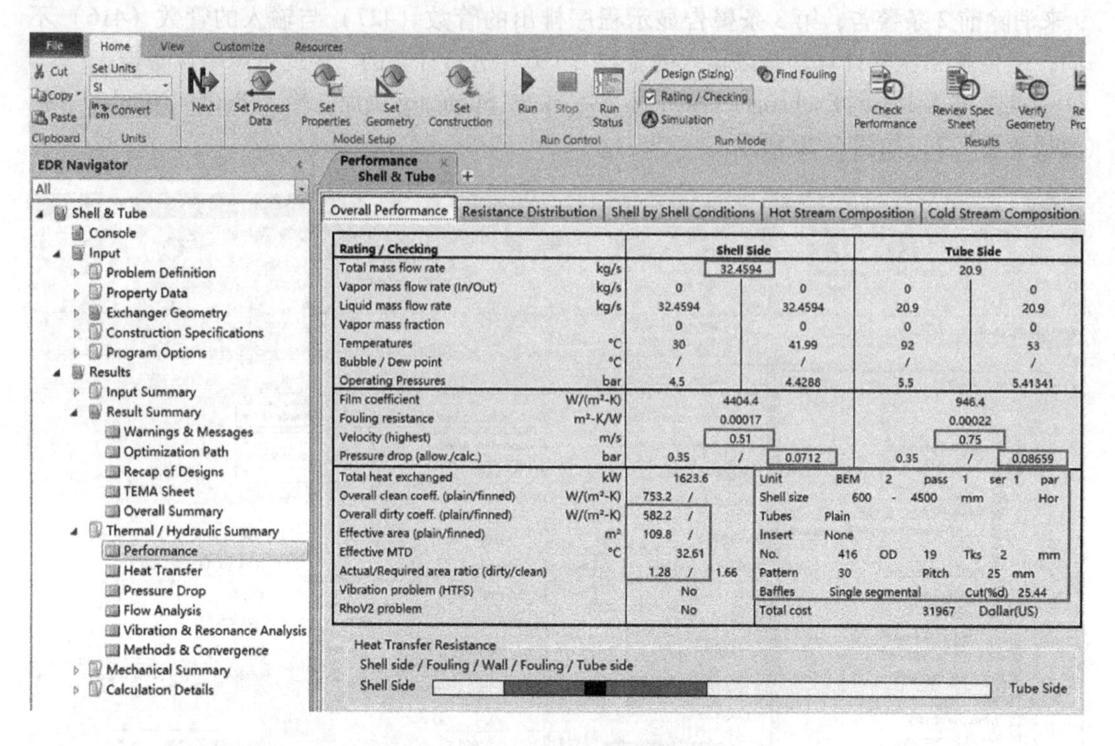


图 6-22　查看换热器校核结果

（2）面积裕度。换热器有效面积为 109.8$m^2$，面积裕度为 28%，满足工艺要求。

（3）冷却水用量。冷却水用量为 32.5kg/s。

（4）压降。壳程压降为 0.071bar，管程压降为 0.087bar，均小于允许压降。

（5）流速。壳程流体最高流速为 0.51m/s，管程流体最高流速为 0.75m/s，均在合理范围内。

（6）总传热系数。换热器总传热系数为 582.2W/($m^2$·K)，在经验值范围之内。

（7）传热温差。换热器有效传热温差为 32.61℃。

D　最终设计结果

设计的换热器型号为 BEM600 $-\dfrac{1.0}{0.6}-109.8-\dfrac{4.5}{19}-2$ Ⅰ。点击进入 Mechanical Summary | Setting Plan & Tubesheet Layout | Setting Plan 页面，可查看换热器的装配图，如图 6-23 所示。点击进入 Mechanical Summary | Setting Plan & Tubesheet Layout | Tubesheet Layout 页面，可查看换热器的排管图，如图 6-24 所示。

**例 6-2**　某甲醇精馏塔，将质量分数为 60% 的甲醇水溶液提纯。已知甲醇原料液的温度为 30℃，压力为 1.2bar，流量为 12600kg/h。精馏塔理论板数为 20，第 12 块板进料，塔顶全凝器压力为 1bar，单块塔板压降为 0.0062bar，塔板效率为 100%。当塔顶采出率为 0.458，回流比为 2 时，塔顶甲醇质量分数为 99.9%，塔釜水质量分数近似为 1。塔顶全凝器的冷却介质为循环水，进口温度为 25℃，压力为 3bar，出口温度拟定为 40℃，试设计一台合适的管壳式换热器。

**解：** Ⅰ. 冷凝器简捷设计计算

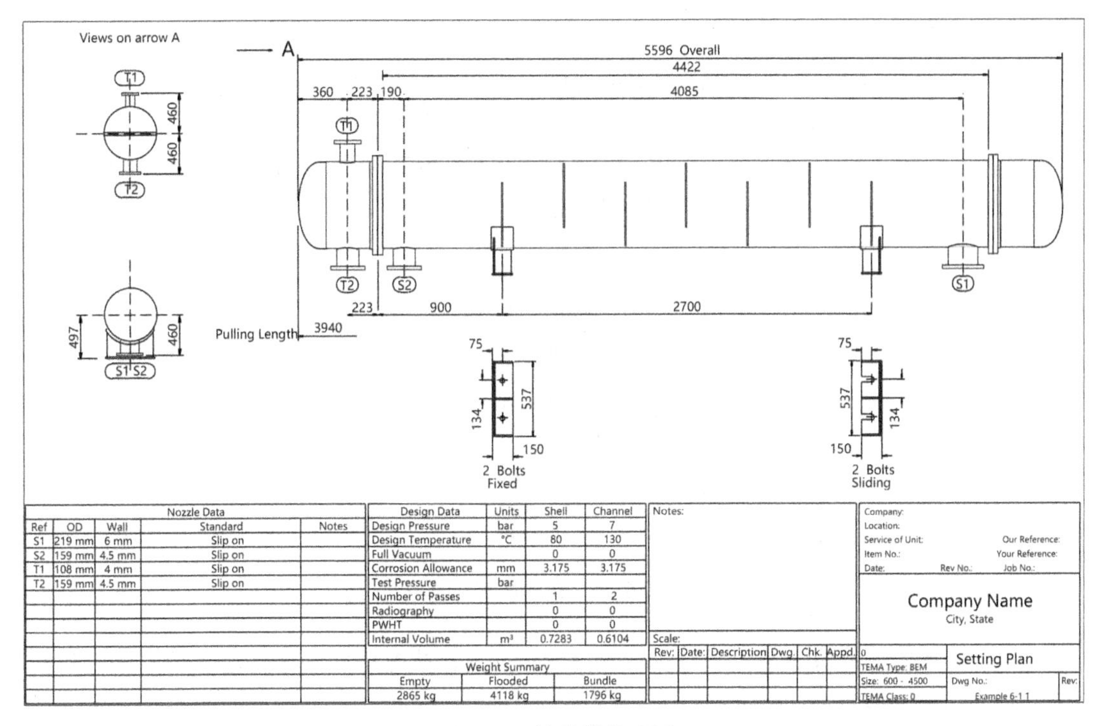


图 6-23 换热器装配图

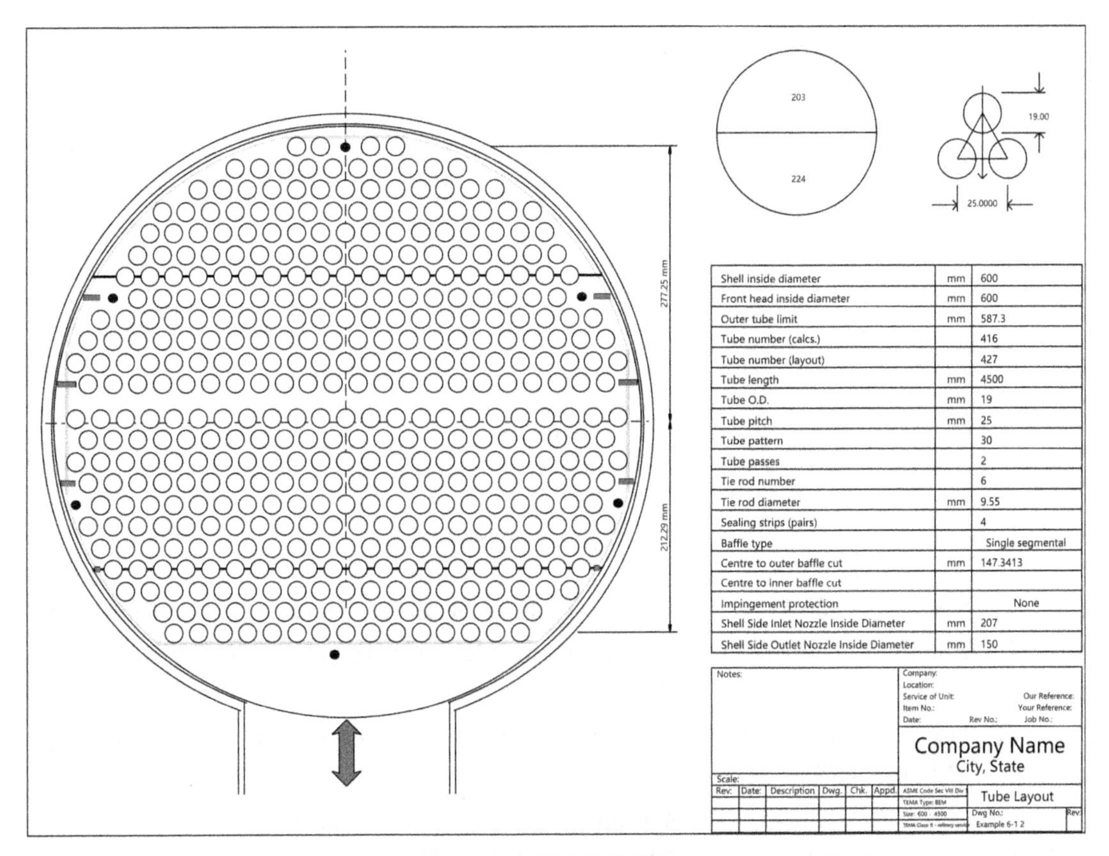


图 6-24 换热器排管图

A 精馏过程模拟

在 Aspen Plus V10.0 中新建流程模拟文件，将文件保存为 Example 4.3.bkp，按例 2-2 中步骤在 Properties 环境下添加组分，选择物性方法为 NRTL。

左下方切换至 Simulation 环境，在主窗口建立如图 6-25 所示流程图，其中精馏塔采用下端模块库中的 Columns | RadFrac | FRACT1 模块。

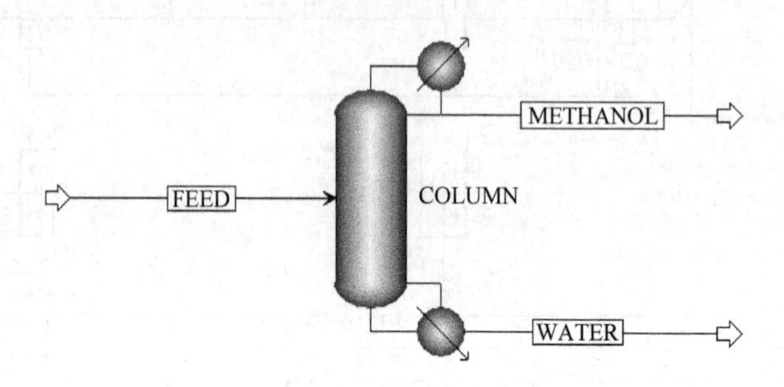


图 6-25 精馏塔流程

点击 Next，进入 Streams | FEED | Input | Mixed页面，按题中所给条件输入精馏塔进料物流信息，如图 6-26 所示。

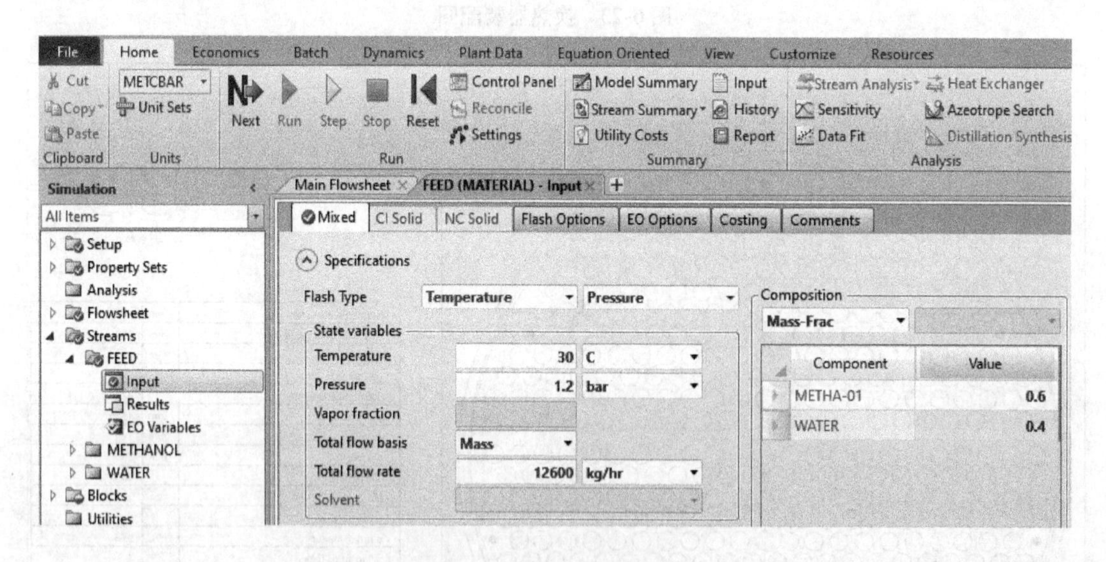


图 6-26 输入进料物流信息

点击 Next，进入 Blocks | COLUMN | Specifications | Setup | Configuration 页面，按题中所给条件输入精馏塔参数：塔板数为 20，冷凝器为全凝器，回流比为 2，塔顶产品与进料的摩尔比（$D/F$）为 0.458，如图 6-27 所示。

点击 Next，进入 Blocks | COLUMN | Specifications | Setup | Streams 页面，输入进料物流位置为第 12 块塔板，如图 6-28 所示。

点击 Next，进入 Blocks | COLUMN | Specifications | Setup | Pressure 页面，输入塔顶冷凝器压力为 1bar，每块塔板压降为 0.0062bar，如图 6-29 所示。

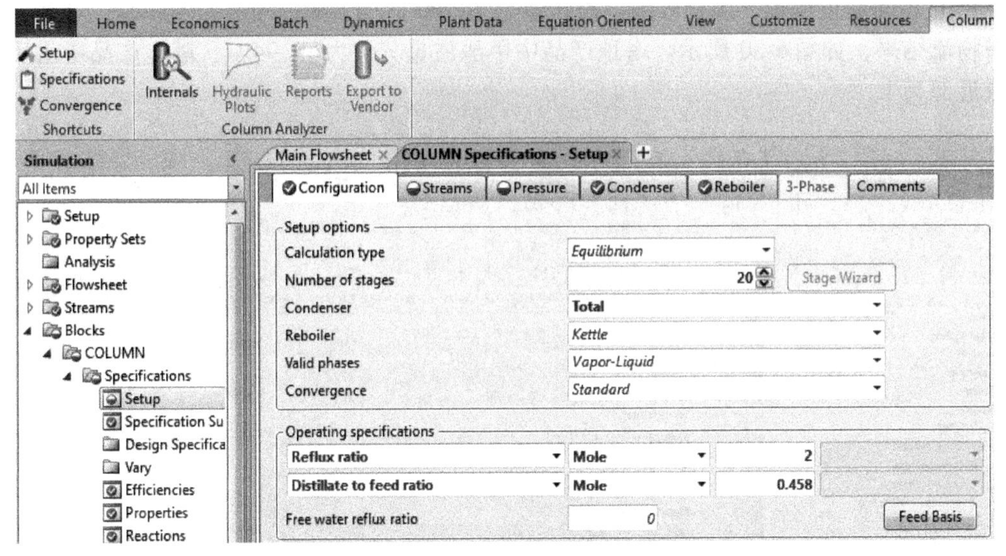


图 6-27 输入精馏塔参数

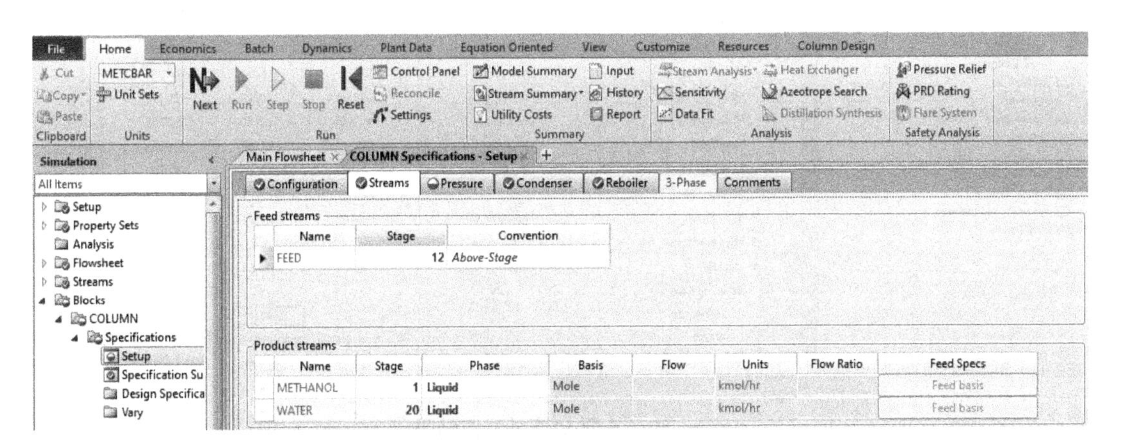


图 6-28 输入精馏塔进料位置

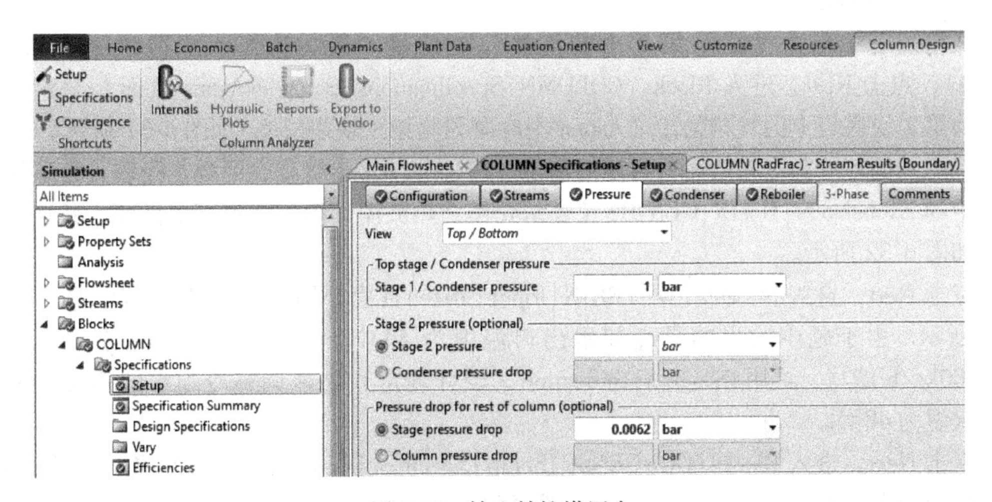


图 6-29 输入精馏塔压力

点击 Run 运行模拟，流程收敛。点击进入 Blocks|COLUMN|Stream Results，可查看精馏塔物流结果，如图 6-30 所示。塔顶产品中甲醇质量分数为 99.94%，塔釜产品中水质量分数近似为 1。

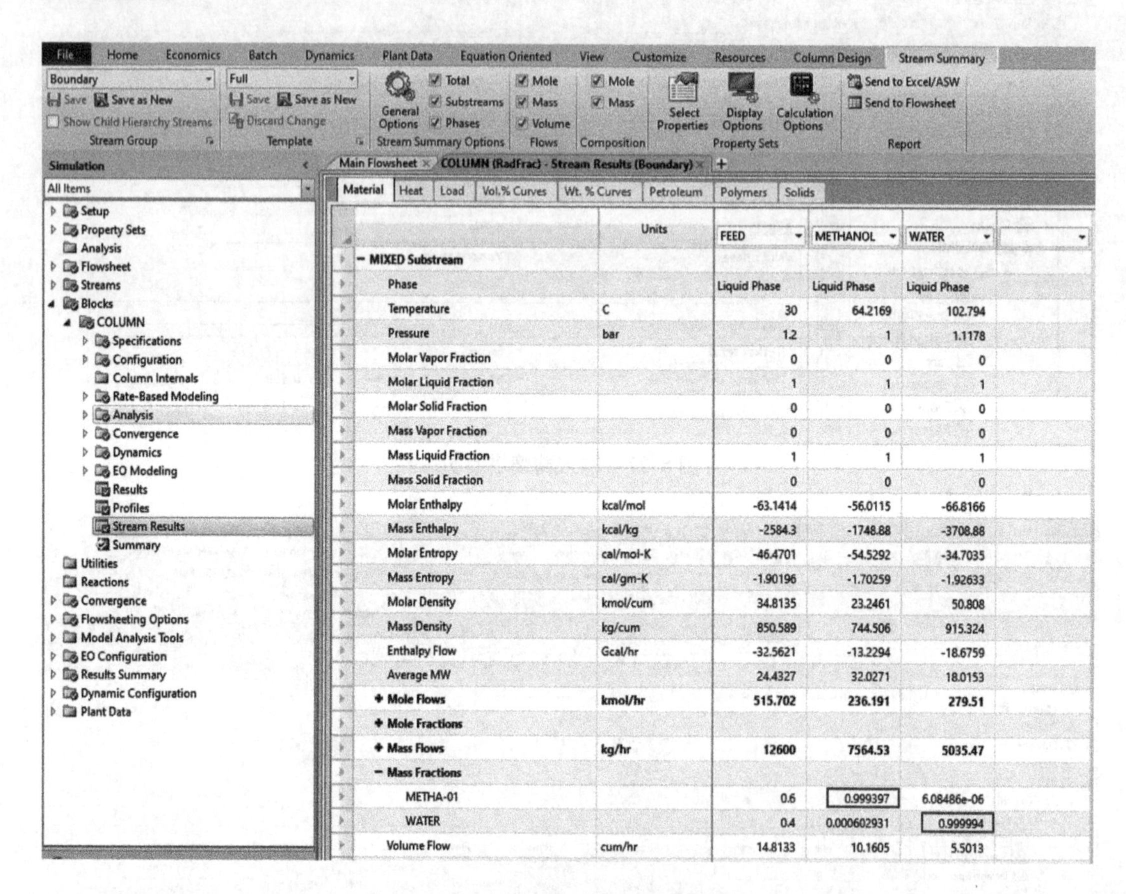


图 6-30 查看精馏塔物流结果

B 塔顶冷凝器模拟

从精馏塔中部由上往下第 2 个物流接口处连接一股物流作为虚拟物流（Pseudo Stream），点击 Next，进入 Blocks|COLUMN|Specifications|Setup|Streams 页面，设置虚拟物流为第 2 块塔板上的气相物流（Aspen 中冷凝器为第 1 块塔板），如图 6-31 所示。

考虑到循环冷却水易结垢，为便于清洗，应使冷却水走管程，甲醇走壳程，将下端模块库中的 Exchangers|HeatX|GEN-HS（表示壳程为热流体）模块添加至主界面，并连接物流，如图 6-32 所示。

点击 Next，进入 Streams|WATERIN|Input|Mixed页面，输入冷却水物流信息，如图 6-33 所示。由于题中给出的是冷却水出口温度为 40℃，流量未知，因此流量可先按 1000000kg/h 填写，再用 Design Specification（设计规定）功能调整冷却水的用量，控制出口水温为 40℃。

点击 Next，进入 Blocks|CONDENSE|Setup|Specifications页面，进行冷凝器参数设置。由于塔顶为全凝器，因此将 Specification 选项设为 Hot stream outlet vapor fraction（热流体

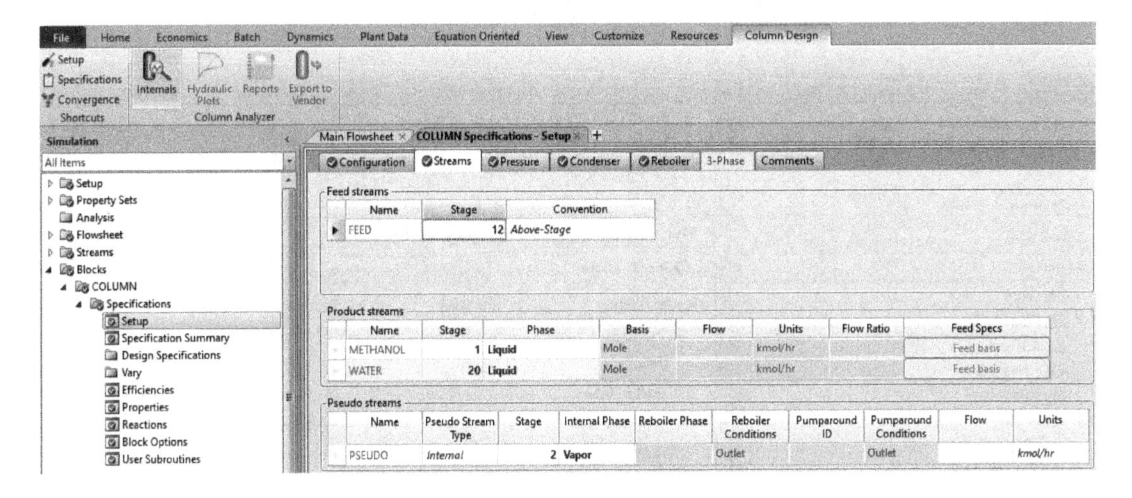


图 6-31 设置虚拟物流

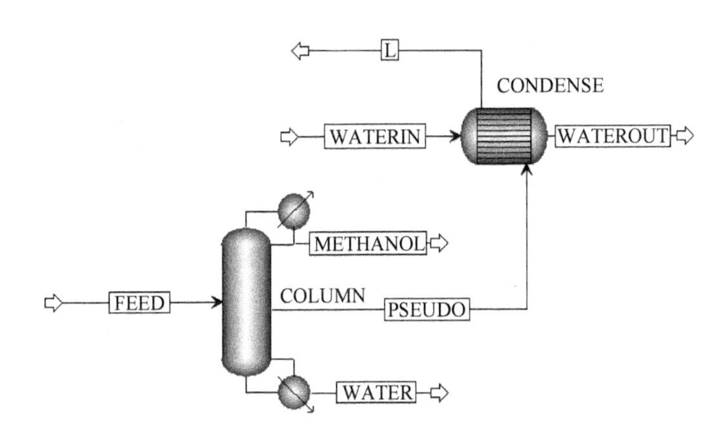


图 6-32 冷凝器与精馏塔的连接

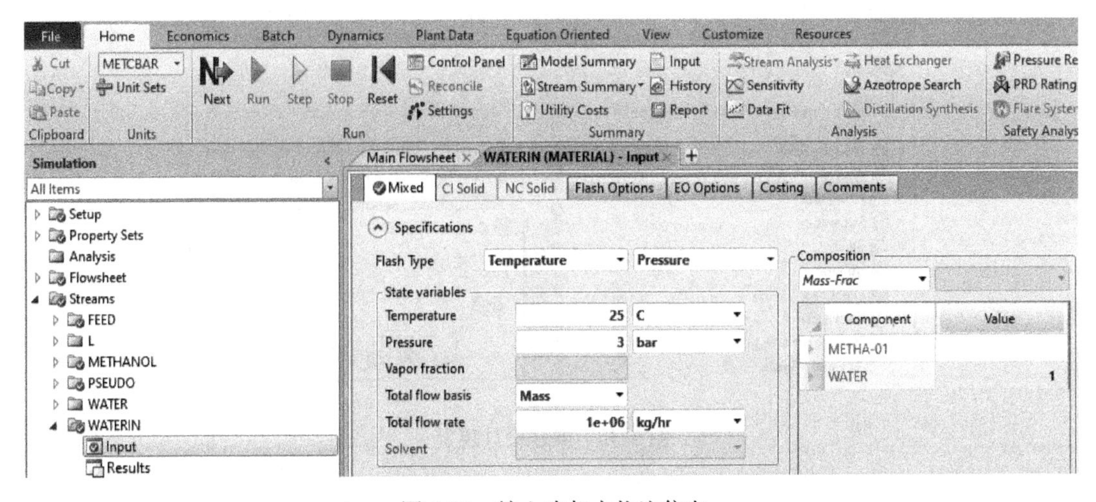


图 6-33 输入冷却水物流信息

出口气相分率)，将 Value（值）设为0，如图6-34 所示。

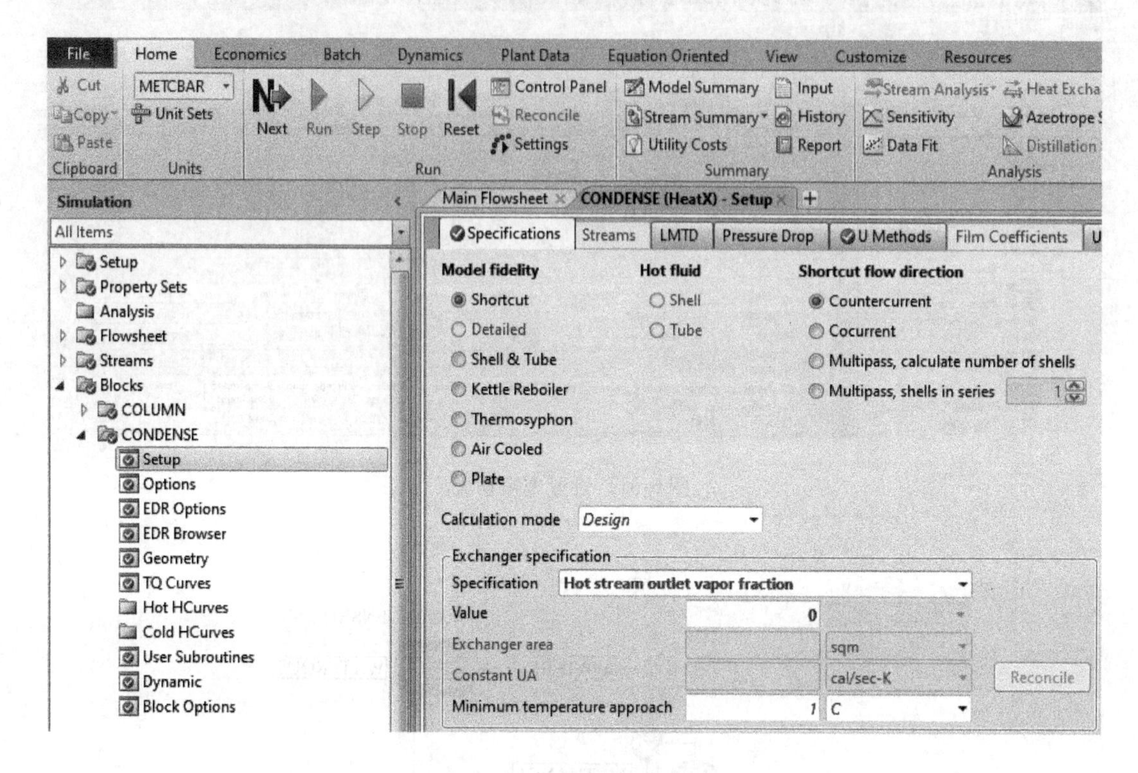


图 6-34 输入冷凝器参数

点击进入 Flowsheeting Options | Design Specs 页面，按 New 新建一个设计规定，如图6-35 所示。

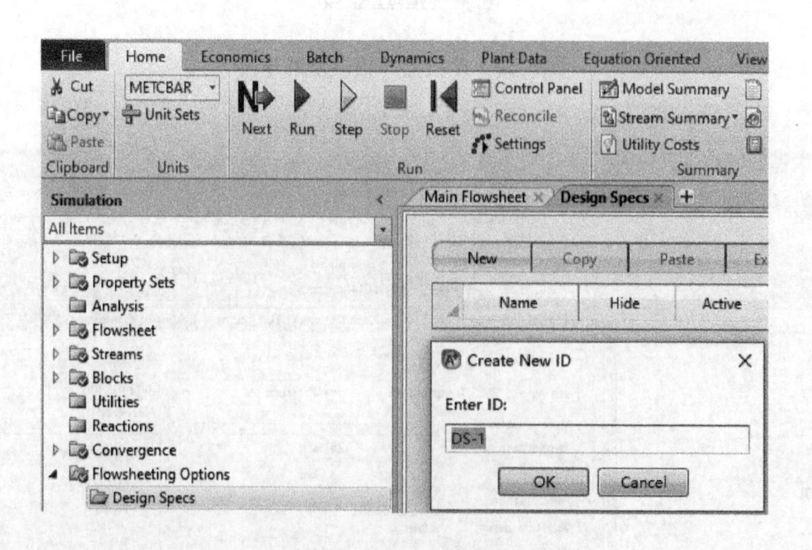


图 6-35 新建设计规定

在 Flowsheeting Options | Design Specs | DS-1 | Input | Define 页面按 New 新建一个需要规

定的变量，命名为 OUTTEMP，选择变量类型为 Stream-Var，物流为 WATEROUT，变量为 TEMP，如图 6-36 所示。

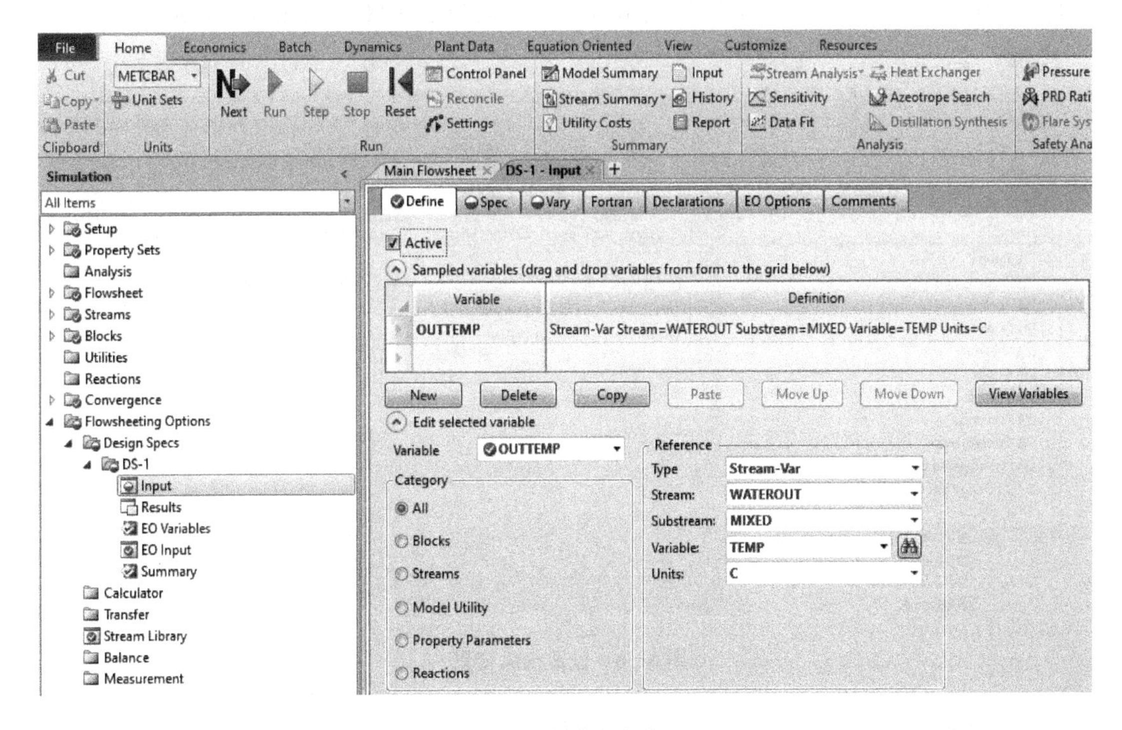


图 6-36　新建规定变量

点击 Next，进入 Flowsheeting Options | Design Specs | DS-1 | Input | Spec 页面，输入规定变量为 OUTTEMP，规定值为 40（即规定冷却水出口温度为 40℃），允许偏差为 0.0001，如图 6-37 所示。

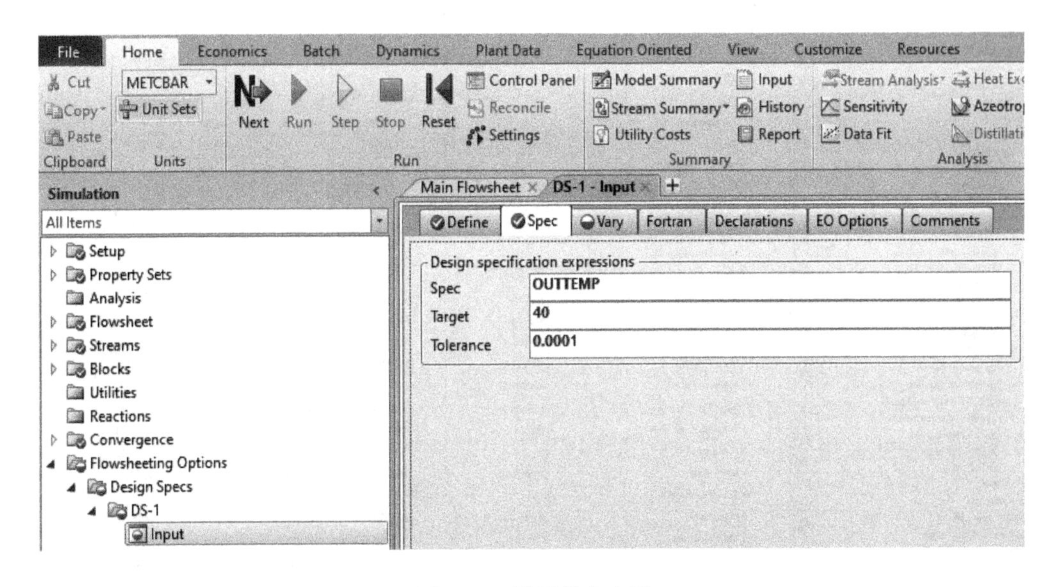


图 6-37　设置规定变量

点击 Next，进入 Flowsheeting Options | Design Specs | DS-1 | Input | Vary 页面，选择操纵变量类型为 Stream-Var，物流为 WATERIN，变量为 MASS-FLOW（即操纵冷却水进口质量流量），单位为 kg/h，输入变量下限为 100000，上限为 1000000，如图 6-38 所示。

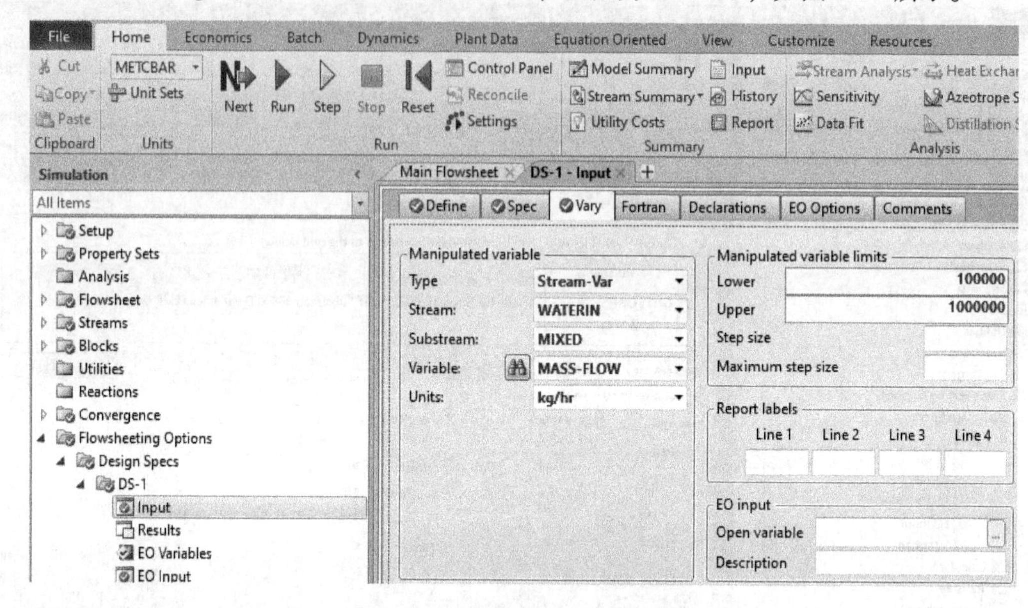


图 6-38　设置操纵变量

点击 Run 运行模拟，流程收敛。点击进入 Blocks | CONDENSE | Stream Results，可查看冷凝器物流结果，如图 6-39 所示。冷凝器将第 2 块塔板上的蒸汽全部冷凝为液相，冷却

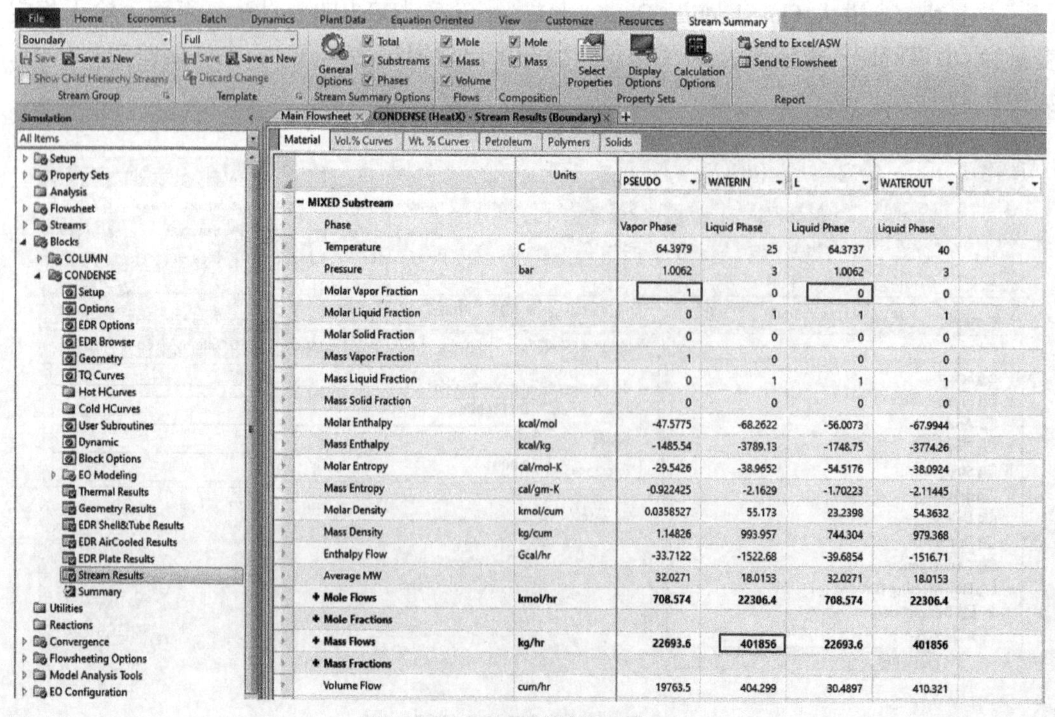


图 6-39　查看冷凝器物流结果

水的实际流量为 401856kg/h。

Ⅱ. 采用 EDR 软件初步设计

A 数据传递

点击进入 Blocks | CONDENSE | Setup | Specifications页面，将 Model fidelity（模块精度）由 Shortcut 改为 Shell & Tube，弹出 Convert to Rigorous Exchanger 对话框后点击 Convert，将数据传递至 EDR 软件，如图 6-40 所示。

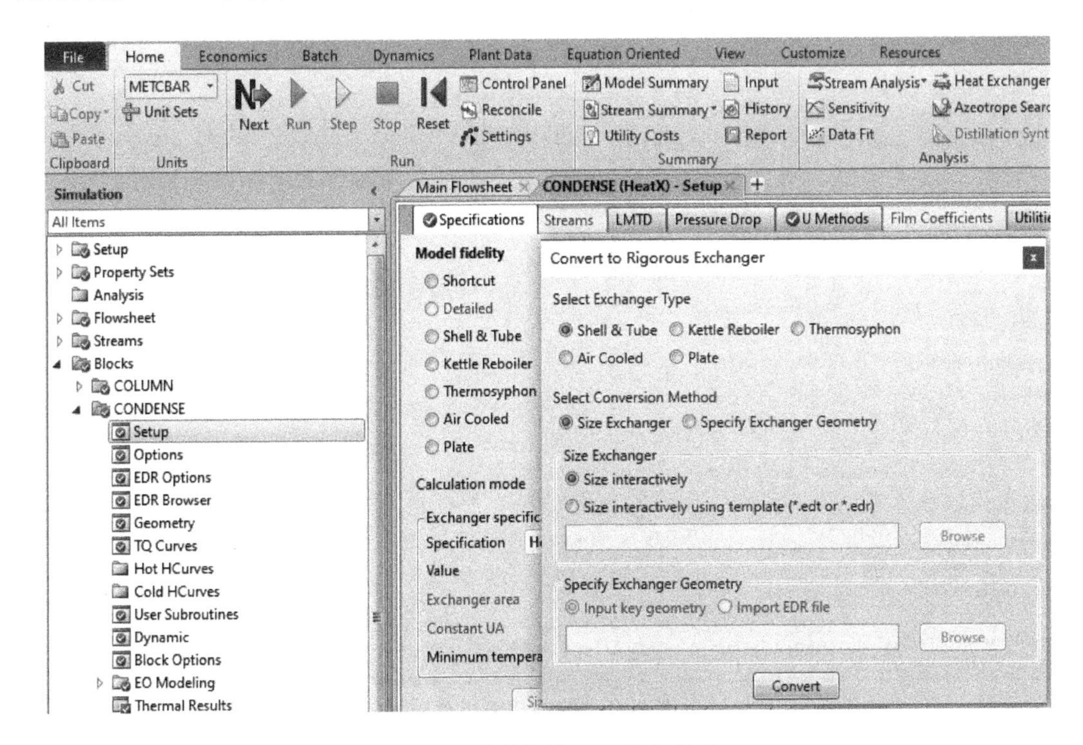


图 6-40 将数据传递至 EDR 软件

弹出 EDR Sizing Console-Size Shell & Tube（CONDENSE）对话框后点击 Save，选择保存路径，将文件保存为 Example 6-2. edr，如图 6-41 所示。

B 补充工艺数据

打开 Example 6-2. edr 文件，将单位设为 SI（国际单位制）。点击进入 Input | Problem Definition | Process Data | Process Data页面，将 Aspen Plus 中未输入的允许压降和污垢热阻等工艺数据补充完整。污垢热阻按表 4-12 和表 4-13 选取，循环冷却水取硬水的污垢热阻 $5.16\times10^{-4}m^2\cdot℃/W$，甲醇蒸汽取溶剂蒸汽的污垢热阻 $1.72\times10^{-4}m^2\cdot℃/W$，如图 6-42 所示。

C 输入结构参数

点击进入 Input | Exchanger Geometry | Shell/Heads/Flanges/Tubesheets | Shell/Heads页面，选择换热器结构类型。

热流体（甲醇）定性温度：$T_m=64.4℃$；

冷流体（冷却水）定性温度：$t_m=\frac{25+40}{2}=32.5℃$；

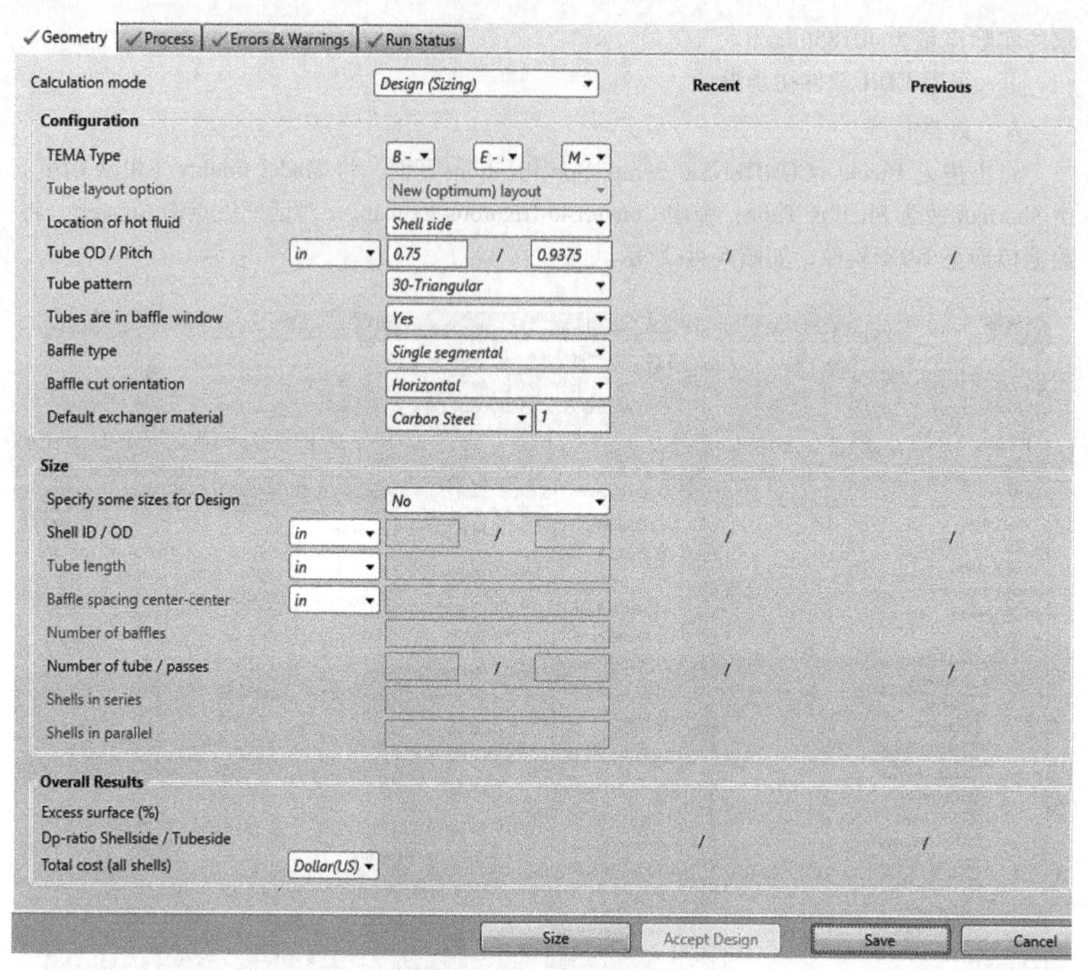


图 6-41　保存 EDR 文件

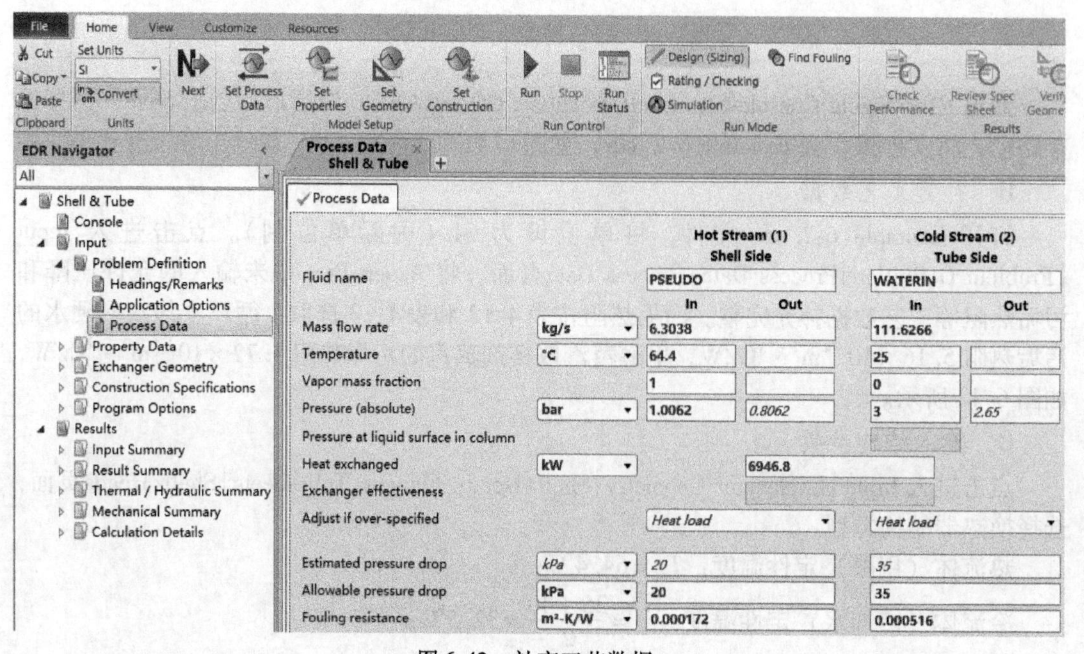


图 6-42　补充工艺数据

两流体温差：$T_m - t_m = 64.4 - 32.5 = 31.9℃ < 50℃$。

故选择固定管板式换热器，Front head type（前端管箱）选择 B 型，Shell type（壳体类型）选择 E 型，Rear head type（后端管箱）选择 M 型，其余选项保持默认设置。

点击进入 Input | Exchanger Geometry | Tubes | Tube页面，选择 Tube type（管类型）为 Plain（光滑管），输入 Tube outside diameter（管外径）为 25mm，Tube wall thickness（管壁厚）为 2.5mm，Tube pitch（管心距）为 32mm，选择 Tube pattern（换热管排列方式）为 30-Triangular（30°-正三角形排列），其余参数保持默认设置。

点击进入 Input | Exchanger Geometry | Baffles/Supports 页面，选择 Baffle type（折流板类型）为 Single segmental（单弓形折流板），选择 Baffle cut orientation（折流板缺口方向）为 Vertical（垂直缺口）。

D 运行程序并查看结果

点击 Run 运行程序，在 Results | Result Summary | Warning & Messages 页面查看错误和警告信息，如图 6-43 所示。信息显示无错误，但有 2 条警告。第 1 条警告显示甲醇为有毒物质，不适合走壳程，建议走管程，可忽略；第 2 条警告显示该换热器存在振动问题，需在校核模式下调整。

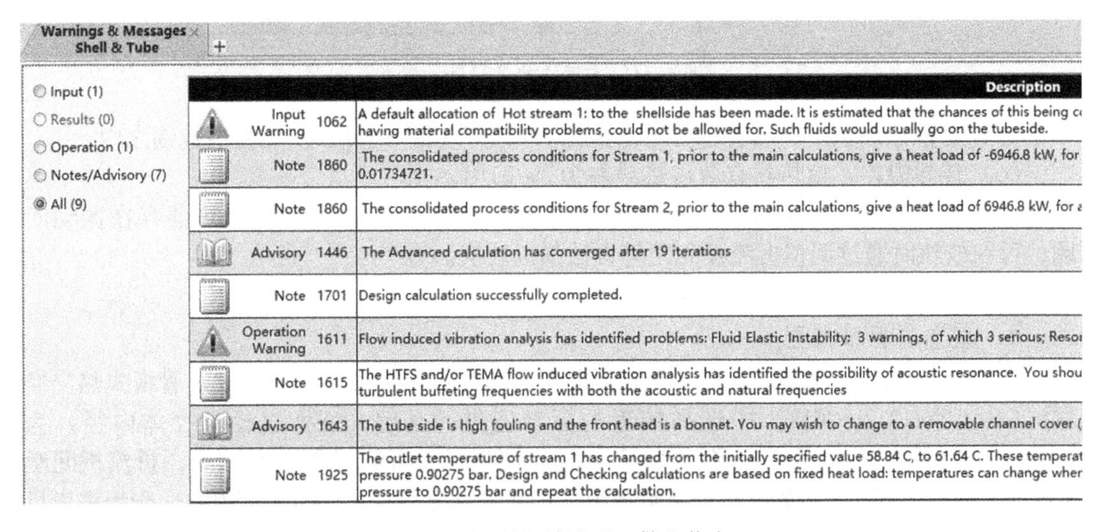


图 6-43 查看设计错误和警告信息

点击进入 Results | Thermal/Hydraulic Summary | Performance | Overall Performance 页面，查看所设计的换热器的主要性能，如图 6-44 所示。

（1）结构参数。换热器结构类型为 BEM，管程数为 2，串联台数为 1，并联台数为 1，壳体内径 1025mm，管长 6000mm，管子数 773，管外径 25mm，管壁厚 2.5mm，管子排列方式为 30° - 正三角形排列，管心距 32mm，折流板形式为单弓形折流板，圆缺率为 39.19%。

（2）面积裕度。换热器有效面积为 357.5m$^2$，面积裕度为 3%，偏小，可在校核模式下调整。

（3）压降。壳程压降为 0.103bar，管程压降为 0.112bar，均小于允许压降。

（4）流速。壳程流体最高流速为 28.8m/s，管程流体最高流速为 0.95m/s，均在合理范围内。

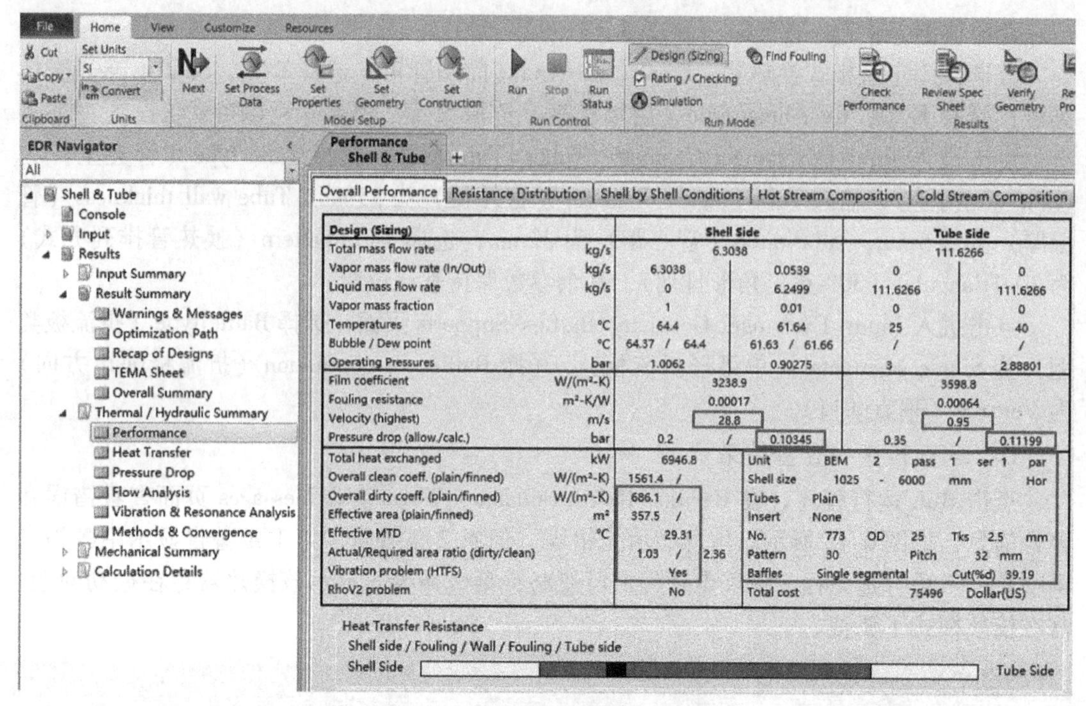


图 6-44　查看换热器设计结果

（5）总传热系数。换热器总传热系数为 686.1W/(m$^2$·K)，在经验值范围之内。

（6）传热温差。换热器有效传热温差为 29.31℃。

（7）振动问题。由 Vibration problem（HTFS）的值为 Yes 可知该换热器存在振动问题，可在校核时通过调整折流板间距等方法加以解决。

Ⅲ. 换热器标准选型与 EDR 核算

A　换热器标准选型

根据 EDR 初步设计结果，在《热交换器型式与基本参数第 2 部分：固定管板式热交换器》(GB/T 28712.2—2012) 中选择接近的标准值进行圆整，公称直径（壳体内径）为 1200mm，管程数为 2，管子根数为 1102，管长 6000mm，折流板圆缺率 35%，折流板间距 450mm。接管选择无缝钢管，根据《输送流体用无缝钢管》(GB/T 8163—2018)，壳程进口尺寸为 $\phi$426mm×9mm，出口尺寸为 $\phi$219mm×6mm，管程进、出口尺寸均为 $\phi$273mm×8mm。

B　输入标准结构参数

点击进入 Input | Problem Definition | Application Options | Application Options 页面，将 Calculation mode（计算模式）更改为 Rating/Checking（校核模式）。

点击进入 Input | Exchanger Geometry | Geometry Summary 页面，输入 Shells ID（壳体内径）1200mm，Tubes Number（管子根数）1102，Tubes Length（管长）6000mm，Baffles Spacing (center-center)（折流板间距）450mm，将 Spacing at inlet（折流板入口间距）、Number（折流板数量）和 Spacing at outlet（折流板出口间距）框内的值删除，输入 Baffles Cut (%d)（折流板圆缺率）35。

点击进入 Input | Exchanger Geometry | Nozzles | Shell Side Nozzles 页面，将壳程进、出口接管内外径圆整到标准值。

点击进入 Input | Exchanger Geometry | Nozzles | Tube Side Nozzles 页面，将管程进、出口

接管内外径圆整到标准值。

C 运行程序并查看结果

点击 Run 运行程序，在 Results | Result Summary | Warning & Messages 页面查看错误和警告信息，如图 6-45 所示。信息显示无错误，但有 3 条警告。第 1 条警告显示未定义折流板数，可将折流板数定义为 11 来消除此警告；第 2 条警告显示程序排出的管数（1089）与输入的管数（1102）不同，但传热和压降计算均是以输入的管数（1102）进行计算的，可忽略；第 3 条警告显示仍然存在振动问题，但已不严重，可忽略。

Warnings & Messages Shell & Tube

Input (2) / Results (0) / Operation (1) / Notes/Advisory (7) / All (10)

| Type | No. | Description |
|---|---|---|
| Note | 1860 | The consolidated process conditions for Stream 1, prior to the main calculations, give a heat load of -6946.8 kW, for 0.01734721. |
| Note | 1860 | The consolidated process conditions for Stream 2, prior to the main calculations, give a heat load of 6946.8 kW, for |
| Input Warning | 1230 | You did not specify the number of crossflow baffles. This has been calculated as 11, the nearest value, given the tube pitch of 450 mm. |
| Note | 1258 | A nominal baffle cut of 35 percent has given local cuts of 36.1436 and 36.1436 percent, to match the tube line locatic baffles, this refers to the outer cuts] |
| Input Warning | 1107 | The tube count from the tube layout is 1089, which differs from the effective tube count of 1102 which you input. Yo pressure drop. |
| Advisory | 1446 | The Advanced calculation has converged after 20 iterations |
| Operation Warning | 1611 | Flow induced vibration analysis has identified problems: Fluid Elastic Instability: 0 warnings, of which 0 serious; Reso |
| Note | 1615 | The HTFS and/or TEMA flow induced vibration analysis has identified the possibility of acoustic resonance. You shou turbulent buffeting frequencies with both the acoustic and natural frequencies |
| Advisory | 1643 | The tube side is high fouling and the front head is a bonnet. You may wish to change to a removable channel cover ( |
| Note | 1925 | The outlet temperature of stream 1 has changed from the initially specified value 58.84 C, to 60.2 C. These temperatu pressure 0.85211 bar. Design and Checking calculations are based on fixed heat load: temperatures can change wher pressure to 0.85211 bar and repeat the calculation. |

图 6-45 查看校核错误和警告信息

点击进入 Input | Exchanger Geometry | Geometry Summary 页面，输入 Baffles Number（折流板数量）11。

再次运行程序，在 Results | Result Summary | Warning & Messages 页面查看错误和警告信息，如图 6-46 所示。信息显示第 1 条警告已消除。

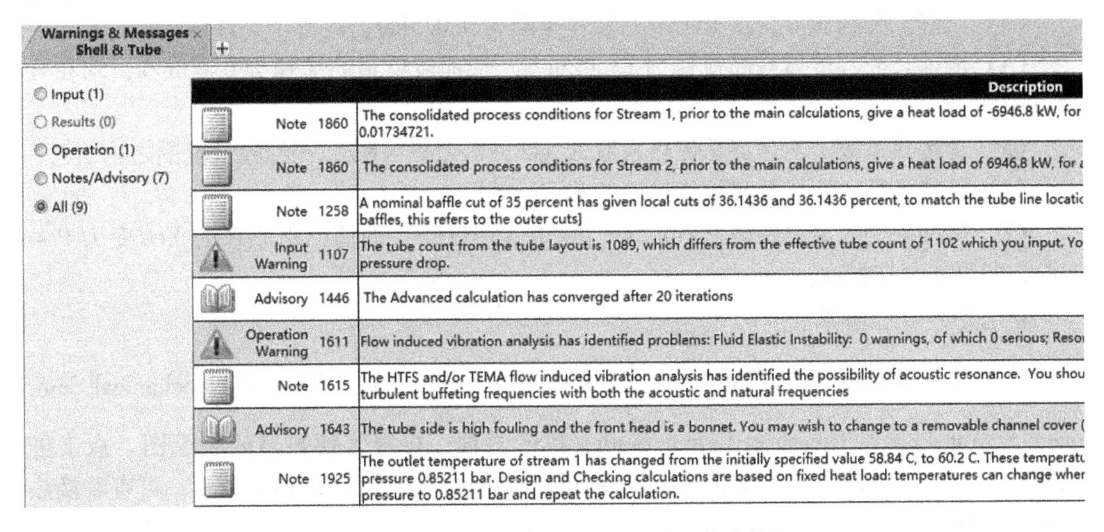

Warnings & Messages Shell & Tube

Input (1) / Results (0) / Operation (1) / Notes/Advisory (7) / All (9)

| Type | No. | Description |
|---|---|---|
| Note | 1860 | The consolidated process conditions for Stream 1, prior to the main calculations, give a heat load of -6946.8 kW, for 0.01734721. |
| Note | 1860 | The consolidated process conditions for Stream 2, prior to the main calculations, give a heat load of 6946.8 kW, for |
| Note | 1258 | A nominal baffle cut of 35 percent has given local cuts of 36.1436 and 36.1436 percent, to match the tube line locatic baffles, this refers to the outer cuts] |
| Input Warning | 1107 | The tube count from the tube layout is 1089, which differs from the effective tube count of 1102 which you input. Yo pressure drop. |
| Advisory | 1446 | The Advanced calculation has converged after 20 iterations |
| Operation Warning | 1611 | Flow induced vibration analysis has identified problems: Fluid Elastic Instability: 0 warnings, of which 0 serious; Reso |
| Note | 1615 | The HTFS and/or TEMA flow induced vibration analysis has identified the possibility of acoustic resonance. You shou turbulent buffeting frequencies with both the acoustic and natural frequencies |
| Advisory | 1643 | The tube side is high fouling and the front head is a bonnet. You may wish to change to a removable channel cover ( |
| Note | 1925 | The outlet temperature of stream 1 has changed from the initially specified value 58.84 C, to 60.2 C. These temperatu pressure 0.85211 bar. Design and Checking calculations are based on fixed heat load: temperatures can change wher pressure to 0.85211 bar and repeat the calculation. |

图 6-46 再次运行后查看校核错误和警告信息

点击进入 Results | Thermal/Hydraulic Summary | Performance | Overall Performance 页面，查看校核后的换热器信息，如图 6-47 所示。

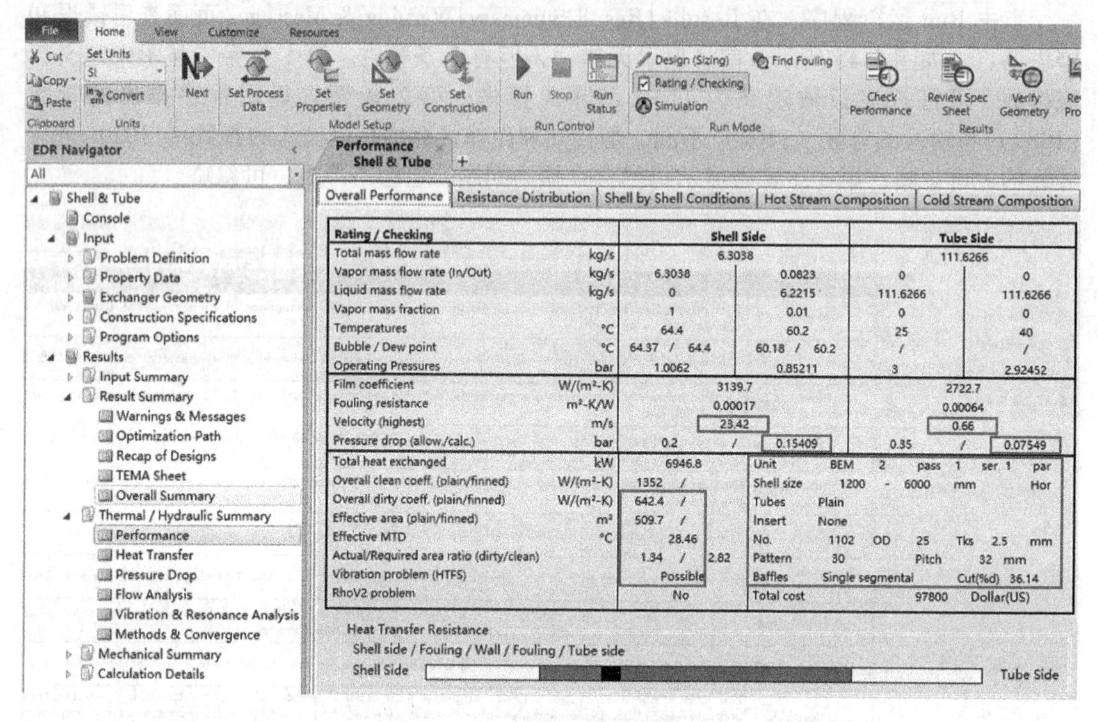


图 6-47 查看换热器校核结果

（1）结构参数。换热器结构类型为 BEM，管程数为 2，串联台数为 1，并联台数为 1，壳体内径 1200mm，管长 6000mm，管子数 1102，管外径 25mm，管壁厚 2.5mm，管子排列方式为 30°-正三角形排列，管心距 32mm，折流板形式为单弓形折流板，圆缺率程序根据排管情况调整为 36.14%。

（2）面积裕度。换热器有效面积为 509.7m²，面积裕度为 34%，满足工艺要求。

（3）压降。壳程压降为 0.154bar，管程压降为 0.075bar，均小于允许压降。

（4）流速。壳程流体最高流速为 23.42m/s，管程流体最高流速为 0.66m/s，均在合理范围内。

（5）总传热系数。换热器总传热系数为 642.4W/(m²·K)，在经验值范围之内。

（6）传热温差。换热器有效传热温差为 28.46℃。

（7）振动问题。经过调整，Vibration problem（HTFS）的值已由原来的 Yes 变为 Possible，即可能存在振动。

D 最终设计结果

设计的换热器型号为 BEM1200 $-\dfrac{0.6}{0.25}-509.7-\dfrac{6}{25}-2$ Ⅰ。点击进入 Mechanical Summary | Setting Plan & Tubesheet Layout | Setting Plan 页面，可查看换热器的装配图。点击进入 Mechanical Summary | Setting Plan & Tubesheet Layout | Tubesheet Layout 页面，可查看换热器的排管图。

# 附录　常用钢管规格型号

## 附录1　热轧无缝钢管

| 公称直径 DN/mm | 外径/mm | 壁厚/mm | 理论质量/kg·m$^{-1}$ | 通常长度/m |
|---|---|---|---|---|
| 40 | 43 | 3 | 2.89 | 9或10 |
| 50 | 57 | 3 | 4.00 | |
| | 60 | 3 | 4.22 | |
| 65 | 73 | 3.5 | 6.00 | |
| | 76 | 3.5 | 6.26 | |
| 80 | 89 | 3.5 | 7.38 | |
| 100 | 108 | 4 | 10.26 | |
| 125 | 133 | 4 | 12.73 | |
| 150 | 159 | 4.5 | 17.15 | |
| 200 | 219 | 6 | 31.52 | |
| 250 | 273 | 7 | 45.92 | |
| 300 | 325 | 8 | 62.54 | |

## 附录2　低压流体输送焊接钢管（括号内为英制）

| 公称直径 DN/mm | 外径/mm | 壁厚/mm | 理论质量/kg·m$^{-1}$ | 通常长度/m |
|---|---|---|---|---|
| 15（1/2in） | 21.3 | 2.75 | 1.26 | 6 |
| 20（3/4in） | 26.8 | 2.75 | 1.63 | |
| 25（1in） | 33.5 | 3.25 | 2.42 | |
| 32（1-1/4in） | 42.3 | 3.25 | 3.13 | |
| 40（1-1/2in） | 48 | 3.5 | 3.84 | |
| 50（2in） | 60 | 3.5 | 4.88 | |
| 65（2-1/2in） | 75.5 | 3.75 | 6.64 | |
| 80（3in） | 88.5 | 4 | 8.34 | |
| 100（4in） | 114 | 4 | 10.85 | |
| 125（5in） | 140 | 4.5 | 15.04 | |
| 150（6in） | 165 | 4.5 | 17.81 | |

## 附录3　螺旋缝埋弧焊钢管

| 公称直径 DN/mm | 外径/mm | 壁厚/mm | 理论质量/kg·m$^{-1}$ | 通常长度/m |
| --- | --- | --- | --- | --- |
| 200 | 219 | 6 | 32.03 | 12 |
| 250 | 273 | 6 | 40.01 | |
| 300 | 325 | 6 | 47.54 | |
| 350 | 377 | 6 | 55.40 | |
| 400 | 426 | 6 | 62.65 | |
| 450 | 480 | 8 | 104.52 | |
| 500 | 529 | 8 | 115.62 | |
| 600 | 630 | 8 | 137.81 | |
| 700 | 720 | 10 | 175.60 | |
| 800 | 820 | 10 | 200.26 | |
| 900 | 920 | 10 | 224.92 | |
| 1000 | 1020 | 10 | 249.58 | |

# 参考文献

[1] 陈敏恒，丛德滋，方图南，等．化工原理（上册）［M］．4 版．北京：化学工业出版社，2015.
[2] 柴诚敬，贾绍义．化工原理(上册)［M］．3 版．北京：高等教育出版社，2017.
[3] 田维亮．化工原理课程设计［M］．北京：化学工业出版社，2019.
[4] 张文林，李春利．化工原理课程设计［M］．北京：化学工业出版社，2018.
[5] 王要令．化工原理课程设计［M］．北京：化学工业出版社，2016.
[6] 付家新．化工原理课程设计［M］．2 版．北京：化学工业出版社，2016.
[7] 王卫东，庄志军．化工原理课程设计［M］．2 版．北京：化学工业出版社，2015.
[8] 王瑶，张晓冬．化工单元过程及设备课程设计［M］．3 版．北京：化学工业出版社，2013.
[9] 钱颂文．换热器设计手册［M］．北京：化学工业出版社，2002.
[10] 王子宗．石油化工设计手册（上册）［M］．2 版．第 3 卷：化工单元过程．北京：化学工业出版社，2015.
[11] 中石化上海工程有限公司．化工工艺设计手册［M］．5 版．北京：化学工业出版社，2018.
[12] 梁志武，陈声宗．化工设计［M］．4 版．北京：化学工业出版社，2015.
[13] 陈砺王，红林，严宗诚．化工设计［M］．北京：化学工业出版社，2017.
[14] 邢晓林，郭宏伟．化工设备［M］．2 版．北京：化学工业出版社，2019.
[15] 王绍良．化工设备基础［M］．3 版．北京：化学工业出版社，2019.
[16] 董俊华，高炳军．化工设备机械基础［M］．5 版．北京：化学工业出版社，2019.
[17] 孙兰义．化工过程模拟实训——Aspen Plus 教程［M］．2 版．北京：化学工业出版社，2017.
[18] 孙兰义，马占华，王志刚，张骏驰．换热器工艺设计［M］．北京：化学工业出版社，2015.
[19] 蔡庄红，赵扬．化工制图［M］．2 版．北京：化学工业出版社，2020.
[20] 吕安吉，郝坤孝．化工制图［M］．2 版．北京：化学工业出版社，2020.
[21] 赵惠清，杨静，蔡纪宁．化工制图［M］．3 版．北京：化学工业出版社，2019.